門脇大輔・阪田隆司・保坂桂佑・平松雄司 著

Kaggle で勝つデータ分析の技術

Kaggle 競賽攻頂秘笈

感謝您購買旗標書，
記得到旗標網站
www.flag.com.tw
更多的加值內容等著您…

<請下載 QR Code App 來掃描>

● FB 官方粉絲專頁：旗標知識講堂

● 旗標「線上購買」專區：您不用出門就可選購旗標書！

● 如您對本書內容有不明瞭或建議改進之處，請連上旗標網站，點選首頁的 聯絡我們 專區。

若需線上即時詢問問題，可點選旗標官方粉絲專頁留言詢問，小編客服隨時待命，盡速回覆。

若是寄信聯絡旗標客服 email，我們收到您的訊息後，將由專業客服人員為您解答。

我們所提供的售後服務範圍僅限於書籍本身或內容表達不清楚的地方，至於軟硬體的問題，請直接連絡廠商。

學生團體	訂購專線：(02)2396-3257 轉 362
	傳真專線：(02)2321-2545
經銷商	服務專線：(02)2396-3257 轉 331
	將派專人拜訪
	傳真專線：(02)2321-2545

國家圖書館出版品預行編目資料

Kaggle 競賽攻頂秘笈：揭開 Grandmaster 的特徵工程心法掌握制勝的關鍵技術 / 門脇大輔、阪田隆司、保坂桂佑、平松雄司 著；李彥婷 譯；施威銘研究室 監修
臺北市：旗標，2021.01　面；公分

ISBN 978-986-312-637-9 (平裝)

1. 機器學習　2. 資料探勘

312.831　　　　　　　　109009212

作　　者／門脇大輔、阪田隆司、
　　　　　保坂桂佑、平松雄司

翻譯著作人／旗標科技股份有限公司

發 行 所／旗標科技股份有限公司
　　　　　台北市杭州南路一段15-1號19樓

電　　話／(02)2396-3257(代表號)

傳　　真／(02)2321-2545

劃撥帳號／1332727-9

帳　　戶／旗標科技股份有限公司

監　　督／陳彥發

執行企劃／李嘉豪

執行編輯／李嘉豪、林佳怡

美術編輯／林美麗

封面設計／林美麗

校　　對／陳彥發、李嘉豪、周詠運

新台幣售價：　1000 元

西元 2024 年　7 月初版 4 刷

行政院新聞局核准登記-局版台業字第 4512 號

ISBN 978-986-312-637-9

序 / PREFACE

隨著資料科學漸漸受到矚目，許多平台陸續開始舉辦數據分析競賽，其中最知名的競賽平台莫過於 Kaggle 了。Kaggle 上的玩家已經超過 10 萬人 (編註：指參賽者，會員數則有 500 萬以上)，許多資料科學家為了小試身手都會參加 Kaggle 的競賽。

Kaggle 競賽中的分析對象大多為真實的數據，因此我們揭露了許多未在機器學習相關書籍出現的分析手法和技巧。若讀者能學會這些技巧，不僅可以用在競賽上，對於實際建構模型時也十分有幫助。以 xgboost 這個套件為例 (可建立**梯度提升決策樹** Gradient Boosting Decision Tree, GBDT)，本來默默無名，卻因為競賽上的成績，使得人們在實務上也逐漸開始使用此套件。另外，不論結果好壞，平台上分享了每個參賽者所使用的分析方法，所以可以看到參賽者們使用各種不同的分析方法來分析同一組資料集，藉此我們可以學習到資料集適合哪些分析技巧，這也是競賽平台的魅力所在。

為了讓想參加數據分析競賽或是想提昇自己能力的讀者瞭解這些技巧與案例，本書整理了最新的相關資訊。實務操作上，數據分析競賽的技巧也能有所幫助，因此即使目前還未參加數據分析競賽，本書也值得一讀。

關於本書

本書主要針對資料形式為 "表格資料 (tabular data)" 的競賽項目為對象進行解說，並以 2019 年 8 月的狀況為基礎來撰寫，希望能作為一本參考書，幫助讀者在數據分析競賽中獲勝。

當競賽項目中已有明確的問題，例如已有明確的預測對象與模型的評價指標等，要如何建立一個高精確度的模型？這個問題也是作者撰寫本書的主旨。本書會說明在數據分析競賽中必須注意的事項，同時也會介紹許多曾經獲得優勝或佳績的分析師所使用的技巧，致力於讓讀者得到改善模型精準度的訣竅。

不論程式碼寫得多麼厲害，都不可能適用於所有的問題。同樣的，本書所介紹的分析技巧也可能無法適用於所有的數據競賽項目。某個分析技巧對某一競賽項目有效，但很有可能對其他的競賽項目無效。在這樣的背景之下，本書會介紹許多或許能夠提升精準度的工具和訣竅及其相關案例。另外，雖然在「AUTHOR'S OPINION」中有提及經常使用/不太使用的、有效的/無效的手法，但必須特別注意的是，有些手法會因為問題或資料的不同而產生不同的效果，有些分析手法可能對某個問題或資料無效，但卻能夠有效解決另一個問題或分析另一種資料。

除了文字解說外，本書會搭配豐富的圖表、程式碼，偶爾會使用數學公式。程式碼是以 Python 為主，我們將提供全書範例的 Python 程式碼供讀者參考，並公開於 Github 網站上。

編註：本書中文版會另行整理有中文註解的程式碼，若有需要可到以下網頁，根據網頁指示輸入通關密語，即可下載範例程式並加入會員。

http://www.flag.com.tw/bk/t/f1365

學習範疇

商業用途的機器學習應用並非本書範疇。舉例來說像是分析目的、問題設定、和顧客的合作等主題，皆不在本書涉獵的範疇。另外，本書也不詳細說明機器學習的理論、分析技巧的演算法。不過，本書會詳細說明部分較為冷門的手法，盡可能提及並說明此方法如何提升模型的精準度，以及各種手法的優勢與劣勢。最後，由於本書主要以表格資料為分析對象，因此不詳細說明針對影像、聲音、自然語言等資料處理技巧。

適用讀者

原本撰寫本書目的在於提供正在參加或欲參加數據分析競賽的讀者一些指引與方向，但事實上書中的內容對於建立模型、進行分析也十分有幫助，其中還特別解釋了一般書籍不太會提及的知識要點，像是如何選擇 (建立) 特徵、如何驗證以及如何調整超參數，希望能提供給有此方面需求的讀者。

閱讀本書時希望讀者能具有下列幾個觀念，書中不再針對這些內容進行解釋。

● Python 及其套件 (numpy、pandas、scikit-learn) 的使用方法
● 機器學習的基本觀念
● 微積分及矩陣運算的基本觀念

不過，書中仍會盡力在有限的篇幅中進行解說，因此即使讀者欠缺部分知識也能順暢的閱讀本書。另外，在部分章節中會有數學公式出現，只要能夠瞭解該章節的解說，即使跳過這些公式也不會造成閱讀本書的障礙。

本書架構與閱讀方法

本書由下列章節構成：

● 第 1 章　數據分析競賽是什麼？
● 第 2 章　任務與評價指標
● 第 3 章　特徵提取
● 第 4 章　建立模型
● 第 5 章　模型評價
● 第 6 章　模型調整
● 第 7 章　模型集成

本書每個章節的開頭，作者都會講解基本觀念，再接著具體說明如何追求更好的精準度，這是為了使各個章節的內容雖相互關連但仍具獨立性，讓讀者從任何一個章節開始閱讀都有辦法銜接。當然，閱讀時若有不懂或想要深入瞭解的部分，仍然必須搭配其他章節。建議讀者可以依本書安排的章節順序閱讀，再就自己有興趣的部分精讀。另外，在參加數據分析競賽時重新閱讀此書可能會從中獲得一些啟發，或者也可以將本書當作工具書來參考。

沒有正確答案可以去核對一個手法是否有效，有時一個手法的有效性，必須靠經驗或感覺來判斷。因此書中加入「AUTHOR'S OPINION」的專欄來記載作者群的意見 (書中以 KaggleID 的第一個字母來代表專欄撰寫者：(T): 門大輔、(J): 阪田隆司、(H): 保坂桂佑、(M): 平松雄司、(N): 山本祐也)。書中的一些專欄則描述了各章節以外的資訊。

除了在註釋中提供讀者合宜的資訊，本書將數據分析競賽所有以及各章節的參考資料以附錄：「A.1 數據分析競賽的參考資料」、「A.2 參考文獻」的方式記述。各數據分析競賽的網址會整理於「A.3 本書參考的數據分析競賽」。

程式碼範例

本書所使用的程式碼範例會公開於 https://github.com/ghmagazine/kagglebook。主要以 Python 3.7 運行並會用到以下的套件：numpy 1.16.2、pandas 0.24.2、scikit-learn 0.21.2。我們可以透過以下的說明及示範來熟悉本書的程式碼。

首先，使用下列程式碼來匯入 numpy、pandas 套件：

```
import numpy as np
import pandas as pd
```

★ 小編補充 再次提醒！中文化的程式放在 https://www.flag.com.tw/bk/t/f1365。原始程式碼中沒有提供「ch04-model-interface」的資料集，因此小編建立了一個簡單的資料集，以便讀者可以順利執行。此外，「ch01」的資料集也可以從 Kaggle 的「Titanic – Machine Learning from Disaster」中下載取得。

　　接著，在沒有特別說明的情況下，書中會使用下列程式來匯入訓練資料及測試資料。並預設為二元分類 (Binary Classification) 任務。

● 訓練資料的特徵 train_x

存在 pandas 的 DataFrame 中，列數為訓練資料筆數，欄數為特徵個數。

● 訓練資料的標籤 train_y

存在 pandas 的 Series 中，列數為訓練資料筆數。

● 測試資料 test_x

存在 pandas 的 DataFrame 中，列數為測試資料筆數，欄數為特徵個數。

　　匯入訓練資料及測試資料的程式碼如下：

```python
# train_x 為訓練資料、train_y 為標籤標籤、test_x 為測試資料
train = pd.read_csv('../input/sample-data/train.csv')
train_x = train.drop(['target']， axis=1)
train_y = traint ['target']
test_x = pd.read_csv('../input/sample-data/test.csv')
```

　　在某些章節中，會進一步將資料分為訓練資料與驗證資料 (Validation data) (關於驗證會在第 5 章詳細說明)。

● 訓練資料的特徵 tr_x

● 訓練資料的標籤 tr_y

● 驗證資料的特徵 va_x

● 驗證資料的標籤 va_y

將資料分為訓練資料與驗證資料的程式碼如下：

```
from sklearn.model_selection import KFold
# 使用 KFold 交叉驗證分割出訓練資料與驗證資料
kf = KFold(n_splits=4，shuffle=True，random_state=71)
tr_idx，va_idx = list(kf.split(train_x)) [0]
tr_x，va_x = trainx.iloc[tr_idx]，train_x.iloc[va_idx]
tr-y，va_y = train_y. iloc[tr_idx]，train_y.iloc[va_idx]
```

特別感謝

非常感謝以下人士協助完成本書，他們真的為本書貢獻了許多心力，藉此機會向他們表達誠摯的謝意。

● 感謝山本祐也先生參加本書整體的討論，並撰寫第二章的一部份。

● 感謝本橋智光先生細心審查書中的程式碼。

● 感謝山本大輝先生參加討論類神經網路 (Neural Network) 的撰寫及其審查。

● 感謝小野寺和樹先生協助「3.13.3 Kaggle 的 Instacart Market Basket Analysis」的撰寫。

● 感謝加藤亮先生協助撰寫「3.13.4 KDD Cup 2015」。

● 感謝 DeNA 的野上大介先生、半田豐和先生、山川要一先生、大西克典先生、奧村純 (Jun Ernesto Okumura) 先生、加納龍一先生、及林俊宏先生協助本書的審閱。

目錄 / CONTENTS

第 2 章　任務與評價指標

第 3 章　特徵提取

第 4 章 建立模型

第 5 章 模型評價

第 6 章　模型調整

第 7 章 模型集成

附錄 A

chapter

數據分析競賽
是什麼？

1.1 什麼是數據分析競賽?

近年來許多平台都舉辦了數據分析競賽,讓資料科學家得以一較數據分析技巧的高下,掀起一波風潮,本章將詳細介紹數據分析競賽究竟為何。

1.1.1 數據分析競賽的目的

數據分析競賽中資料科學家會使用主辦單位所提供的數據資料來做預測 (predict),藉此比較資料科學家之間的數據分析技術。例如底下是某個網站使用者是否使用付費服務的訓練集,其中特徵為使用者的年齡、性別、以及其他各種屬性 [註1]。而標籤則是該使用者在最近一個月內是否付費,標籤值為 0 代表不付費,1 代表付費。而預測的標籤可以是數值或是代表分類的特定數字。

	特徵			標籤
使用者 ID	年齡	性別	(其他使用者屬性)	1 個月內使用付費功能
1	M	42	…	0
2	F	34	…	1
3	M	5	…	1
…	…	…	…	…
999	M	10	…	0
1000	F	54	…	0

圖 1.1 標籤與特徵

註1:特徵也稱變數或解釋變數。在機器學習中時通常稱之為特徵,本書中並不特別區分這些名稱。

　　主辦單位會提供**訓練資料**及**測試資料** (圖 1.2)。訓練資料中含有特徵與標籤，讓模型學習特徵與標籤之間的關係。測試資料中則只有特徵。參加者讓模型以訓練資料進行學習，並讓學習完成的模型對測試資料進行預測，並得到預測值。競賽會以預測值與實際值的接近程度來排名。不同的競賽會有不同的「評價指標」來評價其接近實際值的程度，這個評價指標的數值我們稱為分數 (score)。本書會在「2.3 任務與評價指標」中詳細說明評價指標的種類。

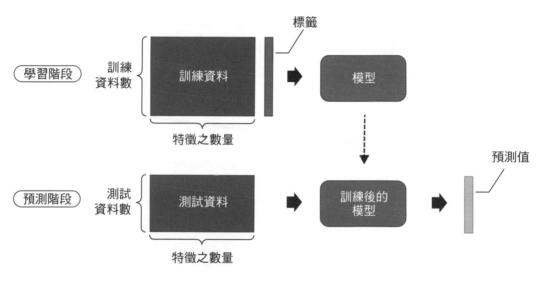

圖 1.2　訓練資料與測試資料

1.1.2　提交預測結果與排行榜 (Leaderboard)

　　競賽期間，參賽者可以隨時提交測試資料的預測值，競賽平台會為這個預測值打分數 (score)。大部分的情況下，這個分數僅使用部分測試資料來進行評分，並非決定最終名次的分數，但仍能作為模型好壞參考，**而最後的名次會以剩下的測試資料來決定。**

為什麼要這麼做呢？這是因為既然模型是為了精準預測未知的數據，那麼在競賽期間內，若過度核對某個模型的正確性，該模型很有可能就會獲勝。前文的作法正是為了避免這種情況發生。另外，主辦單位為了避免參賽者過度使用這個分數 (編註：例如直接用此分數來訓練模型)，也會限制每天提交預測值的次數。

有些競賽平台會列出排行榜 (Leaderboard)。譬如數據分析競賽平台 Kaggle 會以部分測試資料進行評分，並使用該分數 (score) 製作排行榜 (Leaderboard) 後公開於 Public Leaderboard (圖 1.3)。Public Leaderboard 上，會以每個預測值所得分數由高至低排名，這個排名不僅有助於激勵參賽者的士氣，其他的參賽者也可以觀察此排名來擬定策略。

Public Leaderboard　　**Private Leaderboard**

This leaderboard is calculated with approximately 15% of the test data.
The final results will be based on the other 85%, so the final standings may be different.

⬇ Raw Data　🔄 Refresh

■ In the money　■ Gold　■ Silver　■ Bronze

#	Team Name	Kernel	Team Members	Score ❓	Entries	Last
1	[ods.ai] Toulouse Goose			0.78259	2	3mo
2	takapt			0.71311	2	3mo
3	Optimal.gr			0.71271	2	3mo
4	The Zoo			0.71123	2	3mo
5	浪浪浪			0.70920	2	3mo
6	Guanshuo Xu			0.70897	2	3mo
7	insincere modeling			0.70841	2	3mo
8	Escachator			0.70836	2	3mo
9	B H			0.70795	2	3mo
10	yufuin			0.70739	2	3mo

圖 1.3　Public Leaderboard (https://www.kaggle.com/
c/quora-insincere-questions-classification/leaderboard)

在競賽截止後，主辦單位會公開最終排行榜：Private Leaderboard。這個排行榜會用其餘的測試資料 (未使用於 Public Leaderboard) 為評價基準來進行排名 (圖 1.4)。有些數據分析競賽，Public Leaderboard 跟 Private Leaderboard 的名次可能會有很大的不同，這種現象稱為「shake up」。參賽者建立的模型，要以預測剩餘的測試資料為目標，這樣最終才不會因為 shake up，導致 Private Leaderboard 的名次下降。

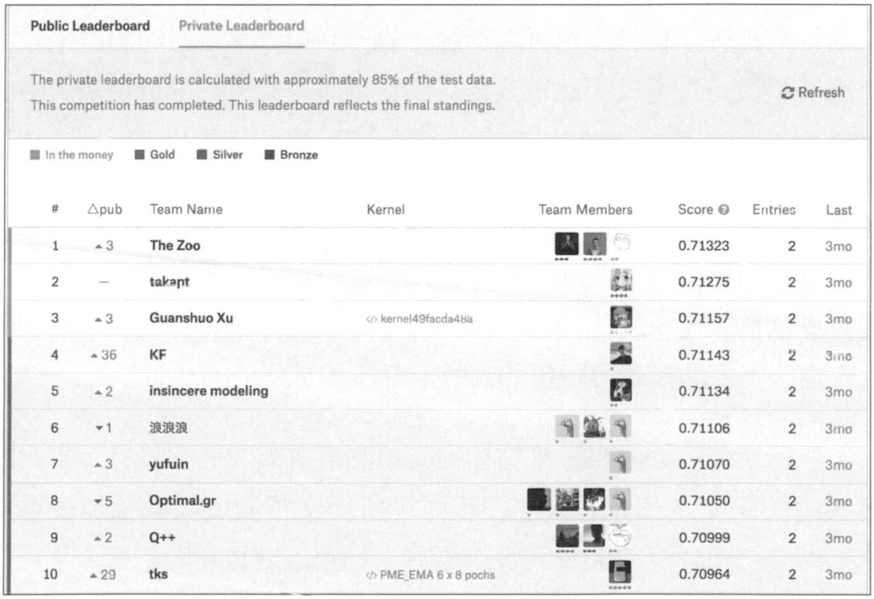

圖 1.4　Private Leaderboard (https://www.kaggle.com/c/quora-insincere-questions-classification/leaderboard)

● 競賽截止時間

參賽者必須注意競賽截止時間的時區不一定是自己所在地的時間。以 Kaggle 為例，大多數在 Kaggle 上的競賽都是以 UTC 時區來設定競賽截止時間。

1.1.3 組隊參賽

有些競賽可以允許多人組隊參賽。Kaggle 平台上，大部分的競賽都可以組隊參賽。組隊又稱為 Team merge。以個人名義參賽之後邀請其他參賽者組隊，當對方答應時就可以進行組隊 (Team merge)。

組員以各自不同的思考模式建立特徵或模型並求得預測值。此時，即便只是進行簡單的集成 (Ensemble) 作業，也就是將每個組員求得的預測值進行平均，也可以讓分數提升。組員們也可以透過討論、互相分享自己的想法來激盪出新創意。每個組員或許可以因此嘗試獨自參賽時從未想過的分析手法。由於有這樣的機制，在 Kaggle 競賽的決賽中，多數參賽者為了獲取優勝會進行組隊。

在 Kaggle 平台上曾舉行一個名為 Home Credit Default Risk 的競賽。此競賽的集成效果很好，因此組隊十分盛行。當時競賽排名名次在 16 名以前的所有參賽者都是組隊參賽的隊伍，甚至許多隊伍人數都有 10 人以上。因此在這個競賽之後，就限制每個隊伍的人數上限為 5 人。

為了避免參賽者透過組隊來增加提交預測值次數而佔有優勢，平台設定了一個競賽中的兩個隊伍或個人若要組隊，所提交預測值次數相加後不得超過 (1 天提交次數上限) × (競賽天數) (編註：簡單說就是新隊伍每天平均提交次數也不能超過上限)。因此，想要組隊的參賽者必須注意，若每天提交預測值的次數都達上限，就會限縮自己能夠組隊的對象。

1.1.4 獎金、獎品

在數據分析競賽中獲得優勝時，會得到各式各樣的獎品。最普遍的是優勝獎金，能夠獲取獎金的為前三名到前十名。獎金大約在 3000 美金左右，若數據分析競賽的規模較大，也有可能可以獲得數百萬美元左右的獎金。

除此之外，獲得優勝也可能得到主辦競賽企業面試的機會。其他獎項可能有像是圖形處理器 (Graphics Processing Unit, GPU) 或平板電腦等商品，或者得到能夠在學會發表的權利。

1.2　Kaggle 平台簡介

　　目前網路上有幾個數據分析競賽平台，專門提供具有數據分析競賽功能的作業環境給競賽主辦單位。數據分析平台提供以下功能給主辦單位舉行數據分析競賽：

● 能讓參賽者下載資料

● 對參賽者提交的預測值自動計分

● 排名表 (Leaderboard)

● 程式碼的執行環境 (例如 Kaggle 的 Notebooks 等)

● 討論區 (例如 Kaggle 的 Discussion 等)

　　參賽者可以透過瀏覽這些數據分析競賽平台獲得各式各樣的競賽資訊，選擇從中參加自己有興趣的競賽。

　　最近有許多大型的數據分析競賽都在這些平台上舉辦，有些附屬於資料探勘 (data mining)、機器學習、人工智慧相關的國際學會也都使用這些平台來舉辦數據分析競賽。到 2019 年 8 月為止，網路上有下列知名的數據分析競賽平台：

● **Kaggle**

　• https://www.kaggle.com/

　• 最知名的數據分析競賽平台

　• 直至目前為止舉辦了將近 250 場有獎金的競賽

　• 國際企業或政府、研究機構都會在此舉辦競賽

- SIGNATE (舊稱 OPT DataScienceLab)

  - https://signate.jp/

  - 日本的平台

  - 直至目前為止舉辦了將近 250 個有獎金的競賽

  - 日本國內企業或政府、研究機構會在此舉辦競賽

- TopCoder

  - https://www.topcoder.com/

  - 雖然為程式編寫競賽的平台但也有舉辦數據分析競賽

以上為數據分析競賽的基本介紹。接下來，作者會以著名分析平台 Kaggle 為中心進行說明。

★ 小編補充 **台灣的分析競賽平台**

- **科技大擂台**：https://fgc.stpi.narl.org.tw/activity/2020_Talk2AI
- **AIdea 人工智慧共創平台**：https://aidea-web.tw/
- **AIGO 解題競賽**：https://aigo.org.tw/zh-tw/competitions
- **AI 實戰吧**：https://tbrain.trendmicro.com.tw/
- **AI CUP**：https://moeaincu.wixsite.com/aicup
- **全國智慧製造大數據分析競賽**：https://imbd2020.thu.edu.tw/
- **人工智慧金融挑戰賽**：https://bba.cm.nsysu.edu.tw/

1.2.1 Kaggle

Kaggle 是最知名的數據分析競賽平台，至今舉辦了許多競賽，隨時都有許多提供獎金的競賽，但可能也會有一些競賽是沒有獎金的 (圖 1.5)。

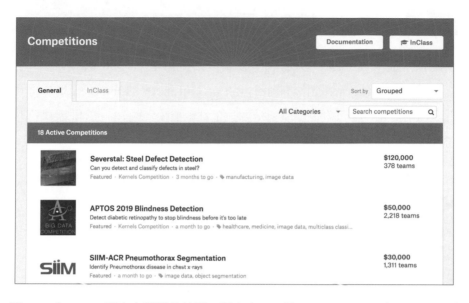

圖 1.5　在 Kaggle 平台上舉辦的競賽一覽表 (https://www.kaggle.com/competitions)

　　Kaggle 提供了舉辦數據分析競賽必須具備的基本功能 (提供參賽者資料、對參賽者提交的預測值自動計分、Leaderboard 等的功能等)。除此之外，Kaggle 還備有以下各種完善的輔助機制：

● 排名、頭銜制度 (Rankings)

● 雲端的資料分析環境 (Kernel)

● 可作為資訊交換的討論版 (Discussion)

● 公開資料集的功能 (Datasets)

● 可以使用程式語言來連結到 Kaggle 的 API

● 具有個人化的主題呈現功能 (Newsfeed)

　　接下來將會一一進行說明。

1.2.2 Rankings (排名、頭銜制度)

參賽者參賽的目的之一就是取得頭銜或提高排名，目前 Kaggle 的頭銜依據專長劃分為 Competition、Notebooks、Datasets、Discussion。你可以在 Kaggle Rankings 頁面中看到大家的排名 (圖 1.6) (編註：這是總排行榜，和 1.1.2 節競賽的排行榜不同喔！)。

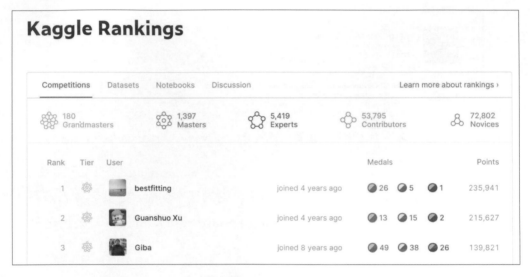

圖 1.6　Kaggle 的總排行榜 (https://www.kaggle.com/rankings)

排名的依據是依照 Kaggle 上的點數 (Points) 多寡來決定，參賽者可以透過競賽的排名或是在 Kernel、Discussion 的 Vote (贊成票、 SNS 上的讚) 數量來得到點數。參賽、投稿等實績的發生時間也會影響點數的數量，時間越久遠點數就越少。如此一來，即使參賽者一開始很活躍，名次仍會隨著他在 Kaggle 上的活動減少而下降。

而上述的不同專長的頭銜又各自分為以下 5 種階級：

● Novice

● Contributor

● Expert

● Master

● Grandmaster

　　舉例來說，在 Competition 的類別中滿足 Master 的條件時，就可以獲得 **Kaggle Competitions Master** 的頭銜。排行或頭銜可以參考「Kaggle Progression System」會有更詳細的說明 (https://www.kaggle.com/progression)。

　　簡單說，參賽者只要獲得一定數量的獎牌就可以得到頭銜。獎牌分金、銀、銅三種 (圖 1.6 中的 Medals)。若參賽者成為競賽的優勝，或在 Kernel、Discussion 的投稿得到一定數量以上的 Vote，就可以得到獎牌 (越高級的獎牌，獲取的條件就越嚴格)。

　　以頭銜的類別來說，多數參賽者最關心的是 Competition，參賽者認為最光榮的就是得到 Kaggle Competitions Master 和 Kaggle Competitions Grandmaster 的頭銜。即便如此，要在其他兩個類別：Notebooks 或 Discussion 中獲得頭銜也並不容易，仍有許多參賽者希望能在這兩個類別中獲得頭銜。如 2018 年 6 月時，代號 heads or tails 的 Kaggler 成為了第一位取得就 Kaggle Notebooks Grandmaster 頭銜的使用者。當時 Kaggle 還公開報導他獲此殊榮一事，成為當時風靡一時的話題。

1.2.3 Notebooks

Notebooks 是 Kaggle 所提供的一個可以在雲端上進行計算和執行程式碼的作業環境 (圖 1.7) [註2]。

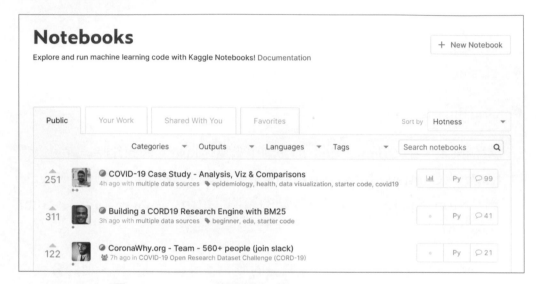

圖 1.7　Notebooks 首頁 (https://www.kaggle.com/notebooks)

使用者們可以在 Notebooks 上數據分析競賽中所提供的資料、將資料視覺化或是生成預測值並提交，除此之外也可以數據分析競賽之外的資料。

同時，Notebooks 也是一個分享程式碼的平台。使用者可以將自己寫的程式碼設定為公開，讓其他使用者看見自己的程式碼。而且**公開的程式碼可以參加 Vote**，一旦獲得一定數量的 Vote 就可以得到我們在前一個小節提到的獎牌。

有些公開的程式碼是針對初學者所寫，內容是一些基本的要點，初學者可以由此習得一些分析技巧。另外，也有一些公開的程式碼會揭露競賽中的技巧或想法。

註2：Notebooks 原名為 Kernel，故若你在其他地方看到 Kernel 時，指的就是 Notebooks。

Kaggle 禁止使用者私底下討論或分享與 Kaggle 上競賽相關的資訊。這是為了讓參賽者能夠平等的取得資訊，所以參賽者被規定只能使用 Notebooks 或 Discussion 來討論或分享資訊。因此，若想要得到其他參賽者針對競賽而公開的資訊時，基本上只要看 Notebooks 及 Discussion 即可。

● 簡單介紹 Notebooks 的使用方法

> **編註**：請先用自己的電子郵件註冊帳號並登入，這樣才能和之後的操作畫面一致！！！

撰寫程式

撰寫程式有以下三種方法：

- **從 Notebooks 的首頁新增**

  在 Notebooks 的首頁選取「＋ New Notebook 」，就可以製作一個空白的程式碼或資源 (圖 1.8)。 若想要使用與競賽以外的資料進行分析時建議使用這個方法。也可以在之後追加競賽有關的資源來進行競賽的分析。

按這裡新增

圖 1.8　在 Notebooks 首頁撰寫程式碼 (https://www.kaggle.com/notebooks)

- **新增並撰寫數據分析競賽資料的程式碼**

  若想要新增並撰寫數據分析競賽資料的程式碼，可以在競賽首頁的 Notebooks 標籤上按「New Notebook」來新增 (圖 1.9)。並重新新增競賽資料到資源中。

→ 接下頁

1 先按 notebooks　　　　　　　**2** 再按 New Notebook 來新增資料

圖 1.9　撰寫數據分析競賽資料的程式碼
(https://www.kaggle.com/c/instant-gratification/notebooks)

複製公開的程式碼

在公開的程式碼頁面中選取「Copy and Edit」(圖 1.10) 就可以新增一個含有與公開頁面相同的程式碼。

複製程式碼

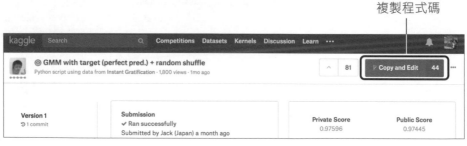

圖 1.10　複製公開的程式碼 (https://www.kaggle.com/
rsakata/gmm-with-target-perfect-pred-random-shuffle/)

而 Notebooks 有 Python 和 R 兩種程式語言供選擇。在新增程式碼時，會有 Script 和 Notebook 兩個選項，Script 中可以直接執行 code，Notebook 則是以 Jupyter Notebook 形式執行。建議在提交學習模型或預測值時使用 Script，而要進行互動式的分析或要進行視覺化時使用 Notebook。不論選擇那個模式都會切換到 Notebooks 的執行畫面。

→ 接下頁

編輯程式碼和互動式執行

使用者可以在 Notebooks 中使用程式碼編輯器及 Console 來撰寫程式碼，其中 Console 可以用互動式的形式，一行一行執行程式碼 (圖 1.11)。

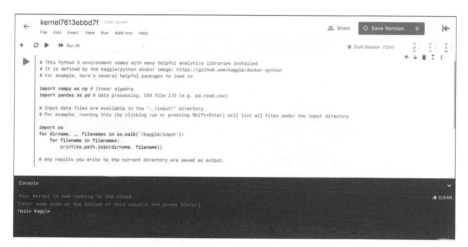

圖 1.11　Notebooks 的執行畫面

程式碼的 Commit

選取位於 Notebooks 執行畫面右上方的「Save Version」可以保存程式碼並賦予版次，在保存的同時會重新執行程式碼。若要提交執行結果的檔案或是想要公開程式碼時就必須進行 Commit (在 Save Version 畫面中可以選擇是否 Commit)。

即使不進行 Commit，Notebooks 也會定時自動儲存編輯中的草稿。因此當編輯中斷想要暫時存檔時並不需要執行 Commit。

確認執行結果

執行 Commit，會針對執行完成的程式碼生成一個瀏覽頁面 (稱為 Viewer)，檢視程式碼本身以及執行結果 (圖 1.12)。

→ 接下頁

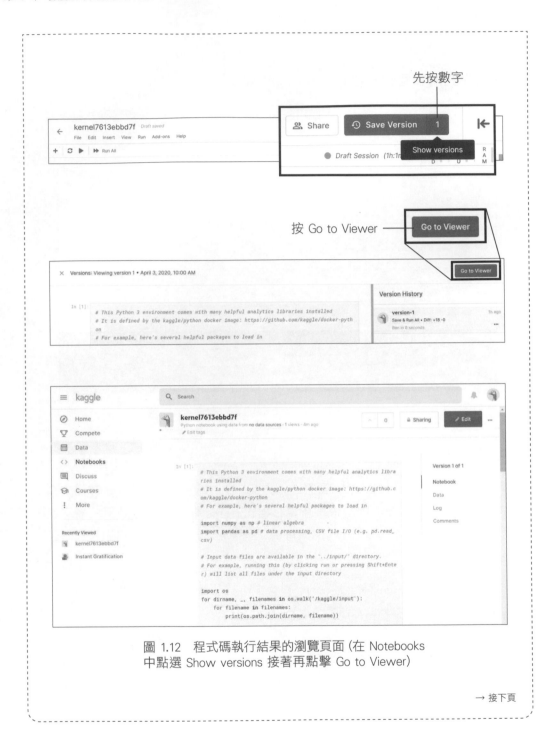

圖 1.12　程式碼執行結果的瀏覽頁面 (在 Notebooks
中點選 Show versions 接著再點擊 Go to Viewer)

→ 接下頁

提交預測值

　　使用撰寫好的程式碼計算出預測值之後，參賽者可以在程式碼執行結果的瀏覽頁面的 Output File 區塊中選取該當檔案並點選「Submit」就可以將檔案，也就是將算出的預測值作為競賽檔案提交 (圖 1.13)。

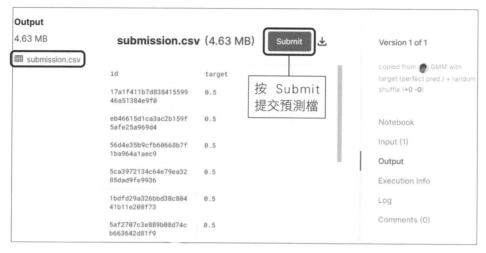

圖 1.13　提出預測值

● Notebooks 的注意事項

　　Notebooks 有計算時間及容量的等限制，所以在使用上必須注意以下幾點限制：

- 執行時間為 9 小時
- 硬碟容量為 5 GB
- 暫存硬碟容量為 16 GB

　　另外，可以選擇只有 CPU 或具有 GPU 的運算環境：

- 只有 CPU 的運算環境
  - 4 核心的 CPU
  - 記憶體 16 GB

→ 接下頁

- 具有 GPU 的運算環境
  - 雙核心的 CPU
  - 記憶體 13 GB
  - 具有 GPU (NVIDIA Tesla P100)

  在 Kaggle Documentation 中彙整了與 Notebooks 相關的其他資訊 (https://www.kaggle.com/docs/notebooks#technical-specifications)。

  編註：以上是在 2020 年 7 月時的限制。

1.2.4 Discussion

Discussion 是有關數據分析競賽的討論區。競賽期間,使用者在 Discussion 中經常熱烈討論下列的議題:

● 初學者的各種問題

● 確認規則細節的提問

● 和知識、分析手法相關的討論

通常競賽結束後,優等入選者會在 Disscussion 中寫下自己的解法,其他參賽者也會提出自己的問題,彼此討論非常熱絡。不少參賽者會簡單的描述解法的要點,有些參賽者甚至會分享自己的程式碼。在 Kaggle 上,很多知識與見解都是共享的,特別是自己有參與的競賽,參考其他參賽者的分享可以學習到更多知識和技巧。

　　Discussion 中會有 Kaggle 官方和參賽者撰寫的兩種主題 (圖 1.14)。Kaggle 官方主題中會寫有競賽主辦單位欲給予參賽者的訊息以及 Kaggle 官方成員為了讓競賽能夠順利進行所寫下的 Notebooks (一般稱做 Starter Notebooks) 的介紹、競賽的特別補充事項等內容，參賽時最好可以先閱讀過。為了將這些訊息傳達給每個參賽者，在 Discussion 的頁首也會顯示這些官方主題，其中有許多重要的訊息，參賽者最好都要看過一遍。

　　和 Notebooks 相同，使用者可以對 Discussion 的投稿內容和評論進行 Vote，若得到一定數量的 Vote 就可以獲得獎牌。

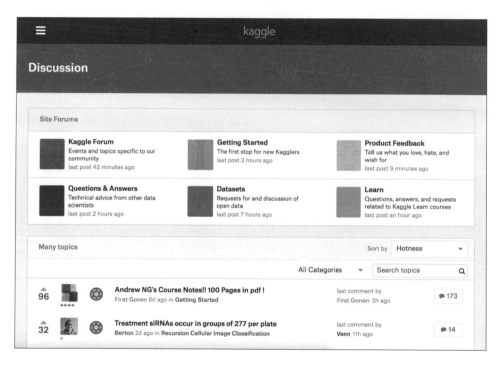

圖 1.14　Discussion (https://www.kaggle.com/discussion)

1.2.5 Datasets

Kaggle 上除了有與數據分析競賽相關的功能,還有一個可以分享資料集的功能,也就是 Kaggle Datasets (圖 1.15)。只要擁有 Kaggle 的帳戶,不論是誰都可以在 Kaggle Datasets 上新增或公開資料集,也可以下載這些公開的資料集。而未註冊 Kaggle 帳戶的使用者雖然不能下載但可以瀏覽資料集。

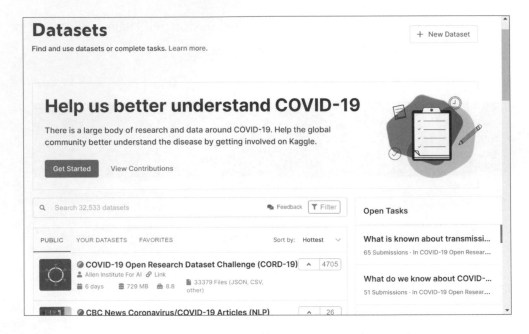

圖 1.15 Datasets (https://www.kaggle.com/datasets)

使用者可以依檔案名稱或標籤來搜尋資料集,也可以依下列方式進行排序:

● 熱門程度 (Hottest)

● 得票數 (Most Votes)

● 登錄時間

● 更新時間

資料的熱門程度是依資料的時間遠近及 Votes 等資訊所計算而得的指標，新登錄且受到矚目的資料集以及長時間穩定受到關注的資料集 Hottest 指標會較高。

另外，資料集的作者會賦予一些 Tags，可以用來表示資料集的種類或是與什麼樣的任務相關 (例如 NLP、covid19…)，透過這些 Tags 也可以連結到其它相關的資料集 (如同 Instagram 或 Facebook 的 hashtag 功能)。而大多數的資料集也都會標示版權，讓使用者可以快速瞭解這個資料在應用上有什麼限制。

想要公開資料集的使用者可以將資料集上傳到網站或是 API 上。上傳後就可以透過 Previewer 或 Data Explorer 功能來閱覽資料集的內容、統計量、類別等資訊 (例如圖 1.16 是 fashionmnist 資料集的檢視畫面)。

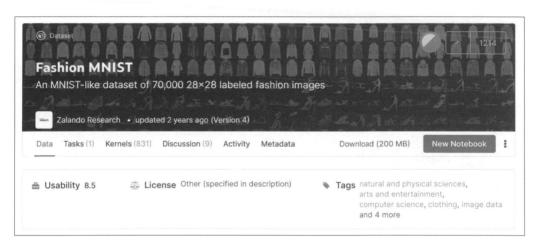

圖 1.16 資料集的檢視畫面 (https://www.kaggle.com/zalando-research/fashionmnist)

資料集的檔案格式建議使用較普遍、方便連結的檔案類型，下列為建議的檔案類型：

- CSV

- json

- sqlite

- 壓縮檔 (zip、7z 等)

- BigQuery Dataset

用這些格式上傳的話就可以使用 Previewer 或 Data Explorer 功能來預覽資料。雖然也可以上傳其他格式，但就很有可能會無法使用預覽功能。另外，若使用的是較為少見的格式，建議最好在 Notebooks 說明要如何開啟或使用。

為了讓使用者較容易找到資料，建議在資料上添加 Tags。另外，若不想公開資料集，也可以設為私人的資料集。

1.2.6 Kaggle API

網路上有許多公開的 Python 套件可以連結 Kaggle (圖 1.17)。只要使用這些套件，不用開啟 Kaggle 網站就可以透過 Kaggle 提供的 API 進行各式各樣的自動化處理或是執行 CUI (命令列介面)。接下來的篇幅會簡單介紹 Kaggle 的 API 並使用 kaggle-api 這個套件進行 API 的相關操作。

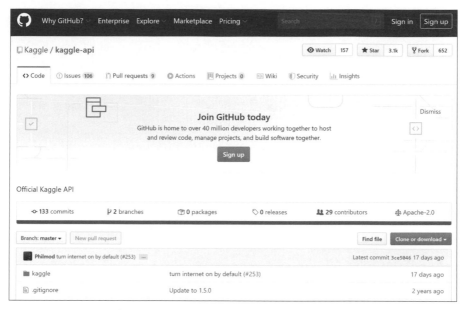

圖 1.17 kaggle-api 套件的 GitHub Repository (https://github.com/Kaggle/kaggle-api)

kaggle-api 提供下列功能 (2020 年 7 月時)：

● 取得數據分析競賽相關資訊

- 取得數據分析競賽一覽表

- 取得數據分析競賽用的公開檔案一覽表

- 下載數據分析競賽用的公開檔案

- 提交預測值

- 取得歷來提交的預測值一覽表

- 取得 Leaderboard

● 取得公開資料集的相關資訊

- 取得資料集的一覽表

- 取得資料集檔案一覽表

- 下載資料集檔案

- 公開資料集

- 撰寫新版本的資料集

- 建立公開用資料集的個人環境

- 取得資料集的 Metadata

- 取得資料集的公開狀況

● 取得 Notebook 的相關情報

- 取得 Notebook 一覽表

- 建立公開用 Notebook 個人環境

- Notebook 檔案上傳

- Notebook 檔案下載

- 取得 Notebook 之輸出

- 取得 Notebook 的執行狀況

● 如何使用 Kaggle API

安裝 kaggle-api 套件

使用 Python 的軟體管理套件 pip，執行下列指令後即可安裝 kaggle-api [註3]。

```
pip install kaggle
```

→ 接下頁

註3：使用的作業環境中若未安裝 pip 可以參考
https://docs.python.org/3.7/library/ensurepip.html#command-line-interface。

下載 Kaggle API Token

要使用 Kaggle API，就必須註冊及登錄 Kaggle 並下載 Kaggle API Token。由於篇幅有限，以下省略 Kaggle 的註冊、登錄說明。

首先，點選 Kaggle 首頁右上角的使用者標示，並點選「My Account」(圖 1.18)。

圖 1.18　Kaggle 首頁的 My Account 選單

出現 My Account 畫面後，點選下方 API 區塊的「Create New API Token」按鍵 (圖 1.19)。

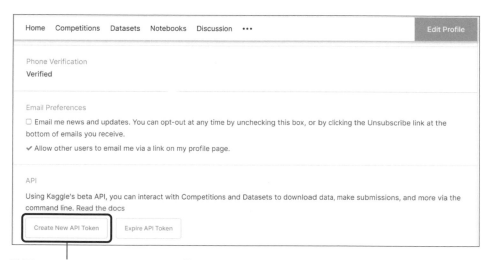

圖 1.19　My Account 畫面的 API 區塊

→ 接下頁

按下後，API Token 的檔案：kaggle.json 就會開始下載。

設置 Kaggle API Token

下載 API Token 後必須將其置於作業環境內適當的目錄中。而這個目錄會依作業環境而有所不同，若你的作業環境為 Linux 或 macOS，則檔案的路徑為：

```
~.kaggle/kaggle.json
```

若為 Windows，則路徑為：

```
C:\Users\<使用者名稱>\.kaggle\kaggle.json中。
```

在 Linux 或 macOS 等作業環境下，可以從終端執行以下指令來移動檔案：

```
mkdir ~/.kaggle    ← 可能沒有目錄故先建立目錄
mv <檔案下載後的存放路徑> ~ /.kaggle/kaggle.json    ← 移動檔案
```

限制 API Token 的檔案權限 [註4]

有了 Kaggle API Token，就可以在不進入 Kaggle 網站的狀態下使用 Kaggle 的功能，因此若任何人都可以使用會有安全上的隱憂，必須將 Kaggle API Token 的檔案權限設定為只有自己能夠讀取。請執行下列指令來設定權限：

```
chmod 600 ~/.kaggle/kaggle.json
```

這裡要特別注意，若檔案的權限設定不正確，會發生錯誤而無法使用 Kaggle API。

→ 接下頁

註4：只有在 Linux 或 macOS 才需要進行限制 API Token 的檔案權限。Windows 作業系統的使用者可以跳過這個程序。

取得競賽一覽表

完成上述的設定後，接著我們可以實際操作，試著取得競賽一覽表。執行下列指令會出現結束日期最晚的 20 筆競賽資訊：

```
kaggle competitions list
```

```
ref                                              deadline             category       reward    teamCount  userHasEntered
-----------------------------------------------  -------------------  -------------  --------  ---------  --------------
digit-recognizer                                 2030-01-01 00:00:00  Getting Started Knowledge      2262           False
titanic                                          2030-01-01 00:00:00  Getting Started Knowledge     17452           False
house-prices-advanced-regression-techniques      2030-01-01 00:00:00  Getting Started Knowledge      4641           False
connectx                                         2030-01-01 00:00:00  Getting Started Knowledge       305           False
nlp-getting-started                              2030-01-01 00:00:00  Getting Started Kudos          3161           False
competitive-data-science-predict-future-sales    2020-12-31 23:59:00  Playground     Kudos          6130           False
m5-forecasting-accuracy                          2020-06-30 23:59:00  Featured       $50,000        1749           False
m5-forecasting-uncertainty                       2020-06-30 23:59:00  Featured       $50,000         129           False
jigsaw-multilingual-toxic-comment-classification 2020-06-22 23:59:00  Featured       $50,000         311           False
tweet-sentiment-extraction                       2020-06-02 23:59:00  Featured       $15,000         375           False
imet-2020-fgvc7                                  2020-05-28 23:59:00  Research       Knowledge        10           False
abstraction-and-reasoning-challenge              2020-05-27 23:59:00  Research       $20,000         548           False
imaterialist-fashion-2020-fgvc7                  2020-05-26 23:59:00  Research       Knowledge         6           False
liverpool-ion-switching                          2020-05-25 23:59:00  Research       $25,000        1395           False
flower-classification-with-tpus                  2020-05-11 23:59:00  Playground     Prizes          475           False
iwildcam-2020-fgvc7                              2020-05-11 23:59:00  Research       Knowledge        53           False
herbarium-2020-fgvc7                             2020-05-11 23:59:00  Research       Knowledge        39           False
plant-pathology-2020-fgvc7                       2020-05-11 23:59:00  Research       Knowledge       407           False
march-madness-analytics-2020                     2020-04-30 23:59:00  Analytics      $25,000           0           False
covid19-global-forecasting-week-2                2020-04-29 23:59:00  Research       Knowledge       117           False
```

競賽一覽表

讀者若想瞭解更詳細的流程可以參考 Kaggle API 的 GitHub Repository ，或是執行下列指令來查看小幫手的資訊：

```
kaggle -h
```

1.2.7　Newsfeed

在 Newsfeed 的頁面中可以透過個人化設置查看各式各樣的主題串流 (圖 1.20)。Newsfeed 頁面上除了可以依使用者的喜好來推薦主題，同時也會顯示自己追蹤的話題、Notebooks、使用者等資訊。

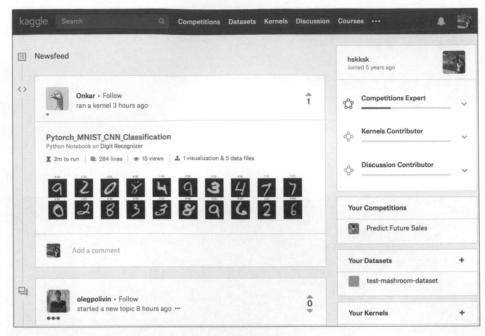

圖 1.20　Newsfeed

1.2.8　實際舉辦過的數據分析競賽類別與案例

主要的數據分析競賽大致上有以下的種類：

● 企業主辦的數據分析競賽

- 企業隱蔽部分公司內部資料後公開舉辦的數據分析競賽，主要是希望參賽者預測與企業相關的服務資訊

- 資料或是預測對象會展現出企業的特色 (編註：不同行業別會有完全不同類型的資料)

- 主辦單位多為歐美企業，偶有日本企業主辦的競賽

● 研究機構主辦的數據分析競賽

　　● 研究機構公開手上的資料來舉辦競賽

　　● 競賽主題會有與環境、醫療等相關的重要社會議題

　　● 有些數據分析競賽不提供獎金

　　● 使用公開資料集所進行的競賽

　　● 資料分析的初學者或是想要嘗試新分析手法的人，可以嘗試參加這類的競賽

接下來會介紹幾個 Kaggle 上較具代表性的競賽。

日本企業舉辦的數據分析競賽

以下介紹日本企業舉辦過的數據分析競賽 (表 1.1)

▼ 表 1.1　日本企業舉辦過的數據分析競賽

名稱	主辦單位	競賽期間	舉辦平台	使用資料	任務	獎金總額	參加隊組數
RECRUIT Challenge Coupon Purchase Prediction	Recruit Institute of Technology (現為 Megagon Labs)	2015/7/16~ 2015/10/1	Kaggle	Ponpare (ポンパレ) 團購折價券 (coupon 券) 網站資料	從過去的資料預測未來使用者可能購買的折價券 (coupon 券)	5 萬美元	1076 組
Mercari Price Suggestion Fallenge	Mercari (メルカリ)	2017/11/22~ 2018/2/21	Kaggle	Mercari 的商品說明、種類、品牌名稱等資料	由商品資訊預測其販買價格	10 萬美元	2384 組

▌ 編註：台灣一些學術單位有在 Kaggle 辦競賽，例如台灣大學以及台灣人工智慧學校。

提供高額獎金的數據分析競賽

接著介紹提供高額獎金的數據分析競賽 (表 1.2)。

▼ 表 1.2　高額獎金的數據分析競賽

名稱	主辦單位	競賽期間	舉辦平台	使用資料	任務	獎金總額	參加隊組數
Fissanger Screening agorithm Challenge	美國國土安全部	2017/6/22~2017/12/15	Kaggle	旅客照片	判斷身體 17 處是否有威脅安全的部位	150 萬美元	149 組
Zillow Prize Zillow's homeValue Pridiction (Zestimate)	Zillow	2017/5/24~2019/1/15	Kaggle	不動產物件資訊	判斷中古不動產買賣價格	120 萬美元	3779 組
Data Science Bowl 2017	博思艾倫漢密爾頓控股公司 (Booz Allen Hamilton Holding Corporation)	2017/1/12~2017/4/12	Kaggle	肺部X光影像	以肺部 X 光影像判斷是否為肺癌患者	100 萬美元	394 組
Heritage Health Prize	Heritage Provider Network	2011/4/4~2013/4/4	Kaggle	病患資訊	預測患者在隔年度待在醫院的天數	50 萬美元	1353 組

參賽者眾多的數據分析競賽

接著介紹參賽者眾多的數據分析競賽 (表 1.3)。

▼ 表 1.3　參賽者眾多的數據分析競賽

名稱	主辦單位	競賽期間	舉辦平台	使用資料	任務	獎金總額	參加隊組數
Santander Customer Transaction Prediction	Santander Bank	2019/2/14~2019/4/11	Kaggle	銀行顧客資訊	預測顧客是否進行資料庫交易	6.5 萬美元	8802 組
Home Credit Default Risk	Home Credit Group	2018/5/18~2018/8/30	Kaggle	信用調查資料或信用卡收支等資料	預測顧客是否可以還清貸款	7 萬美元	7190 組

→ 接下頁

名稱	主辦單位	競賽期間	舉辦平台	使用資料	任務	獎金總額	參加隊組數
Porto eguro's Safe Driver Prediction	Porto Seguro	2017/9/30~ 2017/11/30	Kaggle	汽車保險資參加者的資訊	預測次年是否會申請汽車保險金	2.5 萬美元	5163 組
Santander Customer Satisfaction	Santander Bank	2016/3/3~ 2016/5/3	Kaggle	銀行的客戶情報	判斷顧客是否滿意銀行的服務	6 萬美元	5122 組

1.2.9 數據分析競賽的形式 (format)

每個競賽必須提交的解答、用於最終排名之測試資料的公開時機等競賽的規則不盡相同。這些規則在 Kaggle 上被稱為形式 (format)。

需提交之資料

● **一般競賽 (提交預測結果的競賽)**

在 Kaggle 上，參賽者提交預測結果的競賽是標準的 format，也是最初期時所使用的方法。在這個 format 下，參賽者下載訓練資料、測試資料後，在自己的作業環境或是 Notebook 等自己喜歡的作業環境中讓模型進行學習，並針對測試資料做出預測，而參賽者所提交的檔案則必須包含這些預測值。

● **Notebook 競賽 (提交程式碼的競賽)**

Notebook 競賽是 Kaggle 在 2016 年底之後開始舉辦的競賽形式，是種新format。在這類型的競賽中所提交的資料並非預測值，而是在 Notebook 上的程式碼。2016 年底舉辦的 Two Sigma Financial Modeling 是首度以這種 format 進行的競賽。自此以後舉辦 Notebook 競賽的比例也逐漸增加。

在 Notebook 競賽中，一旦提交了記載於 Notebook 上的程式碼，就可以使用 Notebook 上的運算資源進行學習或預測，其預測結果會成為計算分數的依據。參賽時必須特別注意下列幾點。

- 在 Notebook 上執行程式碼時，CPU 和 GPU 的使用時間、記憶容量都有所限制。

- 有些 Notebook 競賽不論是學習和預測都必須在 Notebook 上進行，有些則只要在 Notebook 上執行預測即可。若為後者，可以在自己慣用的作業環境上寫好模型的二進位檔案 (Binary file) 或函數後，上傳至 Notebook 進行預測即可。

　　除此之外，由於每個競賽的規定都不同，在參賽前務必確認欲參加的競賽規定。

● Notebook 競賽

　　以下列舉幾個 Notebook 競賽的優缺點：

- 由於所有參賽者都必須在相同的環境下提交預測值，無法反映參賽者使用的運算環境的差異。

- 由於運算資源的限制，因此要更講求學習或預測的速度和準確度，模型才不容易發生過度配適。

- 當預測資料具有時序性時，主辦單位可以使用 Notebook 競賽設計一個可以每天更新數據，讓參賽者實作一個線上預測的任務。主辦單位可以直接將參賽者提交的檔案運用在實務上，參賽者不需要另外撰寫一個可以進行線上預測的程式碼。

- 主辦單位可以直接將參賽者提交的程式碼用於測試資料上，並以此進行最終評價。這樣一來 2 階段競賽 (見下一頁說明) 也會更容易實施。

- 必須考慮 Notebook 的不穩定、可執行時間或記憶容量的限制。

公開測試資料的時機

● 一般競賽

　　參加競賽後，參賽者可以同時取得訓練資料和測試資料。雖然不知道測試資料的標籤，但可以了解測試資料的性質及 Public Leaderboard 上部分測試資料預測結果的分數。參賽者可以依照這些資訊來調整模型。

● **2 階段制競賽**

競賽分為第 1 和第 2 階段。在競賽的第 2 階段，參賽者可以取得用於最終評價的測試資料。在最近的 2 階段制競賽中，許多競賽規定參賽者必須在第 1 階段結束前提交程式碼及模型，且不得修改。參賽者必須在無法得到最終評價用的測試資料及預測值分數的情況下撰寫能夠精準預測的模型。

● 2 階段制競賽的優缺點

- 可以限制參賽者過度參考測試資料來進行學習或預測。

- 可以限制參賽者使用半監督式學習來讓模型學習測試資料 [註5]。

- 可以避免參賽者在圖像資料等任務上使用目視的方法給予測試資料的預測值。

- 可以減少主辦者將機密資料放入資料中，造成機密流出的風險 (我們稱此情況為資料外洩，在「2.7.1 在無預期的情況下外洩有利於預測的資訊」章節中會詳細說明)。

- 將第 1 階段結束後所上傳的程式碼 (模型) 使用於解決方案時 (第二階段的測試資料)，可能會無法再現相同效果 (達到相同的準確度) 而產生問題。(https://fujii.github.io/2018/05/11/kaggle-two-step-competition/)。

★ 小編補充 **2 階段制競賽的補充**

上述網頁 http://fujii.github.io/2018/05/11/kaggle-two-step-competition/ 中提到，2 階段制競賽可避免人為方式違規輔助機器學習 (如用人工方式在測試資料中手動加入標籤)，參賽者在第 1 階段提交模型後，主辦單位會用第 2 階段的測試資料來驗證該模型的準確率，並做為競賽排名依據。如果參賽者的模型夠普適化，兩個階段的準確度應該差異不大。

另外，主辦單位也會於賽後檢查獲勝參賽者的程式和模型 (於第 1 階段時提交)，若有發現不符合規定之處，會取消獲勝資格。

註5：**半監督式學習**：讓模型不僅能學習有標籤的資料，還能學習沒有標籤資料的手法。

1.3 從開始參加數據分析競賽到結束

這一小節將介紹 Kaggle 競賽從開始到結束的流程。我們會以一個沒有獎金的 Playground 競賽「**Predict Future Sales**」為例，帶領大家跑一遍數據分析競賽的流程 [註6]。接下來的 Kaggle 網頁都是 2020 年 9 月的畫面，因此可能會略有差異，請自行參照實際網頁操作來調整。

1.3.1 參加數據分析競賽

進入競賽的頁面後，請點選右上角的「Join Competition」的按鈕來參加此競賽 (圖 1.21)。

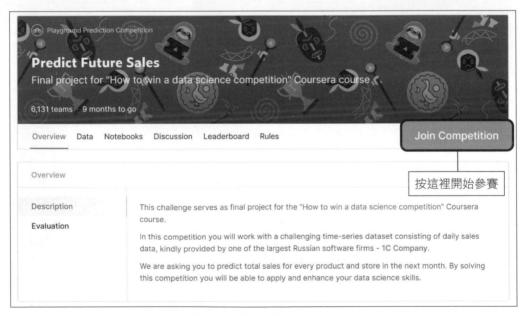

圖 1.21　參加數據分析競賽

註6：**Predict Future Sales 競賽的網址：**

https://www.kaggle.com/c/competitive-data-science-predict-future-sales。你也可以在 Kaggle 頁面中透過 Search 欄來找到此競賽。

1.3.2 同意規定和條約

每個數據分析競賽都有其規定及條約 (圖 1.22)。若要參加競賽就必須同意這些規定。主要的規定如下：

● 禁止以多個帳戶報名。

● 每天提交解決方案的限制次數。

● 是否能夠組隊以及組隊人數的限制。有些競賽可能會有人數的上限，參加每個競賽時最好都要事先確認。

● 是否允許 Private Sharing (意指在 Kaggle 的 Notebook 或 Discussion 之外的地方和隊員以外的人分享程式碼等資訊)。

● 是否可以使用外部資料 (非競賽主辦人所提供的資料)。大多數的競賽都會限制不得使用外部資料，但由於不同的競賽規定也有所不同，仍需要事先進行確認。

若不遵守規定和條約，很有可能會被競賽除名，或是在入選後喪失領取獎金的權利。

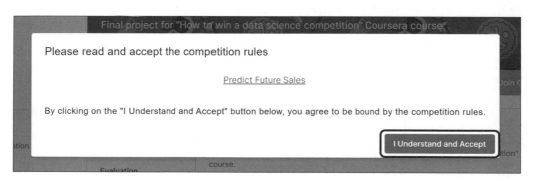

圖 1.22　同意規定和條約

1.3.3 下載資料

參加數據分析競賽後就可以在「Data」項目中下載分析資料。透過點選「Download All」按鈕來下載資料 (圖 1.23)。也可以使用 1.2.6 節中介紹的 API 來下載資料。

圖 1.23　下載資料

1.3.4 產生預測值

接著我們要使用下載的資料來**建構模型**並產生**預測值**。產生預測值的流程會在「1.5 贏得優勝的秘訣」進行說明。

1.3.5 提交預測值

競賽的主辦單位公布的資料中一定會有提交檔案的範例，參賽者提交的檔案必須和範例檔案的形式相同 (範例檔案的名稱通常為 sample_submission.csv)。請在提交頁面 (Submit Predictions) 中提交你的模型所產生的預測檔 (圖 1.24)。大多數的競賽通常會限制參賽者每天提交預測值的次數，因此在提交前請先考慮清楚。

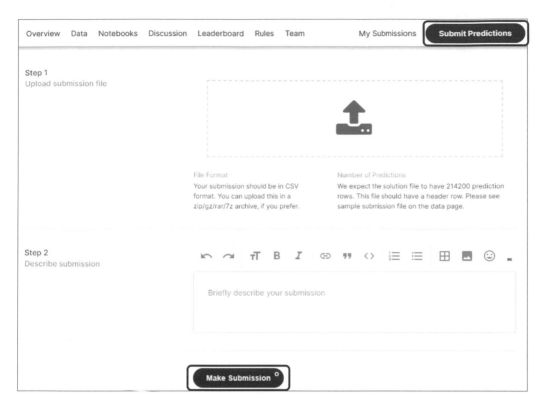

圖 1.24　提交預測值 (https://www.kaggle.com/c/
competitive-data-science-predict-future-sales/submit)

1.3.6　查看 Public Leaderboard

提交預測值後可以在「Leaderboard」頁面中查看自己的排名 (圖 1.25)。
而排名有分為 Public Leaderboard 與 Private Leaderboard。Public 排名是**使
用 35% 的測試資料所進行的評價結果**。雖然會和最終排名 (Private) 有所差
異，但仍可以做為參考。參賽者可以適度參考 Public Leaderboard 的排名來
評估目前模型的大略水平，但注意不要過度依賴 Public Leaderboard 進行評
價，因為這不一定能代表你的模型水平，畢竟只用了 35% 的測試資料。

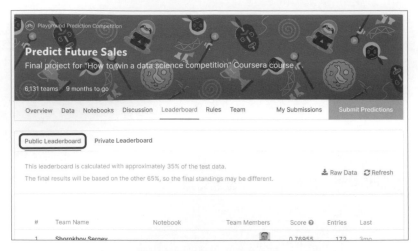

圖 1.25　Public Leaderboard

| **編註**：Public Leaderboard 使用 35% 的測試資料，而 Private Leaderboard 使用其餘的 65%。

1.3.7　選擇最終預測值

數據分析競賽接近尾聲時，可以在「My Submissions」頁面中選擇預測值作為最終評價使用 (圖 1.26)。只要點選預測值上的「Use for Final Score」按鈕就可以選取該預測值，這個競賽最多可以選擇兩個。若參賽者沒有選取預測值，此競賽會自動在 Public Leaderboard 中選取分數較高的預測值。

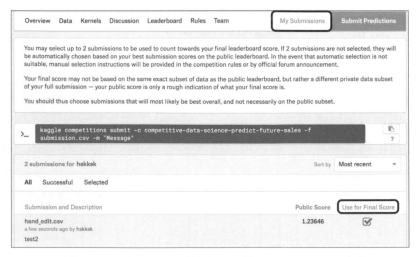

圖 1.26　選擇最終預測值 (https://www.kaggle.com/c/
competitive-data-science-predict-future-sales/submissions)

1.3.8 查看 Private Leaderboard

數據分析競賽結束後可以在 Private Leaderboard 中查看自己的最終排名 (圖1.27)。許多競賽都是在提交預測值的期限一過就會發表排名。不過根據競賽型式的不同,公開 Private Leaderboard 的時間也有可能不太一樣。另外, Private Leaderboard 公開後會進行結果的驗證及是否違反規定的確認,因此排名也有可能有變化。

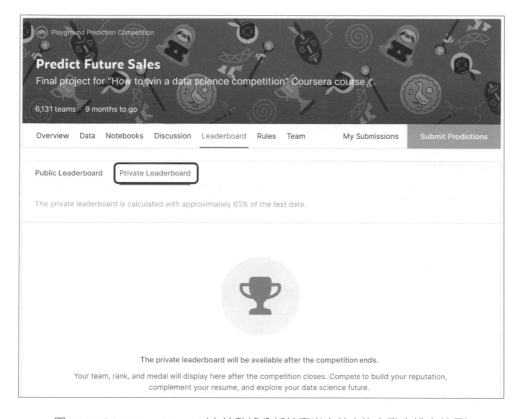

圖 1.27　Private Leaderboard (由於數據分析競賽尚未結束故未發表排名結果)

1.4　參加數據分析競賽的意義

　　本節會說明參加數據分析競賽的意義以及該如何選擇要參加什麼樣的競賽。以下先列舉參加數據分析競賽可能的收穫：

● 獎金

● 頭銜 (Kaggle Master、Kaggle Grandmaster 等)

● 排名

● 使用實際資料進行分析的經驗/技術

● 建立和其他資料科學家的交流

● 就業機會

1.4.1　獲得獎金

　　若目標為獲得獎金，那麼建議去參加有獎金，且容易獲得優勝的競賽，像是分析的資料量較多，或者比較冷門的數據分析競賽，可能比較容易獲得優勝。此外，若本身有比較拿手的資料項目或分析形式，也可選擇與此相關的數據分析競賽來參加。

1.4.2　獲得頭銜或排名

　　若想要獲得頭銜或排名，首先要確認該數據分析競賽的成績是否有計算頭銜或排名。數據分析競賽的簡介頁面 (Overview) 的頁尾一定會有相關的描述 (圖 1.28)。

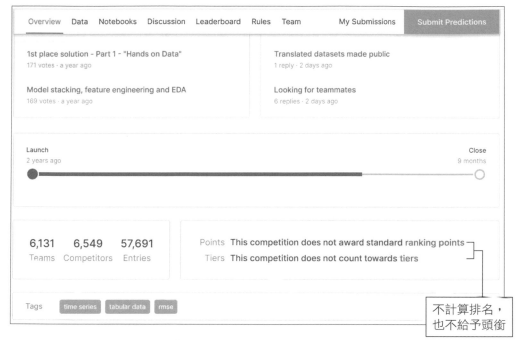

圖 1.28 頭銜或名次的相關描述

下列是競賽可能會出現的相關描述：

● **Points This competition does not award standard ranking points**：
表示該競賽不給予排名的點數。

● **Points This competition awards standard ranking points**：表示該競賽給予排名的點數。

● **Tiers This competition does not count towards tiers**：表示該數據分析競賽的成績不會作為賦予頭銜的條件。

● **Tiers This competition counts towards tiers**：表示該競賽的成績會作為賦予頭銜的條件。

此外也必須注意，有些數據分析競賽雖然有獎金，但不會計算排名，也不會作為賦予頭銜的條件。像是最近的數據分析競賽：「Data Science for Good: City of Los Angels」就屬於此類的競賽 (2019 年 8 月時)。由於這個數據分析競賽為 Playground 競賽，因此不被作為賦予頭銜及排行的條件。

AUTHOR'S OPINION

在 Kaggle 網站上已有關於獎牌與排名準則等相關資訊的整理 (https://www.kaggle.com/progression)。作者群 (T、J、H) 在此想分享給我們對於在數據分析競賽獲得的優勝、各種獎牌或者名次等價值的看法。

- **Competition、Notebooks、Discussion**

  Competition、Notebooks、Discussion 這三個不同的類別都可以賦予頭銜和排名。大多數使用者的目標都是在 Competition 中獲得獎牌或頭銜。不過，單純要享受 Kaggle 的樂趣，或是想要活用所學的人，也可以透過 Notebooks 習得如何有效率的進行簡單易懂的分析，或者在 Discussion 上分享知識，並進行高品質的討論，和其他使用者互動交流。

  編註：Kaggle 近來新增了 Datasets 這個新類別。

  以下是作者群針對 Competition 的看法：

- **獎牌的價值**

  只要能好好的 trace Notebook 內容，並掌握基本的流程，就能夠獲得銅牌。而要得到銀牌則必須在 Notebook 中自己多加嘗試各種方法 (不論正確或錯誤)。金牌則要視參加人數而定，必須更努力嘗試擠到排名前到 10~20 名，才有機會獲得。

→ 接下頁

- **頭銜的價值**

  要獲得 Master 的頭銜，最困難的莫過於拿到金牌了。但不一定要獨自取得金牌，也可以組隊奪牌。但仍然需要先獲得 2 個銀牌，因次必須有一定的毅力不斷去挑戰數據分析競賽。而要成為 Grandmaster 必須要獲得五面金牌，其中還必須含有獨自獲得的金牌 (至少一個)。因此，要獲得這個頭銜必須要有相當的實力和努力。

- **排名的價值**

  由系統透過分析隊伍成員數量、獲得的積分以及經過天數三個元素計算使用者的排名。若參賽的數量增加，排名也可能因此而提升。因此，排名較高並不一定表示該使用者在競賽中的實力較強。所以說除了頂尖層級，較多參賽者會認為獎牌或較高的頭銜比排名更有價值。

  若無法得到像是獎牌這種顯著的成果，公開自己參賽的程式碼或是提出有效的解決方案，都可以獲得在社群中的知名度及信賴度。

1.4.3 使用實際資料進行分析的經驗/技術

　　取得待分析資料經常是練習機器學習相關技術與知識時最大的障礙。這時參賽最大的意義在於，能夠使用實際資料進行分析。除了表格資料或圖片資料等，也可以學到醫療或金融領域中所使用的技巧。因此，若有想學的資料類型或領域，參加相關的競賽，是獲得經驗與提升技術的好方法。

　　另外，參考已結束的數據分析競賽的解決方案也是一個很好的學習方法。在 Kaggle 官方部落格 No Free Hunch (http://blog.kaggle.com/) 上公開了許多數據分析競賽的進行方式、說明解決方法的訪談等豐富的文章。

在 Discussion 中會公開一些優勝者所寫的解決方法。雖然不同人撰寫的詳細程度不同，我們可以從概要的文章中學到自己不知道的技巧，若有公開程式碼，更可以參考其中詳細的作法。

有些使用者會整理過去的解決方法，我們可以心存感激並活用這些由 Kaggler (編註：即 Kaggle 的參賽者) 撰寫的解決方法及彙整資料，在參考之餘也不要忘了給予這些文章 Vote。例如：「Winning solutions of kaggle competitions」https://www.kaggle.com/sudalairajkumar/winning-solutions-of-kaggle-competitions、「Kaggle Past Solutions」http://ndres.me/kaggle-past-solutions/。

除此之外，使用者也可以參加 Meetup (以某個主題所召開如同讀書會的聚會)，主辦者會整理各式各樣的數據分析競賽技巧，閱讀這些資料，讀者可以在短時間之內增進功力。日本最大的數據分析競賽 Meetup 就屬 Kaggle Tokyo Meetup 了 (作者T、J 也是主辦人之一)。

1.4.4　建立和其他資料科學家的交流

參加數據分析競賽的魅力之一在於可以認識其他的資料科學家，討論各式各樣的模型或手法。組隊參賽是深入交流最好的方法；另外，像是前文提到的，參加 Meetup，或者加入有眾多 Kaggler 的 Slack workspace 都是和其他同好交流的好方法。

● **kaggler-ja Slack：**

多數日本 Kaggler 會加入的 Slack workspace。在 2019 年 8 月時有約 6,200 人參加 註7。

註7：欲參加 kaggler-ja Slack 的人可以在以下網站上填入電子郵件信箱
　　　https://kaggler-ja.herokuapp.com/

● **KaggleNoobs Slack：**

參加此 Slack workspace 的 Kaggler 不只來自日本，還來自世界各地。2019 年 8 月時，約有 9,400 人參加 [註8]。

★小編補充 台灣的 meetup

· **台灣資料科學社群**：https://www.facebook.com/groups/datasciencemeetup/
· **台灣人工智慧小聚**：https://aiacademy.tw/meetup/
· **台灣聊天機器人社群**：https://github.com/Chatbot-Taiwan/meetups
· **AI Tech 社群資訊平台**：https://hackmd.io/@7WeiUEuJSBKp7WCRouAWVg/SkoF D8oL4/%2Fs%2FH1H9FUslV?type=book
· **台北敏捷 AI 社群**：https://www.meetup.com/Taipei-Agile-AI/
· **PyData Taipei Meetup Group**：https://www.meetup.com/PyData-Taipei-Meetup-Group/

1.4.5 獲得就業機會

參加數據分析競賽，入選為優等，藉此展現自己的實力，這樣一來就更容易獲得資料科學家的職缺。2018 年時，日本國內已有一些企業會積極錄用 Kaggler (編註：臺灣也是)。

此外，Kaggle 網站上也刊有資料科學家或資訊工程師的招募資訊 (https://www.kaggle.com/jobs)，使用者可以直接在網站上應徵，且幾乎都是外商公司，對於想在國外就業的使用者會有所幫助。

某些數據分析競賽的入選者，可以獲得競賽主辦單位企業的面試機會。有此需求的使用者也可以善加利用 (https://www.kaggle.com/competitions?category=recruitment)。

註8：欲參加 KaggleNoobs Slack 的人可以在以下網站上填入電子郵件信箱
　　　http://kagglenoobs.herokuapp.com/

1.5 贏得優勝的秘訣

如下列所示,本書會分六個章節介紹數據分析競賽所需要的技巧與觀念:

- 第 2 章 任務與評價指標

- 第 3 章 特徵提取

- 第 4 章 建立模型

- 第 5 章 模型評價

- 第 6 章 模型調整

- 第 7 章 模型集成 (Ensemble Learning)

「Titanic: Machine Learning from Disaster」是 Kaggle 上的 Playground 競賽,通常作為講解用的教材 註9。本節會使用此競賽的資料,帶領讀者一邊看程式碼一邊介紹一些基本方法。此競賽和可以獲得獎金或獎牌的競賽不同,資料筆數和特徵都較少,但很適合用來介紹分析的流程。

1.5.1 任務和評價指標 (Metric)

參加數據分析競賽時,必須先瞭解分析問題 (任務概要、資料內容、預測對象等)。再來,必須瞭解競賽的評價指標 (Metric),因為競賽的排名是依據評價指標而定。

註9:**競賽網址**:https://www.kaggle.com/c/titanic。

在競賽的 Overview 頁面中的 Description、Evaluation 有任務的概要和評價指標的說明。在這個任務中,要以二元分類來預測鐵達尼號的乘客是否存活,若存活則為 1,否則為 0,最後產生預測值。而此競賽的評價指標則為 accuracy,單純是評價預測正確的比例 (正確預測數量/全體的預測數量)。

此競賽提供的資料有 train.csv (訓練資料)、test.csv (測試資料)、gender_submission.csv (提交檔案的範例)。通常我們會在程式中讀取這些資料,並分別取出訓練資料的特徵和標籤。由於測試資料內僅含有特徵,故不需要再拆分二者。如下示範:

■ **ch01-01-titanic.py**

```python
import numpy as np
import pandas as pd

# 讀取訓練資料、測試資料
train = pd.read_csv('train.csv')
test = pd.read_csv('test.csv')

# 分別取出訓練資料的特徵和標籤
train_x = train.drop (['Survived'], axis=1)    ← 特徵 (編註:將 Survived
                                                     標籤欄位去除)
train_y = train['Survived']                    ← 標籤

# 由於測試資料只有特徵,維持原樣複製一份即可
test_x = test.copy()
```

編註:請至此競賽頁面中下載資料並放置於程式碼目錄中。

有些競賽提供的資料會包含多個的表格,此時就必須將這些的表格結合後再來建立特徵,但 Titanic 的競賽資料較為單純,故可以省略此步驟。此外,這個競賽資料的評價指標也很單純,不需要再特別加工。但有些競賽可能必須依據評價指標而針對模型輸出的預測值進行後處理,選出較合適的預測值來計算評價指標。

在第 2 章「任務和評價指標」中會說明數據分析競賽的任務、資料的種類、評價指標以及如何讓預測值最符合評價指標。

● 探索性資料分析 (EDA)

在建立模型或特徵之前，必須先去瞭解資料。也就是說，在提出假設或預測模型之前，我們必須從各種角度、觀點來分析以深入瞭解資料。這個作業我們稱之為探索性資料分析 (Exploratory Data Analysis, EDA)。但 EDA 非本書深入介紹的對象，在此僅簡單如下說明：

透過觀察資料內有什麼特徵、各個特徵的形式和數值的分布、缺失數據和極端值，我們可以瞭解目標變數 (標籤) 和各個變數 (特徵) 之間的相關性或關係，這有助於我們擬定下一步該做什麼。

下列是比較常見的統計量：

* 特徵的平均/標準差/最大/最小/四分位數
* 特徵含有幾種不同的項目 (編註:比如預測顧客是否購買某個寵物商品，也許會使用一個特徵來記錄顧客是否有飼養寵物，此特徵的內容可能是貓、狗、兔或是沒有飼養任何寵物等項目)
* 特徵的缺失數據
* 特徵間的相關係數

下列是常用於資料視覺化的手法：

* 長條圖
* 盒鬚圖、小提琴圖
* 散布圖
* 折線圖
* 熱點圖
* 直方圖
* QQ 圖 (分位圖)
* t-SNE、UMAP (請參考「3.11.5 t-SNE、UMAP」)

→ 接下頁

資料科學家通常會根據資料的性質而使用不同的手法。另外，Kaggle 上公開了許多使用者進行 EDA 的案例。競賽舉辦期間，也會有許多熱心的網友或希望在 Notebooks 獲得獎盃的使用者分享 EDA 的程式碼。若想要參考實際案例，建議可以尋找 Vote 數量較多的 Notebook 或是在 Notebooks 排名前幾名的使用者所撰寫的Notebook。

> **編註**：快被 Notebook 與 Notebooks 搞混了嗎？在此特別釐清一下，Notebooks (有 s) 是指排行榜，而 Notebook (沒有 s) 就是指程式碼的部分。

1.5.2　建立特徵

首先，因為我們預計使用 **xgboost 套件來建立模型**以解決鐵達尼號任務 [註10]，所以必須先對鐵達尼號的訓練資料進行如下的**預處理**，轉成模型可以學習的形式：

1　由於 PassengerId 不是預測時會使用到的特徵，若放在訓練資料內可能會被模型認為是有意義的特徵，因此必須將此欄位整個刪除掉。

2　若想要將 Name、Ticket、Cabin 轉換成可以用來預測的特徵，必須經過繁雜的預處理，故在此也將這 3 個欄位刪除。

3　若訓練資料中含有文字會讓 GBDT 產生錯誤，必須先將文字轉換為數值。轉換方法有很多種，在這裡使用的方法稱為 **label encoding**。例如資料中的特徵 Sex 及 Embarked 都需要使用 label encoding 來轉成數值 (小編註：即每個類別會對應到某一個整數)。

4　GBDT 可以直接處理缺失資料，因此不需要做特別的處理。

註10：xgboost 套件所建立的模型是基於 GBDT 演算法。而 GBDT 為 Gradient Boosting Decision Trees 的縮寫，是數據分析競賽中常使用的模型，在「4.3 梯度提升決策樹 (Gradient Boosting Decision Tree, GBDT)」會有更詳細的說明。而在「6.1.5 GBDT 的超參數及其調整」中會詳細說明 GBDT 超參數的調節。

上述處理所對應的程式碼如下：

■ **ch01/ch01-01-titanic.py (續)**

```
from sklearn.preprocessing import LabelEncoder

# 1. 去除 PassengerId          ┌── 用 drop() 去除資料欄位
train_x = train_x.drop( ['PassengerId'], axis=1)
test_x = test_x.drop( ['PassengerId'], axis=1)

# 2. 去除 Name, Ticket, Cabin
train_x = train_x.drop ([ 'Name', 'Ticket', 'Cabin'], axis=1)
test_x = test_x.drop([ 'Name', 'Ticket', 'Cabin'], axis=1)

# 3. 對 Sex、Embarked 進行 label encoding
for c in [ 'Sex', 'Embarked' ]:
    # 根據訓練資料決定如何轉換 ( 編註：將資料餵給 LabelEncoder 物件, 讓它知道該如何進行轉換)
    le = LabelEncoder()
    le.fit(train_x[c].fillna('NA'))

    # 訓練資料、測試資料的轉換 ( 編註：透過 LabelEncoder 物件做轉換，若有缺失值填入 'NA')
    train_x[c] = le.transform(train_x[c].fillna('NA'))
    test_x[c] = le.transform(test_x[c].fillna('NA'))
```

　　在進行競賽時，為了讓預測更精準，會進行數值的轉換或是使用一些統計的方法，讓原本難以發掘、隱含的有效資料轉換為特徵。在表格資料的競賽中，建立特徵是非常重要的一步，通常特徵的好壞決定了競賽中的排名。在第 3 章「特徵提取」中會詳細說明建立特徵的各種方法與觀念。

1.5.3 建立模型

　　模型的種類五花八門，但在表格資料數據分析競賽上，主要會用的模型是基於 GBDT 演算法，因為它既穩定精準度又高。建立模型後，我們會將訓練資料餵給模型進行學習，再以測試資料讓模型進行預測而獲得預測值。

這裡我們會用 xgboost 套件來建立一個基於 GBDT 的模型。接著將上一步驟已處理好的訓練資料餵給模型進行學習。再來，將測試資料餵給模型，使其輸出預測值。

■ **ch01/ch01-01-titanic.py (續)**

```
from xgboost import XGBClassifier

# 建立模型及餵入訓練資料 (與標籤) 以進行學習
model = XGBClassifier(n_estimators=20, random_state=71)
model.fit(train_x, train_y)

# 餵入測試資料以輸出預測值 ( 編註 ：是介於 0-1 之間的機率值)
pred = model.predict_proba(test_x)[:, 1]

# 將大於 0.5 的預測值轉為 1、小於等於 0.5 則轉成 0
pred_label = np.where(pred > 0.5, 1, 0)

# 建立提交用的檔案
submission = pd.DataFrame({ 'PassengerId': test['PassengerId'],
'Survived': pred_label } )
submission.to_csv('submission_first.csv', index=False)
```

▌ 編註 ：若您的開發環境沒有安裝 xgboost 套件，可以透過 pip install xgboost 進行安裝。

執行後會在程式碼目錄中會產生 submission_first.csv 這個包含預測值的檔案。接著就可以在競賽的 Submit Predictions 頁面中上傳這個檔案，提出此預測值。

完成提交後，可以看到獲得了 0.73684 這個分數。也就是說，我們預測的準確度是 73.684%。你也可以在 Public Leaderboard 中看看這個分數的排名是多少。

圖 1.28_2　在 Public Leaderboard 的排名結果

1.5.4　評價模型

　　建立模型的主要目的就是要預測未知的資料。但對於模型預測能力的優劣，我們也不能等 submit 到 Leaderboard 才知道成果好不好，因此我們必須在 submit 之前就自行驗證，對模型的能力加以評估。所以，我們通常會將餵給模型的資料分為訓練資料 (training data) 和驗證資料 (validation data)，先用訓練資料讓模型進行學習，再以驗證資料讓模型進行預測，產生預測值，然後會使用**評價指標來對驗證資料的預測值進行評價**，等到對自己模型的能力滿意了，再對測試資料做預測，最後把預測結果提交上去。

　　因為在數據分析競賽中，使用者會建立各式各樣的特徵，並經過多方嘗試來確認這些特徵是否能有效預測，藉此找出一個準確度高的模型。此時若沒有正確進行驗證，就會無法確認所選用的特徵是否能有效預測。

　　而驗證的手法有很多種，這裡使用的手法為**交叉驗證 (Cross-Validation)**：也就是會將資料分為幾個區塊，然後不斷輪替的取其中的一個區塊作為驗證資料 (valid)，而剩下的則作為訓練資料 (train) (圖 1.29)。

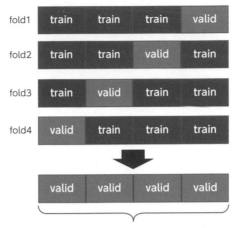

綜合各 fold 對驗證資料之預測的分數來評價

圖 1.29　交叉驗證

　　雖然鐵達尼號競賽的評價指標為 accuracy，但單獨 accuracy 很難偵測出微小的改善，所以我們再**綜合了 logloss 這個指標來進行輸出**，其特性是在預測較不準確時分數較高，準確率越好則分數越低。關於 logloss 的詳細說明可以參考「2.3.4 二元分類任務的評價指標：預測值為正例機率的情況」。

■ **ch01-01-titanic.py (續)**

```
from sklearn.metrics import log_loss, accuracy_score
from sklearn.model_selection import KFold

# 用 List 保存各 fold 的 accuracy 與 logloss 分數
scores_accuracy = []
scores_logloss = []

# 進行交叉驗證
kf = KFold(n_splits=4, shuffle=True, random_state=71)

for tr_idx, va_idx in kf.split(train_x):
    # 將資料分為訓練資料和驗證資料 (標籤也是)
    tr_x, va_x = train_x.iloc[tr_idx], train_x.iloc[va_idx]
    tr_y, va_y = train_y.iloc[tr_idx], train_y.iloc[va_idx]
```

←將訓練資料分 4 等分，其中之一作為驗證資料，並且不斷的輪替驗證資料

→ 接下頁

```
              # 建立 xgboost 模型並餵入訓練資料與標籤進行學習
              model = XGBClassifier(n_estimators=20, random_state=71)  ← 建立
              model.fit(tr_x, tr_y)  ← 訓練

              # 對驗證資料進行預測，輸出預測值的準確率
              va_pred = model.predict_proba(va_x)[:,1]

              # 計算驗證資料預測值的評價指標，用 logloss 及 accuracy 來算誤差
              logloss = log_loss(va_y, va_pred)
              accuracy = accuracy_score(va_y, va_pred > 0.5)

              # 保存該 fold 的評價指標
              scores_logloss.append(logloss)
              scores_accuracy.append(accuracy)

# 輸出各 fold 評價指標的平均值
logloss = np.mean(scores_logloss)
accuracy = np.mean(scores_accuracy)
print(f'logloss: {logloss:.4f}, accuracy: {accuracy:.4f}')
```

　　透過交叉驗證所計算得到的評價指標為 accuracy: 0.8059、logloss: 0.4782。但剛剛我們的 Public Leaderboard 分數為 accuracy: 0.73684 (編註：這是對測試資料進行預測的準確率)。可以看出兩者的 accuracy 是有差異的。如果沒有特殊原因，這兩者的數值應該要非常接近，一般來說兩個值有差異時必須特別注意，以此處的案例來說，推測差異的原因應該為**測試資料的筆數太少**所引起。

　　雖然以目前這個資料來做交叉驗證沒有出現較大的問題，但根據任務和資料的不同，必須謹慎選擇驗證手法，如此才能得到適當的評價結果。在第 5 章「模型評價」中會說明各種驗證手法以及進行驗證時所需了解的觀念。

編註：此處你可能發現 logloss 沒派上用場，不用擔心，等一下在調超參數的時候就會用到了。

1.5.5 模型調整

我們在訓練前要指定一組**超參數 (Hyperparameter)** 來設定模型的學習方法、學習速度以及模型的複雜度。我們必須將超參數調到最合適的情況，模型才能有最佳的學習成效。在此將使用**網格搜索 (Grid Search)** 這個方法來調整超參數中的 max_depth 和 min_child_weight 這 2 個超參數[註11]。

■ **ch01-01-titanic.py (續)**

```
import itertools        編註：itertools 是 Python 處理排列組合很方便的套件

# 準備用於調整的超參數
param_space = {
    'max_depth': [3, 5, 7],
    'min_child_weight': [1.0, 2.0, 4.0]
}

# 產生超參數 max_depth 與 min_child_weight 的所有組合
param_combinations = itertools.product (param_space['max_depth'],
                                        param_space['min_child_weight'])

# 用 List 保存各超參數組合以及各組合的分數
params = []
scores = []

# 對各超參數組合的模型進行交叉驗證
for max_depth, min_child_weight in param_combinations:
    score_folds = []
    # 進行交叉驗證
    # 將訓練資料分成4分，其中一個作為驗證資料，並不斷輪替交換
    kf = KFold(n_splits=4, shuffle=True, random_state=123456)
    for tr_idx, va_idx in kf.split(train_x):
        # 將資料分為訓練資料與驗證資料
        tr_x, va_x = train_x.iloc[tr_idx], train_x.iloc[va_idx]
        tr_y, va_y = train_y.iloc[tr_idx], train_y.iloc[va_idx]
```

→ 接下頁

註11：**網格搜索 (Grid Search)** 是對所選擇的超參數進行遍歷，嘗試這些超參數所有可能的組合，藉此找出有最佳成效的組合（ 編註：就是超參數的暴力搜尋法啦)。

```
            # 建立 xgboost 模型並進行訓練
            model = XGBClassifier (n_estimators=20, random_state=71,  ←  建立
                                   max_depth=max_depth,
                                   min_child_weight=min_child_weight)
            model.fit(tr_x, tr_y)   ←  訓練

            # 驗證資料的預測值與 logloss 評價指標
            va_pred = model.predict_proba(va_x)[:,1]  ←  產生驗證資料的預測值
            logloss = log_loss(va_y, va_pred)  ←  產生 logloss 評價指標
            score_folds.append(logloss)  ←  保存每一個 fold 的 logloss 評價指標

        # 將各 fold 的評價指標進行平均
        score_mean = np.mean(score_folds)

        # 保存超參數的組合以及其相對應的評價指標
        params.append((max_depth, min_child_weight))
        scores.append(score_mean)

# 找出將評價指標分數最佳的超參數組合
best_idx = np.argsort (scores)[0]
best_param = params[best_idx]
print (f'max_depth: {best_param[0]}, min_child_weight: {best_param[1]}')
```

最後輸出結果為 max_depth: 3、min_child_weight: 2.0，這是使用網格搜尋所找到的最佳超參數組合 (此組合的 logloss 評價指標分數最低，可見 logloss 是一個好的指標)。

在第 6 章「模型調整」中會說明調整超參數的方法和觀念。另外也會說明選擇特徵的手法，例如當特徵多的時候可以將對預測沒有幫助的特徵排除；另外也會講解在分類任務中出現類別分布不平均時該如何應對。

1.5.6　集成學習 (Ensemble Learning)

　　由於單一模型能獲得的分數 (評價指標) 有限，我們結合多個模型來進行預測 (編註：團結力量大)，藉此爭取更高的分數，這種預測的方法就稱為**集成學習** (Ensemble Learning)。集成學習中只要模型的準確度夠高，且這些模型具有多樣性時 (編註：各模型的不足之處有機會透過其他模型補強)，很容易就能提升分數。

　　在此，我們試著將前文中已建立的 **xgboost 模型**以及本節將建立的**邏輯斯迴歸模型** (Logistic Regression, model，也稱對數機率模型) 進行集成 (考慮到 xgboost 的準確度較高，所以待會進行 2 個模型的加權平均時，會給予 xgboost 較高的權重)。

　　而在進行 2 個模型的集成學習前，**我們需要先產生新的訓練資料 train_x2 與 test_x2，用以餵給邏輯斯迴歸模型**。這是因為原先 train_x、test_x 有不同特徵的資料，因為我們會希望 2 個模型先對不同特徵的資料進行訓練後，再進行集成學習：

■ **ch01-01-titanic.py (續) 製作新的訓練資料 train_x2 與測試資料 test_x2**

```
from sklearn.preprocessing import OneHotEncoder

# 訓練與測試資料
train_x2 = train.drop(['Survived'], axis=1)  ◀── 去除 Survived 標籤欄位
test_x2 = test.copy()  ◀── 無標籤欄位資料，故不需去除

# 去除訓練、測試資料中的 PassengerId 欄位
train_x2 = train_x2.drop(['PassengerId'], axis=1)
test_x2 = test_x2.drop(['PassengerId'], axis=1)

# 去除訓練、測試資料中的 Name、Ticket、Cabin 欄位
train_x2 = train_x2.drop(['Name', 'Ticket', 'Cabin'], axis=1)
test_x2 = test_x2.drop(['Name', 'Ticket', 'Cabin'], axis=1)
```

→ 接下頁

```
# 建立 one-hot 編碼的物件與進行相關設置 (告訴它編碼的方式)
cat_cols = ['Sex', 'Embarked', 'Pclass']
ohe = OneHotEncoder(categories='auto', sparse=False)  ← 建立 one-hot 編碼物件
ohe.fit(train_x2[cat_cols].fillna('NA'))  ← 丟資料給它，讓它知道該
                                              怎麼建立編碼的規則


# 對指定的欄位的數據進行 one-hot 編碼
ohe_columns = []
for i, c in enumerate(cat_cols):
    ohe_columns += [f'{c}_{v}' for v in ohe.categories_[i]]


# 對指定欄位的數據進行 one-hot 編碼，將結果存在一個新的 Dataframe
ohe_train_x2 = pd.DataFrame(ohe.transform(train_x2[cat_cols].fillna('NA')),
                            columns=ohe_columns)
ohe_test_x2 = pd.DataFrame(ohe.transform(test_x2[cat_cols].fillna('NA')),
                           columns=ohe_columns)


# 去除原資料中，指定欄位的數據
train_x2 = train_x2.drop(cat_cols, axis=1)
test_x2 = test_x2.drop(cat_cols, axis=1)


# 將 one-hot 編碼後的 Dataframe 與原資料合併
train_x2 = pd.concat([train_x2, ohe_train_x2], axis=1)
test_x2 = pd.concat([test_x2, ohe_test_x2], axis=1)


# 將欄位中的缺失值，用整個欄位的平均值取代
num_cols = ['Age', 'SibSp', 'Parch', 'Fare']
for col in num_cols:
    train_x2[col].fillna(train_x2[col].mean(), inplace=True)
    test_x2[col].fillna(train_x2[col].mean(), inplace=True)


# 對 Fare 欄位的數據取對數 ( 編註 : np.log1p 是對資料 +1 後取對數，通常
                              是用來讓資料的變化平滑一點)
train_x2['Fare'] = np.log1p(train_x2['Fare'])
test_x2['Fare'] = np.log1p(test_x2['Fare'])
```

建立好新資料後就可以開始進行 2 個模型的訓練以及最後集成學習：

■ **ch01/ch01-01-titanic.py 集成學習**

```python
from sklearn.linear_model import LogisticRegression

# 建立 xgboost 模型並進行訓練與預測
model_xgb = XGBClassifier(n_estimators=20, random_state=71)
model_xgb.fit(train_x, train_y)
pred_xgb = model_xgb.predict_proba(test_x)[:, 1]

# 建立邏輯斯迴歸模型並進行訓練與預測
# 必須放入與 xgboost 模型不同的特徵，因此另外建立了 train_x2,test_x2
model_lr = LogisticRegression(solver='lbfgs', max_iter=300)
model_lr.fit(train_x2, train_y)
pred_lr = model_lr.predict_proba(test_x2)[:, 1]

# 取得加權平均後的預測值
pred = pred_xgb * 0.8 + pred_lr * 0.2
pred_label = np.where(pred > 0.5, 1, 0)

# 建立提交用的檔案
submission = pd.DataFrame({'PassengerId': test['PassengerId'],
                           'Survived': pred_label})
submission.to_csv('submission_ensemble.csv', index=False)
```

　　提交 submission_ensemble.csv 後，可以看到我們的分數為 0.75598，比原先僅用一個 xgboost 模型的分數還要來得高！

排名大約是 1 萬 4 千 8 百名　　　　　　　　　　　　　　第 2 次 submit

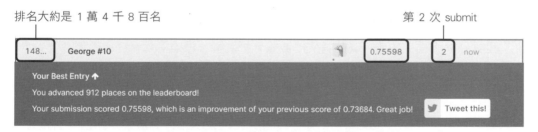

圖 1.29_2　在 Public Leaderboard 的排名上升了

　　有關於集成學習，會在第 7 章「模型集成 (Ensemble Learning)」中做更詳細介紹，包含了**簡單集成法**以及**集成堆疊 (stacking) 法**的相關內容。

1.5.7 數據分析競賽的流程

到目前為止，我們都是透過 Kaggle 的「Titanic: Machine Learning from Disaster」競賽作為範例來說明數據分析競賽的一些要點，讓讀者大致瞭解數據分析競賽的樣貌。不過，以上的分析完全是使用最基礎的技巧，進行最低限度的分析而已。

實際上，參賽者在競賽時會使用其他各式各樣的技巧，反覆測試，慢慢的提升分數。下列為主要的循環流程：

1 將訓練資料進行資料預處理，建立特徵

2 將原有的資料合併建立好的特徵後訓練模型

3 使用驗證資料來評價預測結果是否有所改善

其他還有使用 EDA 加深對數據的理解從而選擇出更佳的特徵、使用不同的模型、超參數微調或是集成等方法來提升分數…等。別擔心，從第 2 章開始我們會詳細來解說數據分析競賽中的技巧、觀念、注意事項。

AUTHOR'S OPINION

事實上鐵達尼號的資料集並不是針對機器學習的初學者所做，因此為了更深入理解分析流程，建議可以挑戰其他數據分析競賽。鐵達尼號資料集的筆數很少，就算找到有效的特徵有良好的準確度，但很有可能因為一些小變動就讓準確度下降。

事實上，Public Leaderboard 分數較高的 Notebook，未必對未知的數據有良好的預測能力，可能只是因為過度比對測試資料碰巧得到吻合的結果罷了（且由於此競賽是使用公開的資料集，因此可以從別的地方找到測試資料的標籤。許多在 Leaderboard 排前幾名的參賽者是使用這個方法來達到完美的預測）。

→ 接下頁

另一個理由是**記錄間有關係性**。記錄中存在家屬關係，是否為同一家族與是否生存有相當大的關係，因此可以從 Name 等特徵來推定家屬關係，並利用其家屬是否生存的資訊來提升預測的效果。然而，由於此手法使用了目標變數 (標籤)來訓練模型，使得模型在驗證的過程中無法驗出資料外洩而得到異常高分。(有關資料外洩請參考「2.7.2 驗證機制錯誤所造成的資料外洩」)。

「How am I doing with my score?」這個 Notebook 將鐵達尼號資料的使用者們使用了什麼樣的手法、出現了什麼樣的分數等資訊都整合起來。其中有一些手法十分值得玩味，最後提示讀者可以注意這筆資料有一處較為特殊的部分，有興趣的讀者可以去看看 (https://www.kaggle.com/pliptor/how-am-i-doing-with-my-score)。(T)：門脇大輔

● 運算資源

對於 Kaggle 等平台上的數據分析競賽，參賽者一般都需要雲端或是一般作業環境下的運算資源。在這個 COLUMN 專欄中，作者會分享一些自己對這些運算資源的想法 註12。

在表格資料的競賽上，擁有豐富的運算資源確實較為有利，但透過提升分析或建構模型的技巧，就可以增加分析的準確度。因此運算資源並不會在分析結果上造成決定性的差異。有些人靠著一台普通的筆記型電腦也獲得了金牌，而善於運用雲端資源的則省下了許多金錢上的成本。當數據分析競賽的資料龐大時會需要規模較大的運算資源，建議可以有效的利用雲端平台。再者，若競賽為影像資料相關的任務，且必須使用深度學習來解決的話，GPU 的資源就十分重要。

針對運算資源，我們主要會思考下列幾點：

→ 接下頁

註12：由於此文章是在 2019 年 8 月左右撰寫，因此未來可能會有所改變。

- 只要擁有具一般作業環境、一定程度性能的 PC，除了可以進行簡單的運算和建立模型，在確認視覺化或試算表資料上也十分便利。

  · 電腦的 CPU 或記憶體不足時，與其買一台功能級別更高的 PC，學會使用雲端資源不僅更方便，而且成本也較低。

  · 要讓人工神經網路模型進行學習時，擁有一個性能好的 GPU 會非常方便。

- 目前常見的雲端平台有 Google Cloud Platform (GCP) 和 Amazon Web Services (AWS)。兩者比較起來，GCP 的使用者較多。

  · 雲端平台在 CPU 或記憶體上的 CP 值十分的優越。

  · 若使用者會持續、頻繁的使用 GPU，擁有一台自己的電腦 CP 值較高。但若只有偶爾會增加使用的頻率的話，會建議使用雲端平台。

  · 若使用 GCP 的 Preemptible Instances 的話，可以達到節約的效果（雖然在執行中途可能會被強制中斷 Instances，但仍可以用低價使用此服務）。

- Kaggle 的 Notebook 有一定程度的功能而且可以使用 GPU，所以有一些人是以此作為主要的運算資源。

- 使用 Google BigQuery 等的雲端型資料庫，就可以從大數據中快速取得一些特徵。

  最後，由於有些運算較為費時，有些人就會寫個程式透過 Slack 和 Line 等軟體傳遞相關訊息（ 編註 ：例如訓練好了可以 Line 我一下啦）。

chapter

任務與評價指標

2.1 數據分析競賽的任務種類

這一章會介紹構成競賽的三個元素：任務、資料及評價指標。在本節，我們會依競賽的任務來介紹各種任務中需要預測的對象以及需要提交的預測值。接著，會介紹影響競賽排名的重要因素：評價指標 (evaluation metrics)，並說明如何根據評價指標提交較好的預測值，以獲得較好的排名。另外，在 Kaggle 上發生過參賽者使用了規定不得使用的資訊，造成參賽資格或分析結果被判定無效，這種情形稱為資料外洩 (leakage)，在本章的最後也會詳細說明相關細節。

2.1.1 迴歸任務 (Regression)

若任務為預測物價、股票收益或是店面來客數等變化量，我們就稱這種任務為迴歸任務 (Regression task, 如圖 2.1)。通常會使用 Root Mean Square Error (RMSE)、Mean Absolute Error (MAE) 等作為評價指標。

ID	標籤 (正確答案)
1	98.5
2	1000
3	655
4	250
5	889.5

ID	預測值
1	87.5
2	602.3
3	700
4	225.7
5	721.3

圖 2.1　迴歸任務

具代表性的 Kaggle 競賽如下：

- 「**House Prices**：Advanced Regression Techniques (Getting Started)」

- 「**Zillow Prize**：Zillow's Home Value Prediction」

2.1.2 分類任務 (Classification)：二元分類與多分類

二元分類任務

若任務為預測資料是否屬於某個類別，例如：依據病人的資料來判斷是否染病或未染病，我們就稱之為分類任務。而分類任務依所輸出的預測值又分為 2 種 (圖 2.2)：

1 **標籤預測**：輸出 1 或 0 來表示是否屬於某分類 (例如：是否患有疾病)。通常以 **F1-score** 作為評價指標。

2 **機率預測**：輸出 0 到 1 之間的數值來表示屬於某個類別的機率 (例如：患有疾病的機率)。通常以 **logloss** 或 **AUC** (Area Under the Curve) 做為評價指標。

<table>
<tr><th colspan="2"></th><th colspan="2">（標籤預測）</th><th colspan="2">（機率預測，預測標籤為 1 的機率）</th></tr>
<tr><th>ID</th><th>標籤</th><th>ID</th><th>預測值</th><th>ID</th><th>預測值</th></tr>
<tr><td>1</td><td>0</td><td>1</td><td>0</td><td>1</td><td>0.1</td></tr>
<tr><td>2</td><td>1</td><td>2</td><td>1</td><td>2</td><td>0.9</td></tr>
<tr><td>3</td><td>1</td><td>3</td><td>0</td><td>3</td><td>0.4</td></tr>
<tr><td>4</td><td>1</td><td>4</td><td>1</td><td>4</td><td>0.8</td></tr>
<tr><td>5</td><td>0</td><td>5</td><td>0</td><td>5</td><td>0.2</td></tr>
</table>

圖 2.2　二元分類

具代表性的 Kaggle 競賽如下：

- 「**Titanic**：Machine Learning from Disaster (Getting Started)」

- 「Home Credit Default Risk」

多分類任務

多分類任務經常出現於 Kaggle 競賽之中，其又可分為以下 2 種：

1 **多元分類 (Multi-Class)**：一筆資料僅屬於一個類別 (如圖 2.3)。通常以 logloss 做為評價指標。

（標籤預測）　　　　　　　　（機率預測）

ID	標籤
1	A
2	B
3	C
4	B
5	A

ID	預測值
1	A
2	B
3	B
4	C
5	A

ID	class A 預測機率	class B 預測機率	class C 預測機率
1	0.8	0.05	0.15
2	0.1	0.7	0.2
3	0.05	0.9	0.05
4	0.1	0.3	0.6
5	0.7	0.1	0.2

各 ID 中各種 class 的預測機率和為 1

圖 2.3　多元分類（有 A、B、C 三種分類的情況）

2 **多標籤分類 (Multi-Label)**：一筆資料可以同時是多個類別 (如圖 2.4)。通常以 mean-F1 做為評價指標。

（標籤預測）　　　　　　　　（機率預測）

ID	標籤
1	A
2	B, C
3	A, B, C
4	B
5	A, C

ID	預測值
1	A
2	B, C
3	A, B
4	C
5	A

ID	class A 預測機率	class B 預測機率	class C 預測機率
1	0.8	0.4	0.3
2	0.2	0.9	0.7
3	0.6	0.9	0.1
4	0.1	0.1	0.6
5	0.6	0.05	0.2

各 ID 中各種 class 的預測機率和不為 1

圖 2.4　多標籤分類（有 A、B、C 三種分類的情況）

> **★ 小編補充**　多元分類最後只會選擇預測機率最高的，輸出 1 個標籤，而多標籤分類則會輸出數量不一的多個標籤。以圖 2.4 為例，只要預測機率大於 0.5 (右表格)，就會輸出該類別的標籤 (中表格)。

具代表性的 Kaggle 競賽如下：

● 「Two Sigma Connect：Rental Listing Inquiries」(多元分類)

● 「Human Protein Atlas Image Classification」(多標籤分類)

2.1.3 推薦任務 (Recommendation)

預測消費者可能會購買的商品、或是消費者可能會對哪些廣告有興趣…等，這些類型屬於推薦任務。在大多數的任務中，參賽者必須去預測每個消費者對多個商品或廣告的反應。為方便說明，這邊舉一個任務為例 (圖 2.5)，這個任務要求參賽者必須推薦消費者多個可能會購買的商品 (預測值)，而標籤也會是多個商品。

ID	標籤
1	P5
2	P1, P5, P17
3	P5, P12
4	P2, P20
5	P7, P8

（已購買的商品清單）

（按順序的 3 個預測）

ID	預測值
1	P17, P5, P11
2	P5, P17, P8
3	P5, P20, P12
4	P2, P7, P20
5	P1, P17, P7

（預測購買商品的排序）

（按順序的隨機個數預測）

ID	預測值
1	P5, P17
2	P5
3	P5, P12, P20
4	P2
5	P1, P17

（預測購買商品的隨機個數排序）

圖 2.5 推薦任務

編註：這裡的 P1、P2、P3…指的就是商品。

有些推薦任務會要求參賽者將商品依消費者購買的可能性大小來排序，有些則只要預測消費者可能會購買的商品就好，不需排序。若不需排序，則任務就和前文中提到的多標籤分類任務一樣：一筆資料可以同時有多個標籤，故參賽者的模型也需輸出數個預測值。

而不論需不需要排序，這類的任務通常會被當作二元分類問題來進行分析，也就是分析每個消費者「是否」會購買各個商品，最後將各種商品的購買機率做為預測值 (若需要排序則依機率大小依序輸出)。

當提交的預測值需要排序時，會使用 Mean Average Precision computed at k(MAP@K) 作為評價指標。若不需排序，則評價指標和多標籤分類相同 (mean-F1)。

具代表性的 Kaggle 競賽如下：

- 「Santander Product Recommendation」

- 「Instacart Market Basket Analysis」

2.1.4 圖像資料任務

下列是針對圖像資料的任務，其預測值的形式會和迴歸問題或分類問題有所不同。

物體偵測 (Object detection)

此類型的任務必須使用**定界框 (Bounding box)** 來推測圖像中目標物的所在範圍及其分類 (編註：例如將圖片中的 "狗" 框出來)。具代表性之 Kaggle 競賽為：「Google Al Open Images - Object Detection Track」。

圖像劃分 (Segmentation)

此類型的任務必須以圖像的 pixel 為單位來推測圖像中標的物的存在範圍 (編註：你可以想像是對圖片的每一個 pixel 都進行分類)。具代表性的 Kaggle 競賽：「TGS Salt Identification Challenge」。

2.2 數據分析競賽的資料集 (Dataset)

本節會說明數據分析競賽中提供的資料集形式與種類。

2.2.1 表格資料 (tabular data)

具有行與列的資料就稱為表格資料 (tabular data)，如 Excel 的試算表或是 pandas 的 DataFrame 都算是表格資料 [註1]。

表格資料的數據分析競賽基本上會提供下列 3 種檔案：

● **train.csv** (訓練資料)

● **test.csv** (測試資料)

● **sample_submission.csv** (提交檔案的範例)

train.csv 和 test.csv 這兩個檔案所包含的特徵項目與格式都相同，但是 test.csv 沒有標籤資料。在完成這些檔案的預處理之後，會依下列流程來使用：

1 使用 train.csv 來訓練模型

2 對 test.csv 進行預測

3 以 sample_submission.csv 的格式建立競賽提交檔案

有些競賽會給予參賽者更多的檔案。舉例來說，除了上述 3 個檔案之外，有些競賽還會提供參賽者 user_log.csv、product.csv...也就是使用者的活動記錄或是每個商品 ID 的詳細資料。

註1：表格資料也稱作結構化資料 (structured data)。

這些資料通常會以使用者 ID 或商品 ID 為 Key 的方式結合 (比如不同表格中，相同使用者 ID 的資料，全部集中擺在一個表格的同一列)，之後進行預處理並將其作為特徵。結合的過程中檔案的列數和行數會增加，因此必須注意運算資源和記憶體容量是否足夠。

2.2.2　外部資料

雖說每個競賽的規則都不盡相同，但在 Kaggle 上大部分的外部資料都禁止使用。參賽者通常只能使用競賽提供的資料來進行模型訓練及預測。

不過，像「12 月 25 日是聖誕節」、「起士和牛奶都是乳製品」...等一般常識的資訊，即使競賽沒有提供仍可以使用。若參賽者有不清楚的地方可以在 Discussion 上發問。另外，已經訓練完成的模型 (即 pre-trained model)，在 Kaggle 上也被視為是外部資料而禁止使用。

大部分允許使用外部資料的競賽都規定參賽者必須在 Discussion 中的專用討論群組內分享自己已使用的外部資料。也因此，只要深入閱讀 Discussion 的討論，就可以掌握其他參賽者使用了哪些外部資料。

2.2.3　時間序列資料

所謂時間序列資料就是以時間的推移進行量測的資料 (編註：如每 10 分鐘測量一次溫度)。時間序列資料在數據分析競賽中很常出現，且根據任務和資料型式的不同，處理時間序列的手法也是五花八門。

以下列舉幾個 Kaggle 上提供時間序列資料的數據分析競賽任務：

● Recruit Restaurant Visitor Forecasting：提供各餐廳的每日來客數等資料，任務為預測未來的來客數量。

● **Santander Product Recommendation**：提供每位顧客購買金融商品的歷史記錄資料 (以月為單位)，任務是預測最近一個月的購買商品。

● **Two Sigma Financial Modeling Challenge**：提供金融市場中相關指數的時間序列資料，任務為預測指數未來的變化。

● **Coupon Purchase Prediction**：提供 Coupon (折價券) 團購網站的使用者販售及購買的歷史記錄，任務為預測使用者未來會購買哪些 Coupon 卷。

2.2.4 圖像或自然語言等資料

本書以表格資料的任務為主，在此只簡單介紹圖像、聲音辨識分類、偵測等任務。這些任務會提供圖像、動畫、聲音、波形等類型的資料讓參賽者進行分析，而參賽者通常會使用**深度學習**來分析。例如像是分類圖像的任務會使用 ImageNet 這類的資料集來訓練一個神經網路，並進行遷移學習 (transferring learning) 來處理新分類任務。而像是物體偵測或圖像劃分等任務，參賽者也會使用深度學習來進行分析。

請注意！即使是以表格資料為主的競賽，也有可能含有圖像或自然語言的資訊。像這樣的競賽，參賽者就必須想辦法將圖像或自然語言完整的加入特徵中。舉例來說，Kaggle 的「Quora Question Pairs」就是一個以自然語言處理為主的競賽 (編註：主辦單位給的表格資料是 Quora 網站上使用者發問的標題，任務是預測某兩個標題問的是不是同一件事)。另外像是 Kaggle 的「Avito Demand Prediction Challenge」所提供的表格資料中，欄位內就含有廣告的圖像 (欄位中只有圖檔編號，圖檔放在其他檔案中) 以及自然語言：像是廣告標題或說明。這類的競賽不僅考驗參賽者處理表格資料的能力，參賽者同時也要具備處理圖像資料與自然語言資料的技術。

在「3.12.5 自然語言的處理」和「3.12.8 處理影像特徵的方法」中會簡單的說明如何使用圖像資料或自然語言來建立特徵。

2.3　任務與評價指標

2.3.1　什麼是評價指標 (evaluation metrics)？

建立模型後，我們會訓練模型並用模型來做出預測。為了瞭解此模型的性能及其預測值的好壞，我們需要一個評價的機制，那就是評價指標 (evaluation metrics)。每個數據分析競賽都會制定一個評價指標用以計算參賽者的分數。參賽者會使用自己建立的模型生成並提交預測值檔案，競賽則使用評價指標對預測值檔案計算出分數，並以此為基準來決定名次。

除了數據分析競賽外，實務上了解評價指標的性質，並根據評價指標來改善模型性能，也是非常必要的。如果是進行中的機器學習專案，自然得先取得評價指標，才能最佳化預測的準確度。而若是在規劃新的專案，也要因應企業的 KPI (Key Performance Indicator) 來設置評價指標。

在接下來的小節中會對每種任務較具代表性或較常用的評價指標及其性質進行說明。

> **瞭解競賽的評價指標**
>
> 參加數據分析競賽時，不一定要瞭解本書介紹的所有評價指標。但一定要先瞭解該競賽所使用之評價指標，並且能夠配合評價指標的特性來提升模型的準確度，藉此提高分數。
>
> 由於數據分析競賽所使用的評價指標不盡相同，有些數據分析競賽可能會使用本節未提及、較為特殊的評價指標。若發生這樣的情況，建議要先自行研究清楚以瞭解該評價指標的性質。

2.3.2 迴歸任務的評價指標

均方根誤差 (Root Mean Squared Error, RMSE)

RMSE 是迴歸任務最具代表性的評價指標。計算方式是：先將每筆資料的實際值 (編註:即每筆資料的標籤) 與預測值相減後得到差值，再求得差值的平方，然後加總後求平均並開根號，就可以計算出 RMSE。公式如下：

$$\text{RMSE} = \sqrt{\frac{1}{N} \sum_{i=1}^{N} (y_i - \hat{y}_i)^2}$$

在一般情況下，公式中的符號意義如下：

- N：資料筆數

- $i = 1, 2, \ldots, N$：為每筆資料的索引 (index)

- y_i：第 i 筆資料的實際值 (即每筆資料的標籤)

- $\hat{y}_i$：第 i 筆資料的預測值下圖為計算 RMSE 的範例：

ID	實際值 y_i	預測值 $\hat{y}_i$	$y_i - \hat{y}_i$	$(y_i - \hat{y}_i)^2$
1	100	80	20	400
2	160	100	60	3600
3	60	100	-40	1600

1867	(取平均)
RMSE 43	(再取平方根)

圖 2.6　RMSE 計算過程

RMSE 的重點如下：

- 在誤差為常態分佈的前提下，最小化 RMSE 所求得的解，和最大概似估計法 (Maximum Likelihood Estimation, MLE) 的解是相同的。這表示 RMSE 是具有統計意義的評價指標。

- 若只取一個值為代表來進行預測，最小化 RMSE 的預測值就是平均值。舉例來說，若有一個數列 [1, 2, 3, 4, 10]，只取一個值進行預測，RMSE 最小的值正好就是這個數列的平均值 4。

- 與之後會介紹的 MAE 相比，RMSE **較容易受到極端值的影響，因此必須事先排除極端值**，否則最後建立的模型很有可能會過於偏向極端值 (編註：極端值也稱為離群值。因為 RMSE 的計算方式會將誤差進行平方運算，極端值的誤差會更加地被放大)。如下列程式碼，我們可以透過 scikit-learn 中 metrics 模組所提供的 mean_squared_error 函式先計算 MSE 值，再開根號求 RMSE。

■ **ch02-01-metrics.py 計算 RMSE**

```
from sklearn.metrics import mean_squared_error
import numpy as np

y_true = [1.0, 1.5, 2.0, 1.2, 1.8]    ◄── 實際值 (標籤)
y_pred = [0.8, 1.5, 1.8, 1.3, 3.0]    ◄── 預測值
mse = mean_squared_error(y_true, y_pred)    ◄── 計算均方誤差 (MSE)
rmse = np.sqrt(mse)    ◄── 對 MSE 進行平方根運算得到 RMSE
print('rmse:', rmse)    ◄── 0.5532
```

具代表性的 Kaggle 競賽：

- 「Elo Merchant Category Recommendation」

均方根對數誤差 (Root Mean Squared Logarithmic Error, RMSLE)

上述的 RMSE 是將實際值與預測值的差進行平方後求其平均並開根號來計算，而 RMSLE 是計算實際值與預測值各自加 1 後的對數，並將兩個對數的差平方後，取平均並開根號。公式如下：

$$\text{RMSLE} = \sqrt{\frac{1}{N} \sum_{i=1}^{N} (\log{(1 + y_i)} - \log{(1 + \hat{y}_i)})^2}$$

圖 2.7 為 RMSLE 的計算範例：

ID	實際值 y_i	預測值 $\hat{y}_i$	$\log{(1+y_i)}$	$\log{(1+\hat{y}_i)}$	$\log{(1+y_i)}$ $-\log{(1+\hat{y}_i)}$	$(\log{(1+y_i)}$ $-\log{(1+\hat{y}_i)})^2$
1	100	200	4.615	5.303	-0.688	0.474
2	0	10	0.000	2.398	-2.398	5.750
3	400	200	5.994	5.303	0.691	0.477

	2.234	（取平均）
RMSLE	**1.494**	（再取平方根）

圖 2.7　RMSLE

RMSLE 有以下幾個特點：

● 如果將每筆資料的實際值進行對數轉換，轉換後的數值視為新的實際值，模型根據新的實際值做出預測，並且使用 RMSE 評價指標。當 RMSE 最小化，那麼 RMSLE 也會跟著最小化。許多數據分析競賽都會用這樣的處理方式。

- 當標籤呈現**重尾分布** (Heavy-tailed distribution)，先做對數運算再取 RMSE，可以避免受到少數較大值的影響。另外，想要著重於比較實際值與預測值的比率時，用 RMLSE 計算出來的比率也會比較顯著。你可以將前頁公式中的 $\log(1 + y_i) - \log(1 + \hat{y_i})$ 改寫成 $\log \frac{1+y_i}{1+\hat{y_i}}$，這樣就不難理解其原因了。

- 在取對數時，為了要避免實際值為 0 時計算出的值為負數，通常會像上述公式一樣，先加上 1 後再取對數。此數值的計算可以使用 numpy 的 log1p 函式 (我們在第 1 章的 ch01-01-titanic.py 中有使用過)。另外，也可透過 scikit-learn 的 metrics 模組所提供的 mean_squared_log_error 函式來計算 RMSLE。

具代表性之競賽：

- Kaggle 的「Recruit Restaurant Visitor Forecasting」

平均絕對值誤差 (Mean Absolute Error, MAE)

　　MAE 指標的計算方法是取實際值和預測值之差後，計算其絕對值的平均。公式與計算範例如下：

$$\mathbf{MAE} = \frac{1}{N} \sum_{i=1}^{N} |y_i - \hat{y_i}|$$

ID	實際值 y_i	預測值 $\hat{y_i}$	$y_i - \hat{y_i}$	$|y_i - \hat{y_i}|$
1	100	80	20	20
2	160	100	60	60
3	60	100	-40	40
			MAE	40

（取平均）

圖 2.8　MAE 的計算

2

MAE 的重點如下：

- MAE 較不易受到極端值影響，很適合做為評價指標。

- MAE 在 $\hat{y_i} = y_i$ 時不連續，因此無法微分，y_i 不等於 $\hat{y_i}$ 時雖然可微分，但需要二次微分時，結果通常為 0。關於 MAE 這些比較難處理的特性，在本書的「2.6.4 最佳化 MAE — 使用相似的自定義目標函數」會進一步探究原因以及解決方法。

- 若只取一個值進行預測，中位數的 MAE 值會最小。若使用與 RMSE 相同的範例數列 [1, 2, 3, 4, 10]，用 MAE 來評估找出一個預測值，結果會是中位數 3。

我們可以使用 scikit-learn 的 metrics 套件所提供的 mean_absolute_error() 函式來計算 MAE。

具代表性之競賽：

- Kaggle 的「Allstate Claims Severity」

決定係數 (R^2)

決定係數是由下列公式計算所得的指標，分母是變異量 (沒用到預測值)，分子則是實際值和預測值的誤差平方。

$$R^2 = 1 - \frac{\sum_{i=1}^{N}(y_i - \hat{y_i})^2}{\sum_{i=1}^{N}(y_i - \bar{y})^2}$$

$$\bar{y} = \frac{1}{N}\sum_{i=1}^{N} y_i \qquad （\boxed{編註}：\bar{y} 為 y 的平均值）$$

> **編註**：讓決定係數最大化就等於讓 RMSE 最小化。

此指標代表了迴歸分析的準確性，最大值為 1，越接近 1 就表示預測越準確。而要讓決定係數最大化，就等同讓 RMSE 最小化。我們可以使用 scikit-learn 的 metrics 套件所提供的 r2_score 函式來計算決定係數。

具代表性之競賽：

● Kaggle 的「Mercedes-Benz Greener Manufacturing」

2.3.3 二元分類任務的評價指標： 預測值為正例或負例的情況

如前述所說，二元分類可依輸出的預測值分為下列 2 種：

● **標籤預測**：輸出是正例 (positive) 或負例 (negative)。

● **機率預測**：輸出為正例的機率。

首先說明標籤預測 (輸出為正例或負例) 時，可以採用的評價指標。

混淆矩陣 (confusion matrix)

以下先說明混淆矩陣，再介紹如何使用混淆矩陣來計算不同的評價指標。

根據預測值是正例或負例，以及預測正確或錯誤可分為下列 4 種結果：

● TP (True Positive、真陽性)：預測值為正例，且預測正確的情況。

● TN (True Negative、真陰性)：預設值為負例，且預測正確的情況。

● FP (False Positive、偽陽性)：預測值為正例，但預測錯誤的情況 (編註：也就是實際為負例)。

● FN (False Negative、偽陰性)：預測值為負例，但預測錯誤的情況 (編註：也就是實際為正例)。

True/False 是表示預測是否正確，Positive/Negative 是表示預測值為正例或負例，這樣就比較容易記憶。

混淆矩陣就是將這些情況以矩陣圖表示，如圖 2.9。若預測完全符合實際值，則該模型的混淆矩陣中只有 TP 及 TN 會有數值，FN 及 FP 為 0。圖 2.9 右側的矩陣圖即是將上述的四種情況 (TP, TN, FP, FN) = (3, 2, 1, 2) 作為矩陣圖中的元素來顯示預測的結果。

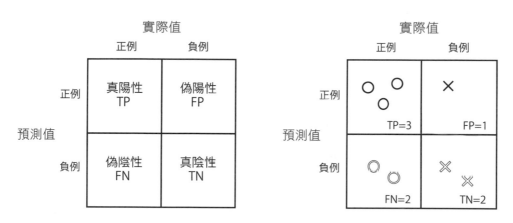

圖 2.9　混淆矩陣

使用以下程式碼即可將實際值跟預測值以混淆矩陣的形式來表示。其中將正例與負例以數值表示，1 為正例，0 為負例。

■ **ch02-01-metrics.py 混淆矩陣**

```
from sklearn.metrics import confusion_matrix
# 以 0,1 來表示二元分類的負例與正例
y_true = [1, 0, 1, 1, 0, 1, 1, 0]
y_pred = [0, 0, 1, 1, 0, 0, 1, 1]

tp = np.sum((np.array(y_true) == 1) & (np.array(y_pred) == 1))  # 3
tn = np.sum((np.array(y_true) == 0) & (np.array(y_pred) == 0))  # 2
fp = np.sum((np.array(y_true) == 0) & (np.array(y_pred) == 1))  # 1
fn = np.sum((np.array(y_true) == 1) & (np.array(y_pred) == 0))  # 2

confusion_matrix1 = np.array([[tp, fp],
                              [fn, tn]])
print('confusion_matrix1:\n', confusion_matrix1)
# array([[3, 1],        tp fp
#        [2, 2]])        fn tn

# 也可以使用 scikit-learn 的 metrics 套件所提供的 confusion_matrix() 函式來製作，
# 但要注意兩種方法在混淆矩陣元素的配置有所不同。
confusion_matrix2 = confusion_matrix(y_true, y_pred)
print('confusion_matrix2:\n', confusion_matrix2)
# array([[2, 1],        tn fp
#        [2, 3]])        fn tp
```

accuracy（準確率）和 error rate（錯誤率）

accuracy 這個指標表示正確預測的比率，並以 error rate 表示預測錯誤的比率。

這是一個很容易理解的指標，它表示了預測正確的數據占所有資料的比率。以混淆矩陣的元素來表示則可寫成以下公式：

$$accuracy = \frac{TP + TN}{TP + TN + FP + FN}$$

$$error\ rate = 1 - accuracy$$

但是在資料不均衡時，較難以此評價指標來評價模型的性能，因此數據分析競賽較少使用此種評價指標 [註2]。

● 為什麼用 accuracy 較難評價不均衡資料模型的性能呢？

這是因為，當我們在預測資料是正例或負例時，會先預測各筆資料是正例的機率，再判定比閾值機率大的為正例，小則為負例。使用 accuracy 的話，我們可能會先假設閾值為 50%。

因此，accuracy 的判斷能力僅止於判斷某筆資料的正例機率在 50% 以上或以下。即便模型預測正例的機率很低在 10% 以下，或者其預測正例的機率很高在 90% 以上，由於它們同樣都是在預測資料為正例或負例，因此 accuracy 無法評價出這種能力 (編註：若資料不均衡，都猜正例或都猜負例，預測準確率勢必有一方會遠高於 50%，這時用 accuracy 來評價模型是沒有意義的)。

舉例來說，「監控罹患重症可能性較高的患者」是一個使用不均衡資料的任務。此任務希望能夠在正例比率只有 0.1% 的患者中 (編註：1000 人中有 1 人會罹患重症)，找出正例機率大於 5% 的患者 (也就是希望只要預測機率大於 5% 就判斷為正例)。但若在此任務中使用 accuracy 作為評價指標，一旦預測機率在 50% 以下，就會判定該病患為負例。這時就算模型可以篩選出預測機率大於 5% 的患者，若用了 accuracy 當評價指標，結果會變成所有預測結果都是負例。

註2：資料不均衡是指資料內標籤的類別比例不一致。若為二元分類，資料不均衡表示正例或負例有其中一方資料的數量較少。

scikit-learn 的 metrics 套件提供了 accuracy_score() 函式可以計算 accuracy，程式碼如下：

■ **ch02-01-metrics.py 計算 accuracy**

```
from sklearn.metrics import accuracy_score

# 使用 0 和 1 來表示二元分類的負例和正例
y_true = [1, 0, 1, 1, 0, 1, 1, 0]
y_pred = [0, 0, 1, 1, 0, 0, 1, 1]

accuracy = accuracy_score(y_true, y_pred)
print('accuracy:', accuracy)  ←── 0.625
```

具代表性之競賽：

● Kaggle 的「Text Normalization Challenge-English Language」

precision（精確率）和 recall（召回率）

precision 是指在預測結果為正例的資料中 (TP + FP)，實際值也是正例 (TP) 的比率。recall 則是指在實際值為正例的資料中 (TP + FN) 有多少數據被預測為正例 (TP)。若以混淆陣列的元素來表示可得到以下公式：

$$\text{precision} = \frac{TP}{TP + FP}$$

$$\text{recall} = \frac{TP}{TP + FN}$$

可以透過圖 2.10 來表示它們的關係：

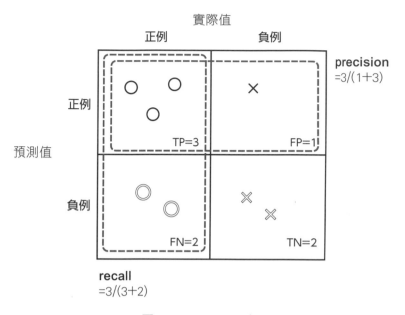

圖 2.10　precision 和 recall

　　precision 和 recall 的分數都是 0 到 1 之間的值，越接近 1 表示模型預測能力越好。**但是** precision 和 recall 互為取捨 (trade-off) 的關係。也就是說，若有一方的數值較高，則另一方的數值就會較低。若完全忽略其中一邊的數值，則另一邊就可以得到趨近 1 的結果 (編註：比如模型把所有資料都預測成正例，可以得到很高的 recall，但 precision 也會降低)，因此不會僅看其中一方的數值。

　　我們可以使用 scikit-learn 的 metrics 套件所提供的 precision_score()、recall_score() 函式來計算 precision 與 recall。

　　若想要減少虛假反應 (假警報)，則必須重視 precision；若要避免漏掉正例，則必須重視 recall。接下來介紹的 F1-score 等評價指標則考慮到 precision 和 recall 之間的權衡關係。

F1-score 及 Fβ-score

F1-score 指標又被稱為 F 值，F1-score 使用了上述介紹的 precision 和 recall 的**調和平均 (Harmonic mean)** 來進行運算。由於這個指標平衡了 precision 和 recall，因此在實務上經常使用到。

而 Fβ-score 指標則在 F1-score 的基礎上，使用係數 β 來調整對 recall 的權重。過去就有競賽採用了 F2-score 作為評價指標。

> **編註**：F2-score 代表 β 設定為 2。而 F1-score 就是 β 設定為 1。

兩個指標可以由下列公式表示：

$$\mathbf{F}_1 = \frac{2}{\frac{1}{\text{recall}} + \frac{1}{\text{precision}}} = \frac{2 \cdot \text{recall} \cdot \text{precision}}{\text{recall} + \text{precision}} = \frac{2TP}{2TP + FP + FN}$$

$$\mathbf{F}_\beta = \frac{(1 + \beta^2)}{\frac{\beta^2}{\text{recall}} + \frac{1}{\text{precision}}} = \frac{(1 + \beta^2) \cdot \text{recall} \cdot \text{precision}}{\text{recall} + \beta^2 \text{precision}}$$

從 F1-score 的公式中其分子只有 TP 可以得知，這個指標處理正例與負例時並不對稱。因此，將實際值與預測值的正例和負例對調時，分數、結果都會不一樣。

我們可使用 scikit-learn 的 metric 套件所提供 f1_score、fbeta_score 來計算 F1-score 及 Fβ-score。

具代表性之競賽：

- Kaggle 的「Quora Insincere Questions Classification」

MCC (Matthews Correlation Coefficient)

雖然使用 MCC 作為評價指標並不常見，**但此指標可以很容易地評估模型處理不均衡資料的性能**。MCC 可以使用下列公式來表示：

$$MCC = \frac{TP \times TN - FP \times FN}{\sqrt{(TP+FP)(TP+FN)(TN+FP)(TN+FN)}}$$

此指標所得的數值 介於 -1 到 +1 之間，當結果為 +1 時，表示預測準確；若結果為 0 時，則表示模型的預測能力如同隨機預測；若結果為 -1，則表示預測值與實際狀況完全相反。這個指標與 F1-score 不同，是以對稱的方式處理正例和負例，因此就算將實際值和預測值的正例和負例對調也會得到相同的分數。

圖 2.11 表示了正例較多和負例較多的情況，且兩邊的正例和負例的數量正好恰恰相反。F1-score 因為在運算時不使用 TN，造成兩個情況所得的結果差異甚大。相較之下，MCC 計算出兩者的結果相同。

	TP	TN	FP	FN	accuracy	F1-score	MCC
正例較多的情況	70	10	10	10	80%	0.875	0.375
負例較多的情況	10	70	10	10	80%	0.5	0.375

圖 2.11 正例 / 負例較多時 accuracy、F1-score、MCC 的計算結果

我們可以使用 scikit-learn 的 metrics 套件所提供 matthews_corrcoef 來計算 MCC。

具代表性之競賽：

● Kaggle 的 「Bosch Production Line Performance」

2.3.4 二元分類任務的評價指標：預測值為正例機率的情況

接著要介紹二元分類任務中的機率預測，也就是輸出正例機率的模型所採用的評價指標。

logloss

logloss 是分類任務中代表性的評價指標，也被稱為 **cross entropy（交叉熵）**。其運算公式如下：

$$\text{logloss} = -\frac{1}{N}\sum_{i=1}^{N}\left(y_i \log p_i + (1-y_i)\log(1-p_i)\right)$$

$$= -\frac{1}{N}\sum_{i=1}^{N}\log p_i'$$

公式中 y_i 代表 第 i 筆資料是否為正例（正例為 1，負例為 0），p_i 代表模型預測第 i 筆資料為正例的機率，p_i' 代表模型預測第 i 筆資料為實際值的機率。

> **編註**：此處為二元分類，知道預測為正例的機率 p_i，就可得知預測為負例的機率 $(1-p_i)$。若實際值為正例，則 p_i' 為 p_i；反之若實際值為負例，則 p_i' 為 $1-p_i$，也就是將 p_i 和 $1-p_i$，都用 p_i' 來表示，而 y_i = 0 或 1 因此一定有一項為 0，最後可以簡化為第二行的式子。

logloss 越低表示指標數值越好。從上述公式可知，此指標的計算會先將預測機率取對數後再取負號。

ID	實際值 （正例／負例）	正例的 預測機率		實際值的 預測機率 p_i'	$-\log(p_i')$
1	1	0.9		0.9	0.105
2	1	0.5		0.5	0.693
3	0	0.1		0.9	0.105
				logloss 0.301	（取平均）

圖 2.12　logloss 的運算範例

當發生預測結果顯示正例的機率很低，實際值卻為正例；或者預測結果顯示為正例的機率很高但實際值卻是負例的情況時（編註：錯得離譜），此評價指標會給予很大的懲罰（penalty）。如圖 2.13 為預測實際值的機率與 logloss 分

數之間的關係。舉例來說，若數據為正例 (實際值為 1)，預測值為 0.9 時，依下圖可得分數為 -log(0.9)=0.105，若預測值為 0.5 則為 -log(0.5)=0.693、若預測值為 0.1 則為 -log(0.1)=2.303。

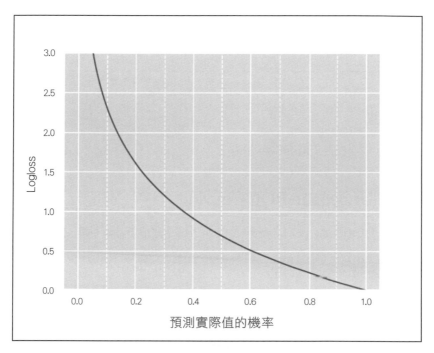

圖 2.13 預測機率與 logloss

將數據 i 的 logloss 分數 $L_i = -(y_i \log p_i + (1 - y_i) \log(1 - p_i))$ 對預測值 p_i 微分，會得到 $\frac{\partial L_i}{\partial p_i} = \frac{p_i - y_i}{p_i(1 - p_i)}$，當 $p_i = y_i$ 時，L_i 最小。因此，當模型正確預測出實際值時 logloss 的值會最小[註3]。此外，logloss 在訓練模型時也常被作為目標函數來使用 (編註：在 2.4 會詳細說明目標函數)。

我們可以透過 scikit-learn 的 metrics 模組所提供的 log_loss() 函式來計算 logloss，程式碼如下：

註3：在資料中所顯示的為兩種標籤，也就是 1 或 0 的值。當模型正確預測出實際值時 (最佳情況)，標籤為 1 時正例機率 p_i 也是 1 (100%)，標籤為 0 時，p_i 則為 0，也就是 $p_i = y_i$，這時 logloss 也會是最小值。

■ **ch02-01-metrics.py 計算 logloss**

```
from sklearn.metrics import log_loss
# 以 0 和 1 表示二元分類的負例和正例
y_true = [1, 0, 1, 1, 0, 1]
y_prob = [0.1, 0.2, 0.8, 0.8, 0.1, 0.3]

logloss = log_loss(y_true, y_prob)
print('logloss:', logloss)  ◄── 0.7136
```

具代表性之競賽：

● Kaggle 的「Quora Question Pairs」

AUC (Area Under the ROC Curve)

　　AUC 和 ROC 都是具代表性的二元分類評價指標 (圖 2.14)。我們依據 ROC 曲線 (Receiver Operating Characteristic Curve) 來計算 AUC。

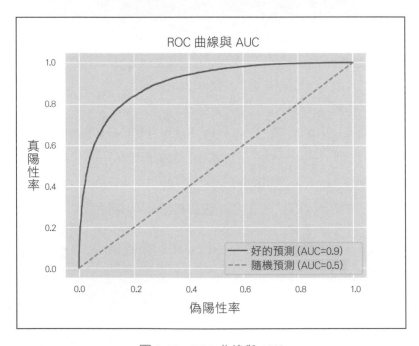

圖 2.14　ROC 曲線與 AUC

小編補充

AUC=0.5 (no discrimination 隨機預測，無預測能力)
0.7≦AUC≦0.8 (acceptable discrimination 可接受的預測能力)
0.8≦AUC≦0.9 (excellent discrimination 優良的預測能力)
0.9≦AUC≦1.0 (outstanding discrimination 極佳的預測能力)

x 軸 (偽陽性率)、y 軸 (真陽性率) 的定義如下：

- 偽陽性率：錯將負例預測為正例佔所有負例中的比率
(以混淆矩陣元素來說明則為 FP/(FP+TN))。
- 真陽性率：正確預測正例佔所有的正例的比率
(以混淆矩陣元素來說明則為 TP/(TP+FN))。

綜合以上，我們可以這樣解釋 ROC 曲線 (以 n_p 表示整體的正例個數，以 n_n 表示整體的負例個數)：最初的點位於左下的座標 (0.0, 0.0)，當正例預測的閾值漸漸下降時，預測為正例的資料就會逐漸增加。若這些資料中有一個的實際值為正例時 (真的是正例)，曲線會以 $1/n_p$ 向上前進。同樣的，當有一個實際值為負例時則會以 $1/n_n$ 向右前進，最後就會到達右上角的 (1.0, 1.0) 位置。

圖 2.15 的 ROC 曲線是將模型預測每一筆資料為正例的機率，由大至小排序，並以 1 代表正例，0 代表負例，描繪 [1, 1, 0, 0, 1, 1, 0, 0, 0, 1, 0, 0, 0, 0, 0] 的圖形。由於正例有 5 個，負例有 10 個，只要預測值為正例就往上 0.2 單位，為負例時就往右 0.1 單位，如此就完成了圖 2.15。

小編補充 **ROC 曲線的畫法**

上述作者所說 ROC 曲線的繪製，算是簡化後的快速方法，若沒看懂的話可以參考此處小編補充的詳解。

如圖 2.15，ROC 曲線的 X 和 Y 軸分別代表偽陽性率 (FPR) 和真陽性率 (TPR)，圖上的每個點是在不同閾值下，FPR 和 TPR 的結果，例如我們有以下幾個預測結果，將正例的預測機率由大到小排列，後方則是不同閾值下，預測為正例或負例的結果：

接下頁

資料點	標籤	正例預測機率	0.98	0.9	0.85	···	0.51	···
D1	正例	0.98	1	1	1		1	
D2	正例	0.9	0	1	1		1	
D3	負例	0.85	0	0	1		1	
D4	負例	0.81	0	0	0		1	
D5	正例	0.80	0	0	0		1	
D6	正例	0.78	0	0	0		1	
D7	負例	0.75	0	0	0		1	
D8	負例	0.69	0	0	0		1	
D9	負例	0.62	0	0	0		1	
D10	正例	0.60	0	0	0		1	
D11	負例	0.58	0	0	0		1	
D12	負例	0.51	0	0	0		1	
D13	負例	0.44	0	0	0		0	
D14	負例	0.37	0	0	0		0	
D15	負例	0.29	0	0	0		0	

你可以嘗試許多不同閾值的設定，會發現只有剛好等於正例預測機率的閾值，正負例的判斷結果才會有變化。接著可以進一步整理不同閾值的判斷結果，其 TPR 和 FPR 各為多少 (正例共有 5 個、負例共有 10 個)：

閾值	TPR	FPR
0.98	1/5	0/10
0.90	2/5	0/10
0.85	2/5	1/10
0.81	2/5	2/10
0.80	3/5	2/10
0.78	4/5	2/10
0.75	4/5	3/10
0.69	4/5	4/10
0.62	4/5	5/10
⋮		

你可以嘗試將上表結果和圖 2.15 一一比對，就會了解作者所說的繪製方法，以後就不需要像上述一樣一步一步的計算了。

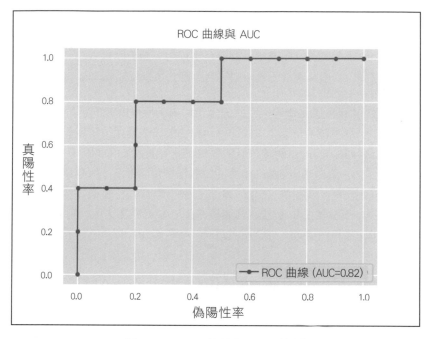

圖 2.15　ROC 曲線和 AUC 範例

以下說明幾個 AUC 的性質:

● 在預測精準的情況下,ROC 曲線會通過圖 2.14 最左上的點 (0.0,1.0),而 AUC 為 1.0。在隨機預測的情況下,ROC 曲線近似於對角線 (圖 2.14 的虛線)、而 AUC 大約為 0.5。

● 當預測值反轉 (也就是 1 – 原始預測值)、AUC 就會是 1.0 – 原始的 AUC。

● AUC 也可以定義為「當正例與負例皆以隨機的方式出現時,正例預測值的機率會比負例預測值機率大多少」。可以使用下列的公式來表示 (i、j 為資料的索引,並忽略預測值機率 $\hat{y}_i$ 和 $\hat{y}_j$ 相同的情況):

$$AUC = \frac{\text{在} \left(y_i = 1, y_j = 0, \hat{y}_i > \hat{y}_j\right) \text{時} \cdot (i, j) \text{ 的數量}}{\text{在} \left(y_i = 1, y_j = 0\right) \text{時} \cdot (i, j) \text{ 的總數量}}$$

編註：AUC 代表正例預測值的機率比負例預測值的機率還大的可能性有多高，在上述的公式中，分母蒐集了所有正負例組合的總量，比如資料點 D1 與資料點 D3 是一個正負例組合，資料點 D1 與資料點 D4 是另一個正負例組合。此範例有 5 個正例 10 個負例，每個正例可以分別跟 10 個負例搭配成一個組合，因此可以得知分母為 50。

公式中分子蒐集了正例預測值的機率比負例預測值的機率還大的正負例組合的數量，比如資料點 D1 的正例預測值機率 (0.98) 比資料點 D3(0.85) 還大，所以此正負例組合會被算在分子內。而資料點 D5 的正例預測值機率 (0.80) 比資料點 D4(0.81) 還小，所以此組合不能被算在分子內。範例中資料點 D1 跟 D2 的正例預測機率比所有負例都高，因此分別貢獻 10 個組合給分子；資料點 D5 跟 D6 的正例預測機率比 8 個負例高，因此分別貢獻 8 個組合給分子；資料點 D10 的正例預測機率比 5 個負例高，因此只貢獻 5 個組合給分子。加總後可以得知分子為 41，因此可以算出 AUC = 0.82。

- 以曲線較難解釋能改善預測的程度以及能提升多少 AUC，但有了上述的公式，則較容易量化其差異。

- AUC 只會受資料預測值彼此之間數值大小關係的影響。例如我們預測 4 筆資料為 [0.1, 0.3, 0.9, 0.7]，或預測為 [0.01, 0.02, 0.99, 0.03]，兩者的 AUC 是相等的。因此，預測值不一定要是機率，例如在進行模型的集成 (Ensemble) 學習時，可以將每個模型的預測機率轉換成排序值再取平均後，代入 AUC 計算公式。

- 當資料的正例非常少、屬於不均衡的資料時，正例能否有較高的預測機率對 AUC 有很大的影響。相反的，負例的預測機率則影響不大。

- Gini 係數以 Gini = 2・AUC−1 來表示。與 AUC 有線性關係。因此，評價指標為 Gini 係數時幾乎等同於是 AUC。

我們可使用 scikit-learn 的 metrics 套件所提供的 roc_auc_score() 函式來計算 AUC。

具代表性之競賽：

- Kaggle 的「Home Credit Default Risk」

2

在前面的篇幅中我們可以了解到使用於二元分類任務的評價指標類型，主要分為 2 類：

- 以混淆矩陣為基礎的 F1-score 或 MCC。

- 以機率為基礎的 logloss 或 AUC。

當評價指標為 logloss 或 AUC 時，只要直接提交機率值即可；但若競賽指定的評價指標為 F1-score 或 MCC 時，為了讓**評價指標最大化**，就必須設定閾值並進行二元化。因此，即便是不甚理想的預測結果，也不允許有 0.5 這種不上不下的數值出現，一定要在 0 或 1 兩者做選擇。所以閾值設定會使分數有很大的變動。

實務上來說，閾值的設定應著眼於商業或技術上的價值來考量。以醫院的檢查為例，因誤診為健康而耽誤治療會造成生命危險，遠比讓健康者負擔重複檢驗的成本來的嚴重。在這樣的情況下，FN 比 FP 重要，因此會比較重視 recall 而使調低閾值。相反的，對於郵件廣告的回覆預測等，就會偏重評估投入的資源是否獲得足夠的回報，會看重 precision 而提高閾值。

F1-score 或 MCC 指標僅調和了 recall 和 precision，以這樣的指標來做價值判斷有失正確性。若使用指標的目的是為了要在數據分析競賽中比較參賽者提交的預測模型性能，那麼使用以機率為基礎的 logloss 或 AUC 會比較合適。不過在實務上 F1-score 仍常被使用。為了要在競賽中得到好成績，瞭解這些評價指標的性質仍十分重要。(N：山本祐也)。

編註：編註：山本祐也是本書的審稿者。

2.3.5　多元分類 (Multiclass Classification) 任務的評價指標

以下將介紹多元分類任務的評價指標。這些評價指標大多是從二元分類延伸而來。

multi-class accuracy

將二元分類的 accuracy 多加幾類就成為 multi-class accuracy 指標。指標顯示了預測正確的比率，也就是去計算正確預測的資料數量 / 所有資料數量。

multi-class accuracy 與二元分類相同，可使用 scikit-learn 的 metrics 套件所提供的 accuracy_score() 函式來計算。

具代表性之競賽：

● Kaggle 的「TensorFlow Speech Recognition Challenge」

multi-class logloss

multi-class logloss 是由 logloss 延伸而來的評價指標，經常使用在多分類的模型上。首先產生各類別的預測機率，接著求得資料所屬類別的預測機率的對數並反轉符號，最後加總取平均所得之值就是此評價指標的分數。

$$\text{multi-class logloss} = -\frac{1}{N} \sum_{i=1}^{N} \sum_{m=1}^{M} y_{i,m} \log p_{i,m}$$

M 代表類別數。當該資料屬於 m 類別時，$y_{i,m}$ 等於 1，若不屬於 m 時則為 0。$p_{i,m}$ 則表示資料屬於 m 的預測機率。若實際值屬於類別 m 時，則 p_i' 為 $p_{i,m}$。

下圖 2.16 為 multi-class logloss 的計算範例。

ID	實際值 (類別)	類別 1 預測機率	類別 2 預測機率	類別 3 預測機率		實際值 預測機率 p_i'	$-\log(p_i')$
1	1	**0.2**	0.3	0.5		0.2	1.609
2	2	0.1	**0.3**	0.6		0.3	1.204
3	3	0.1	0.2	**0.7**		0.7	0.357

multi-class logloss	1.057	（取平均）

圖 2.16　multi-class logloss 計算

　　我們以「資料量×類別數」的陣列來提交預測值。當資料的 p'_i 較低時，則評價指標會給予較大的懲罰。另外，每筆資料的預測機率合計必須為 1，當機率合計不等於 1 時，則評價指標就會自動調整。

　　我們可以使用 scikit-learn 的 metrics 套件提供的 log_loss() 函式來計算 multi-class logloss。計算時，其 log_loss() 中所使用的預測值，排列的型態與二元分類不同。

■ **ch02-01-metrics.py 計算 multi-class logloss**

```
from sklearn.metrics import log_loss

# 3 類別分類的實際值與預測值
y_true = np.array([0, 2, 1, 2, 2])
y_pred = np.array([[0.68, 0.32, 0.00],
                   [0.00, 0.00, 1.00],
                   [0.60, 0.40, 0.00],
                   [0.00, 0.00, 1.00],
                   [0.28, 0.12, 0.60]])

multi_class_logloss = log_loss(y_true, y_pred)
print('multi_class_logloss:', multi_class_logloss)  ← 0.3626
```

具代表性之競賽：

● Kaggle 的「Two Sigma Connect：Rental Listing Inquiries」

mean-F1、macro-F1 和 micro-F1

　　將 2.3.3 節提到的 F1-score 進行各種延伸運算後，就成為多分類的評價指標，如 mean-F1、macro-F1 和 micro-F1。這類的評價指標主要使用於多分類任務中的多標籤分類任務。

在多標籤分類中，每筆資料可能會屬於多個分類，因此可能會有一個或多個實際值及預測值。以 3 種分類的多標籤分類為例，其實際值與預測值如圖 2.17 所示。

ID	實際值	預測值
1	1, 2	1, 3
2	1	2
3	1, 2, 3	1, 3
4	2, 3	3
5	3	3

圖 2.17　3 種分類的多標籤分類的實際值與預測值

接著以上圖為例，進行 mean-F1、macro-F1、micro-F1 的計算說明：

● **mean-F1**

以一筆資料為單位來計算 F1-score，其平均值就是 mean-F1 評價指標的分數。在上述範例中，ID 為 1 的資料 (編註：正例為類別 1、2，負例為類別 3) 其 (TP, TN, FP, FN) = (1, 0, 1, 1)，則 F 值為 0.5。像這樣計算每筆資料的 F1-Score，接著求得所有分數的平均，就是 mean-F1 評價指標的分數。

● **macro-F1**

以一種類別為單位來計算 F1-score，其平均值就是 macro-F1 評價指標的分數。如上述範例，類別 1 的資料 (編註：正例為 ID1、2、3，負例為 ID4、5) 其 (TP, TN, FP, FN) = (2, 2, 0, 1)，可計算出 F 值為 0.8。像這樣計算每種類別的 F 值，接著求得所有類別 F 值的平均，就是 macro-F1 評價指標的分數。

若將資料對每種類別進行二元分類，並計算出這些二元分類後的 F1-score 分數再平均，會得到和 macro-F1 評價指標分數相同的結果。因此在多標籤分類中，可以為每個類別設定適合的閾值。

● micro-F1

將資料×類別配對後，歸納出 TP、TN、FP、FN 的結果，再以此混淆陣列所計算出的 F 值就是 micro-F1 的評價指標分數（編註：此處 5 筆資料和 3 種類別，可以歸納出總共 15 個正例或負例的結果，從下列程式碼開頭的 y_true 和 y_pred 兩個陣列來看，就很容易推導出混淆矩陣了）。以圖 2.17 為例，5 筆資料×3 分類則 (TP, TN, FP, FN) = (5, 4, 2, 4)，由此計算出的 F1-score：0.625 就是 micro-F1 評價指標分數。

若各類別的資料數量不平均，將會影響到這些評價指標的計算結果，那麼競賽會使用哪種評價指標，主辦單位會根據需求來選擇。

以下是計算 mean-F1、macro-F1、micro-F1 的程式碼：

■ **ch02-01-metrics.py 計算 mean-F1、macro-F1、micro-F1**

```python
from sklearn.metrics import f1_score

# 在計算多標籤分類的評價指標時，將實際值與預測值以 k-hot 編碼的形式來表示會比較好計算。如下示範：
# 實際值：[[1,2], [1], [1,2,3], [2,3], [3]]
y_true = np.array([[1, 1, 0],
                   [1, 0, 0],
                   [1, 1, 1],
                   [0, 1, 1],
                   [0, 0, 1]])

# 預測值：[[1,3], [2], [1,3], [3], [3]]
y_pred = np.array([[1, 0, 1],
                   [0, 1, 0],
                   [1, 0, 1],
                   [0, 0, 1],
                   [0, 0, 1]])

# 計算 mean-f1 評價指標時，先以資料為單位計算 F1-score，再取其平均
mean_f1 = np.mean([f1_score(y_true[i, :], y_pred[i, :])for i in range(len(y_true))])
```

→ 接下頁

```
# 計算 macro-f 評價指標時,先以分類為單位計算 F1-score,再取其平均
n_class = 3
macro_f1 = np.mean([f1_score(y_true[:, c], y_pred[:, c])for c in range(n_class)])

# 計算 micro-f1 評價指標時,以資料×分類為一組,計算各組別的 TP/TN/FP/FN 並求得 F1-score
micro_f1 = f1_score(y_true.reshape(-1), y_pred.reshape(-1))

                                       編註: f1_score() 函式
                                       只接受 1D 陣列
print(mean_f1, macro_f1, micro_f1)
# 0.5933, 0.5524, 0.6250

# 也可以直接在 f1_score 函式中加上 average 超參數來計算
mean_f1 = f1_score(y_true, y_pred, average='samples')  ← mean-F1
macro_f1 = f1_score(y_true, y_pred, average='macro')   ← macro-F1
micro_f1 = f1_score(y_true, y_pred, average='micro')   ← micro-F1
```

具代表性之競賽:

● Kaggle 的「Instacart Market Basket Analysis」(mean-F1)

● Kaggle 的「Human Protein Atlas Image Classification」(macro-F1、
  影像競賽)

quadratic weighted kappa

　　quadratic weighted kappa 為多分類的評價指標,主要在**各類別之間有次
序關係**時使用 (如使用數字 1~5 來為電影排名),提交的預測為每筆資料屬於
哪個類別。公式如下:

$$\kappa = 1 - \frac{\sum_{i,j} w_{i,j} O_{i,j}}{\sum_{i,j} w_{i,j} E_{i,j}}$$

公式說明如下：

- 在 $O_{i,j}$ 矩陣中，每個格子代表實際值的類別為 i、預測值的類別為 j 的資料筆數。若將這些資料以陣列排列則會形成一個多分類的混淆陣列。

- 當實際值類別和預測值類別的分配各自獨立時，屬於混淆陣列中每個格子的資料數量之期望值為 $E_{i,j}$。計算上會使用「預測值為 j 的個數乘上實際值為 i 佔整體數量的比例」。

- $w_{i,j}$ 為實際值與預測值之差的平方 $(i-j)^2$。若預測後顯示預測值與實際值相差甚遠，會因為平方的關係使差異變得更大。當預測偏離實際值太多，則會受到較重的懲罰。

圖 2.18 為 quadratic weighted kappa 的計算範例：

預測值多分類的混淆陣列 (3 類)
$O(i,j)$

預測值 j / 實際值 i	1	2	3	小計
1	10	5	5	20
2	5	35	0	40
3	15	0	25	40
小計	30	40	30	100

分配各自獨立時的多分類混淆陣列 (3 類)
$E(i,j)$

預測值 j / 實際值 i	1	2	3	小計
1	6	8	6	20
2	12	16	12	40
3	12	16	12	40
小計	30	40	30	100

當 (E(1,1) 則以 20×30/100=6 的方式計算，E(2,2) 時以，40×40/100=16 的方式計算，以此類推)

懲罰因子 (penalty factor)
$w(i,j)$

預測值 j / 實際值 i	1	2	3
1	0	1	4
2	1	0	1
3	4	1	0

編註：請自己算一遍較有感
5＋20＋5＋60

8＋24＋12＋12＋48＋16

根據 $\sum w_{i,j}O_{i,j} = 90$, $\sum w_{i,j}E_{i,j} = 120$,
則 quadratic weighted kappa = 1 - 90/120 = 0.25

圖 2.18 quadratic weighted kappa

　　當預測完全準確時以 1 來表示，若預測為隨機值則以 0 來表示。若預測比隨機更糟時會得到負值。由於分母會因各類別的預測值數量占整體資料數量的比例而改變，因此比較難觀察預測值的變化與此評價指標的關係。如果可以固定預測值各類別的比例，分數會較接近平方差指標，就比較好理解了 (編註：固定預測值各類別的比例後，分母的數值就會固定，因此分數只受分子影響，也就是實際值跟預測值之差的平方乘上預測結果)。

　　以下程式碼為 quadratic weighted kappa 評價指標的實際計算範例：

■ **ch02-01-metrics.py 計算 quadratic weighted kappa**

```python
from sklearn.metrics import confusion_matrix, cohen_kappa_score

# 建立用來計算 quadratic weighted kappa 的函式
def quadratic_weighted_kappa(c_matrix):
    numer = 0.0
    denom = 0.0
    for i in range(c_matrix.shape[0]):
        for j in range(c_matrix.shape[1]):
            n = c_matrix.shape[0]
            wij = ((i - j) ** 2.0)
            oij = c_matrix[i, j]
            eij = c_matrix[i, :].sum() * c_matrix[:, j].sum() / c_matrix.sum()
            numer += wij * oij
            denom += wij * eij

    return 1.0 - numer / denom

# y_true 為實際值類別的 list、y_pred 為預測值 list
y_true = [1, 2, 3, 4, 3]
y_pred = [2, 2, 4, 4, 5]

# 計算混淆矩陣
c_matrix = confusion_matrix(y_true, y_pred, labels=[1, 2, 3, 4, 5])

# 計算 quadratic weighted kappa
kappa = quadratic_weighted_kappa(c_matrix)
print('kappa:', kappa)
# 0.6153

# 也能夠直接計算 quadratic weighted kappa，不用先算混淆矩陣
kappa = cohen_kappa_score(y_true, y_pred, weights='quadratic')
```

具代表性之競賽：

● Kaggle 的「Prudential Life Insurance Assessment」

2.3.6 推薦任務的評價指標：MAP@K

　　MAP@K 為 Mean average precision computed at k (平均精確率均值) 的簡稱，是在評價推薦任務時經常使用的指標之一。當資料屬於 1 個或多個分類時，將預測到最有可能隸屬的分類依可能性高低排列，最後將前 K 個可能性較高的類別作為預測值。K 可以是 5 或 10 等任何一個數值。

　　MAP@K 計算公式如下：

$$\text{MAP@K} = \frac{1}{N} \sum_{i=1}^{N} \left(\frac{1}{min(m_i, K)} \sum_{k=1}^{K} P_i(k) \right)$$

　　公式說明如下：

● m_i 為資料 i 實際值所隸屬的類別個數。

● $P_i(k)$ 為精確率 (precision)。此精確率是由資料 i 隸屬於第 1 到第 k $(1 \leq k \leq K)$ 個類別的預測結果計算而來。但僅取到第 k 個預測值為正確答案時的數值，其他都視為 0 [註4]。

　　圖 2.19 為 K=5 時，如何計算 MAP@K 分數的範例。

註4：關於上述這點，作者認為在 Kaggle 平台上，都沒有明確交代清楚用 MAP@K 做為評價指標的這個特性。

使用 MAP@5 來評價以下資料：
實際值的類別 B, E, F
預測值的類別預測名次由高至低排列為 E, D, C, B, A

預測名次 k	預測值	正解／非正解	$P_i(k)$	
1	E	○	1/1 = 1	（= 至第 1 名為止、1 個中有 1 個正解）
2	D	×	-	
3	C	×	-	
4	B	○	2/4 = 0.5	（= 至第 4 名為止、4 個中有 2 個正解）
5	A	×		

$\sum P_i(k)$	1.5	
$min(m_i, K)$	3	（ $m_i = 3$ 為實際值的分類個數, K = 5 為預測認為可能的個數）
MAP@5 [註5]	0.5	（= 1.5/3）

圖 2.19　MAP@K

　　一般來說，每筆資料所做出的預測值數量會等於 K。當然，預測值的數量也可以少於 K，不過這樣並不會提高分數，因此我們不會這麼做。另外，當 K 個預測值內含有正解數量相同時，預測到的正解名次排得越後面，分數就會越低 (編註：第一個就能猜中比最後一個才猜中還重要)。因此，預測值的排列順序是分數高低的關鍵因素。當預測完全正確時為 1，完全錯誤時則為 0。

　　以下程式碼為實際計算 MAP@K 的範例：

■ **ch02-01-metrics.py 計算MAP@K**

```python
# K=3，資料筆數為 5 筆，類別有 4 類
K = 3

# 每筆資料的實際值
y_true = [[1, 2], [1, 2], [4], [1, 2, 3, 4], [3, 4]]
```

→ 接下頁

註5：若僅表示某一資料的分數，由於該分數非 Mean (平均數)，本應使用 AP@5 來表示。

2

```
# 每筆資料的預測值。因為 K=3，因此從每筆資料預測出最有可能的 3 筆數據，並將其排名。
y_pred = [[1, 2, 4], [4, 1, 2], [1, 4, 3], [1, 2, 3], [1, 2, 4]]

# 建立以下函式來計算每筆資料的平均精確率
def apk(y_i_true, y_i_pred):
    # y_pred 的長度必須在 K 以下，且元素不能重覆
    assert (len(y_i_pred) <= K)
    assert (len(np.unique(y_i_pred)) == len(y_i_pred))

    sum_precision = 0.0
    num_hits = 0.0

    for i, p in enumerate(y_i_pred):
        if p in y_i_true:
            num_hits += 1
            precision = num_hits / (i + 1)
            sum_precision += precision

    return sum_precision / min(len(y_i_true), K)

# 建立計算 MAP@K 的函式
def mapk(y_true, y_pred):
    return np.mean([apk(y_i_true, y_i_pred) for y_i_true, y_i_pred in zip(y_true, y_pred)])

# 求得 MAP@K
print('mapk:', mapk(y_true, y_pred))
# 0.65

# 即便預測值內的正解與正解的數量相同，只要預測值的排名不同分數就會不同
print(apk(y_true[0], y_pred[0]))
print(apk(y_true[1], y_pred[1]))
# 1.0, 0.5833
```

具代表性之競賽：

● Kaggle 的「Santander Product Recommendation」

2.4 評價指標和目標函數

2.4.1 評價指標和目標函數的差異

對評價指標有了一定的認識之後，接著我們將說明評價指標與目標函數 (objective function) 的差異。

所謂目標函數指的是在訓練模型時能幫助求得最佳結果的函數。在訓練模型時，要能夠讓目標函數取得最小值，必須追加或更新決策樹分枝或線性模型係數。而為了讓訓練能夠順利進行，會限制目標函數必須可被微分。一般來說，迴歸任務多用 RMSE 作為目標函數，分類任務則是使用 logloss 來作為目標函數。

評價指標是評估模型或預測值好壞的指標，只要該評價指標能夠由實際值和預測值計算出來就行，並沒有其他的限制 (編註：但目標函數卻必須可微分，這是二者的重要差異之一)。前文提及評價指標的種類繁多，我們可以基於商業上的價值判斷來決定要使用哪一種評價指標。不過，有一些評價指標會因為難以用數學計算得知當預測值改變時，該評價指標的改變幅度，因此不適合作為目標函數來訓練模型。

參賽者必須針對該競賽指定的評價指標提交最適當的預測值。**若競賽指定的評價指標和使用於訓練模型的目標函數一致，我們可以很清楚地知道該模型可以針對評價指標提交最合適的預測值**；但若兩者不一致，就要用其它方法輔助了，在「2.5 評價指標最佳化」中會詳細說明該如何對應這種情況。

2.4.2 自定義評價指標與目標函數

當模型或套件未提供自己想使用的評價指標或目標函數時，這時可以自行定義，我們稱其為自定義評價指標、自定義目標函數。

以下的程式碼示範如何在 xgboost 模型上使用自定義目標函數與評價指標：

■ **ch02-02-custom-usage.py** 自定義評價指標與目標函數

```
import xgboost as xgb
from sklearn.metrics import log_loss
import numpy as np

# 編註: 透過 xgb.Dmatrix() 可將特徵與標籤資料轉換為適合 xgboost 模型的資料結構。這種資
料結構可以提升記憶體的使用效率以及加快模型的訓練速度。
dtrain = xgb.DMatrix(tr_x, label=tr_y)
dvalid = xgb.DMatrix(va_x, label=va_y)

# 自定義目標函數（此處其實是在實作 logloss、因此等同於 xgboost 的 'binary:logistic'）
def logregobj(preds, dtrain):
    labels = dtrain.get_label()      ← 取得實際值標籤
    preds = 1.0 / (1.0 + np.exp(-preds))    ← Sigmoid 函數
    grad = preds - labels           ← 斜率
    hess = preds * (1.0 - preds)    ← 二階導數值
    return grad, hess

# 自定義評價指標（此處為誤答率）
def evalerror(preds, dtrain):
    labels = dtrain.get_label()      ← 取得實際值標籤
    return 'custom-error', float(sum(labels != (preds > 0.0))) / len(labels)

# 設定超參數
params = {'silent':1, 'random_state':71}
num_round = 50
watchlist = [(dtrain, 'train'), (dvalid, 'eval')]
```

→ 接下頁

```
# 開始對模型進行訓練
bst = xgb.train(params, dtrain, num_round,
                watchlist, obj=logregobj, feval=evalerror)


# 使用自定義目標函數的模型在進行預測時所輸出的預測值並非如同目標函數的輸出 (機率)，
因此必須進行 Sigmoid 函數進行轉換。
# 這與指定 binary:logistic 為目標函數不同，可參考下面的程式碼。
pred_val = bst.predict(dvalid)           ← 模型輸出預測值
pred = 1.0 / (1.0 + np.exp(-pred_val))   ← 輸入 Sigmoid 函數進行轉換

logloss = log_loss(va_y, pred)
print(logloss)

# (參考) 使用一般訓練方法時使用，指定 binary:logistic 為目標函數
params = {'silent':1, 'random_state':71, 'objective':'binary:logistic'}
bst = xgb.train(params, dtrain, num_round, watchlist)

pred = bst.predict(dvalid)
logloss = log_loss(va_y, pred)
print(logloss)
```

編註：請注意，上述的程式碼需先準備好訓練資料與驗證資料，詳情內容請參考本範例的完整整 py 檔案。

在「2.6.4 最佳化 MAE ─ 使用相似的自定義目標函數」中會舉例說明如何使用此方法來針對評價指標訓練模型。

2.5 評價指標的最佳化

使用競賽指定的評價指標所計算出的分數，會決定參賽者在競賽中的排名。因此，為了得到更好的分數我們就必須進行最佳化，以便針對競賽指定的評價指標提交最適當的預測值。進行最佳化時，有幾個要點必須注意，在本節將會一一介紹。

2.5.1 最佳化評價指標的方法

在 Coursera 的「How to Win a Data Science Competition：Learn from Top Kagglers」提到了幾個針對評價指標進行最佳化的方法 (下列為每個方法的標題翻譯以及作者的說明) [註6]：

● **直接最佳化模型：**

舉例來說，若評價指標為 RMSE 或 logloss，可以將模型的目標函數指定為與指標一致。此時，不用經過其他特殊處理，單純只要訓練模型並進行預測就能夠得到最佳化的結果。

● **配合不同的評價指標做訓練資料的預處理：**

例如當評價指標為 RMSLE 時，可以先將訓練資料做對數轉換，將目標函數設定為 RMSE 來訓練，最後再使用指數函數還原。藉由此方法來提交預測值。

註6：引用自「Week3 Metrics Optimization - General approaches for metrics optimization」：
https://www.coursera.org/learn/competitive-data-science/。

● **針對不同的評價指標預測值進行後處理：**

這種方法是指，在模型訓練完成後，依評價指標的性質，對輸出的預測值另行處理、或是使用最佳化演算法 (algorithm optimization) 來求得最佳化閾值 (在「2.5.2 最佳化閾值」和「2.6 最佳化評價指標的競賽實例」中有詳細說明)。

● **使用自定義目標函數：**

在「2.6.4 最佳化 MAE — 使用相似的自定義目標函數」有詳細的說明。

● **使用 Early Stopping 來最佳化不同的評價指標：**

Early Stopping 可以讓模型在評價指標達到最佳化時就停止學習，在章節「4.1.3 模型相關用語和要點」會進一步介紹。

2.5.2 最佳化閾值

若評價指標所評估的預測值為標籤 (輸出正例或負例) 而非機率時，一般來說，會由模型生成預測機率後，將大於一定閾值的機率值視為正例。

在使用 accuracy 的情況下，假設模型的輸出沒有問題，當機率大於 0.5 則預測為正例，若機率小於 0.5 則預測為負例。然而，在使用 F1-score 的情況下，閾值會影響「正例」比例或「預測值為真」的比例，所以我們必須找出最佳化閾值來讓 F1-score 分數最高。

下列是找出最佳化閾值的 2 種方法：

● **嘗試所有可能的閾值：**

從 0.01 到 0.99，以 0.01 為單位來嘗試所有的閾值，藉此找到能讓 F1-score 得到最高分的閾值。

● **使用最佳化演算法 (algorithm optimization)：**

透過 scipy.optimize 套件所提供的一些最佳化演算法來找出最佳的閾值。

　下列程式碼是使用最佳化演算法：**Nelder-Mead** 的範例，使用此方法時目標函數[註7] 不一定要可以被微分。另外還有演算法 COBYLA，可以設定約束條件；而 SLSQP 演算法則不論目標函數或約束條件都必須可被微分。我們必須根據目標函數和約束條件的性質來選擇演算法，若不知道該如何選擇時，可以優先選擇 Nelder-Mead 或 COBYLA，這兩種方法求出的解相對來說較為穩定。

★ 小編補充　最佳化演算法

Nelder-Mead、COBYLA、SLSQP 都屬於非線性規劃的最佳化演算法。Nelder-Mead 適用於沒有約束條件的情況，而 COBYLA (Constrained Optimization BY Linear Approximation) 和 SLSQP (Sequential Least SQuares Programming) 則是在有約束條件下使用。

關於非線性規劃的基礎，請自行參考演算法相關書籍。

■ **ch02-03-optimize.py 最佳化閾值**

```python
from sklearn.metrics import f1_score
from scipy.optimize import minimize
import numpy as np
import pandas as pd


# 生成 10000 筆樣本資料 (機率值)
rand = np.random.RandomState(seed=71)
train_y_prob = np.linspace(0, 1.0, 10000)
```

→ 接下頁

註7：這邊所指的不是訓練模型時使用的目標函數，而是在最佳化演算法中作為最佳化對象的函數。要特別注意在最佳化閾值時，是使用標籤 (實際值) 和預測值來計算評價指標的分數 (F1-score)，因此輸入目標函數的閾值所對應的輸出分數並不會平滑的變化 (編註：調整閾值後會直接影響預測值，進而間接讓輸出分數有所改變，因為是間接影響，因此不會是平滑的變化)。

```
# 編註：隨機產生 10000 筆資料，每一個都和 train_y_prob 的機率值比較，小於就是負例、大
於則為正例，以此做為實際值的標籤
train_y = pd.Series(rand.uniform(0.0, 1.0, train_y_prob.size) < train_y_prob)

# 編註：從 train_y_prob 的機率值生成常態分佈的隨機數列，並控制數列範圍在 0 和 1 之間，
以此做為輸出的預測機率值
train_pred_prob = np.clip(train_y_prob * np.exp(rand.standard_
normal(train_y_prob.shape) * 0.3), 0.0, 1.0)

init_threshold = 0.5  ◄── 初始閾值
init_score = f1_score(train_y, train_pred_prob >= init_threshold)
print(init_threshold, init_score)  ◄── 當初始閾值為 0.5 時，F1 為 0.722

# 建立想要進行最佳化的目標函數                    要求得此最佳化閾值
def f1_opt(x):                                      ↓
    return -f1_score(train_y, train_pred_prob >= x)

# 在 scipy.optimize 套件提供的 minimize() 中指定 'Nelder-Mead' 演算法來求得最佳閾值
result = minimize(f1_opt, x0=np.array([0.5]), method='Nelder-Mead')
best_threshold = result['x'].item()
best_score = f1_score(train_y, train_pred_prob >= best_threshold)
print(best_threshold, best_score)  ◄── 在最佳閾值下計算 F1、求得 0.756
```

2.5.3 是否該使用 out-of-fold 來最佳化閾值？

在「2.5.2 最佳化閾值」中，我們是使用所有訓練資料的實際值與預測機率來找尋最佳 F1-score 的閾值。但是這麼做的話，就如同先前所說，等同是在知道答案 (標籤) 的情形下計算驗證分數，很可能改用測試資料就不適用了 (編註：用訓練資料進行驗證容易有過度配適的問題)。因此要進一步討論是否在最佳化閾值時，採用 out-of-fold 進行交叉驗證 (關於 out-of-fold 後面專欄會再詳細說明)。

若只是單純要求得最大的 F1-Score，即使不進行 out-of-fold 也不會有太大的影響。但若想確認閾值或分數的波動狀況 (編註：可以看到改善的過程)，就可以使用 out-of-fold 進行最佳化，這樣也可以避免知道答案的情形下，影響驗證得分的計算。

以下是使用 out-of-fold 方法來最佳化 F1-score 的步驟與對應的程式碼：

1 分割訓練資料，這裡分為 4 等分，分別稱為 fold1、fold2、fold3、fold4。

2 使用實際值和預測機率分別求得 fold2、fold3、fold4 的最佳化閾值，並使用此閾值來計算 fold1 的 F1-score。

3 不斷輪替取出其中一個 fold，用剩下另外 3 個 fold 的實際值和預測機率求得最佳化閾值，再用此閾值來計算取出 fold 的 F1-score (這個方法的優勢就在於，由於每個 fold 的閾值都沒有用到自己的資料來計算，因此就可以使用 F1-score 來進行評價)。

4 將各 fold 的閾值平均之後就可以作為測試資料的閾值。

■ **ch02-04-optimize-cv.py 使用 out-of-fold 來最佳化閾值**

```python
# -*- coding:utf-8 -*-

from scipy.optimize import minimize
from sklearn.metrics import f1_score
from sklearn.model_selection import KFold
import numpy as np
import pandas as pd

# 產生樣本資料
rand = np.random.RandomState(seed=71)
train_y_prob = np.linspace(0, 1.0, 10000)

# 實際值和預測值分別為 train_y, train_pred_prob
train_y = pd.Series(rand.uniform(0.0, 1.0, train_y_prob.size) < train_y_prob)
train_pred_prob = np.clip(train_y_prob * np.exp(rand.standard_
normal(train_y_prob.shape) * 0.3), 0.0, 1.0)
```

→ 接下頁

```
# 在交叉驗證範圍內求得閾值
thresholds = []
scores_tr = []
scores_va = []

kf = KFold(n_splits=4, random_state=71, shuffle=True) ◄── 將訓練資料集打散
                                                          後切割成 4 份
for i, (tr_idx, va_idx) in enumerate(kf.split(train_pred_prob)):
    tr_pred_prob, va_pred_prob = train_pred_prob[tr_idx], train_pred_prob[va_idx]
    tr_y, va_y = train_y.iloc[tr_idx], train_y.iloc[va_idx]

    # 設定最佳化目標函數                    尋求此最佳化閾值 x
    def f1_opt(x):                                ▼
        return -f1_score(tr_y, tr_pred_prob >= x)

    # 在訓練資料中進行閾值的最佳化，使用驗證資料來進行評價
    result = minimize(f1_opt, x0=np.array([0.5]), method='Nelder-Mead')
    threshold = result['x'].item() ◄── 從訓練資料中找到的最佳化閾值
    score_tr = f1_score(tr_y, tr_pred_prob >= threshold) ◄─┐

                              使用此閾值計算訓練資料的 f1_score

    score_va = f1_score(va_y, va_pred_prob >= threshold) ◄─┐

                              使用此閾值計算驗證資料的 f1_score

    print(threshold, score_tr, score_va)
    thresholds.append(threshold)
    scores_tr.append(score_tr)
    scores_va.append(score_va)

# 將每個 fold 的最佳化閾值平均，再使用於測試資料
threshold_test = np.mean(thresholds)
print(threshold_test)
```

什麼是out-of-fold？

在數據分析競賽中，我們會對測試資料進行預測，根據預測結果評價模型的好壞。但如果使用的訓練資料參雜了測試資料，那就像是看過解答一樣，失去了對測試資料預測的意義。因此我們通常會對訓練資料做一些處理，盡可能不用到測試資料，就可以有效驗證訓練過程的評價指標。

例如，我們可以將訓練資料分割成好幾份，用其中一份資料來進行預測，其餘的仍作為訓練資料來使用，這種方法，我們就稱之為 out-of-fold（編註：在 1.5.4 節介紹交叉驗證時就介紹過 out-of-fold 方法，此處對照程式碼再說明一次，可以更加深印象）。

先排除一部分訓練資料的標籤進行預測，
確保預測值沒有受到「看過標籤」的影響

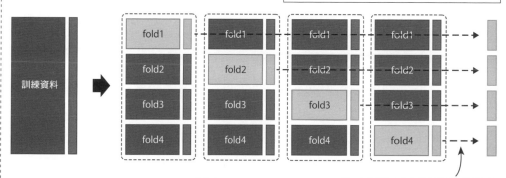

圖 2.20　out-of-fold

取出標籤並與預測值做比較
（使用評價指標算出分數）

out-of-fold 必須執行下列的程序：

1. 分割訓練資料 (這邊將分成 4 份，分別為 fold1、 fold2、folde3、fold4)。

2. 將 fold2、fold3、 fold4 作為訓練資料並預測 fold1 資料。

3. 同樣的，要預測 fold2、fold3、fold4 時就分別使用自己以外的其他 3 個資料來進行訓練。

4. 使用上述方法進行預測，就可以確保預測值不受「看過標籤」的影響。

5. 這個預測值就可以拿來與原來的標籤做比較，評估其預測的好壞等。

→ 接下頁

cross-validation (交叉驗證) 中經常會使用 out-of-fold 預測標籤，並評估該預測值的好壞。詳細說明可以參考「5.2.2 交叉驗證」。

下列是和 out-of-fold 有關的內容。

- 最佳化閾值 (見本小節說明)

- 建立特徵的方法：Target encoding (詳細說明可參考「3.5.5 Target encoding」)

- Ensemble 中的 Stacking 法 (詳細說明請參考「7.3 堆疊 (stacking)」)

2.5.4 針對預測機率的調整

要最佳化分類任務中的評價指標，我們就必須求得準確的預測機率。若為 AUC 的話，只要大小關係吻合，即使機率不準確也不會有太大的影響 (請回頭參考 2.3.4 節)。但在 logloss 中，一旦預測機率不準確分數就會降低。在「2.6.2 mean-F1 的閾值最佳化」小節提到的範例中，會使用預測機率來計算最接近的閾值，最後根據閾值來決定要提交的預測值。(編註：因此要得到好的預測機率，才能根據預測機率得到比較好的閾值。)

數據分析競賽中經常使用的模型：GBDT、類神經網路 (Neural Network)、邏輯斯迴歸 (Logistic regression) 在訓練時都是使用 logloss 作為目標函數，大致都可輸出準確的預測機率。不過若模型有下列情況，輸出的預測機率可能會有所偏差，此時調整一下預測機率，整體的分數也許會變好。

預測機率可能偏差的情況

若有下列情況，就要注意模型所輸出的預測機率是否偏差：

- 資料不夠完整。

- 在資料特別稀少時，會難以預測出接近 0 或 1 的機率。

● 模型的訓練方法沒有針對預測機率進行最佳化。

　　若在訓練模型時有讓 logloss 最小化，那麼只要有足夠的資料，通常都能產生較準確的預測。相對來說，沒有進行 logloss 最小化處理，其預測機率就容易偏離。一般來說，GBDT、類神經網路 (Neural Network)、邏輯斯迴歸 (Logistic regression) 這些模型在分類任務中，會將 logloss 設定為目標函數來進行訓練。但像是使用不同演算法進行分類的隨機森林 (Random Forests) 就會造成機率偏離。

調整預測機率

　　以下為調整預測機率的方法：

● **取預測值的 n 次方**

當我們判斷機率是沒有充分訓練好的模型所產出的，那麼我們會在處理的最後取預測值的 n 次方 (n 為 0.9～1.1)，來嘗試修正預測值。

● **防止接近極端值 0 或 1 的機率**

當評價指標為 logloss 時，有時可能會為了避免較大的懲罰而限制輸出機率的範圍，例如 0.1～99.9%。

● **stacking (堆疊)**

此方法是以 GBDT、類神經網路 (Neural Network)、邏輯斯迴歸 (Logistic regression) 等模型作為第 2 層的堆疊模型來預測機率。也就是說，若使用堆疊方法來生成最終的預測值，只要在第 2 層使用這些模型，那麼就不需要特別調整機率。後續會在「7.3 堆疊 (stacking)」中詳細說明。

● **Calibrated Classifier CV**

使用 scikit-learn 的 calibration 套件中的 CalibratedClassifierCV 來調整預測值。修正的方式可以選擇 Platt (使用 sigmoid 函數來修正) 或是 isotonic regression。

以下針對 CalibratedClassifierCV 進行補充：

圖 2.21 所表示的是使用 Random Forest 進行預測後，以 Platt 進行修正的結果。圖 2.21 的左圖以箭頭表示調整前後，測試資料的預測機率所產生的變化。圖中的 x 軸為 Class1 的機率、y 軸為 Class2 的機率、1-x-y 為 Class3 的機率。在原點 (0.0, 0.0) 時，Class3 的機率為 1，該點上使用圓形記號來標示。另外，圖 2.21 的右圖表示了每個預測機率值在機率範圍內會如何變化。如圖中表示，該變化在圖中呈現了網格狀。由此圖可以看見已修正了過於接近 0 和 1 極端機率的效果 (編註：左圖是使用 calibration 套件在實際案例上的結果，每一個箭頭代表一筆資料的預測機率修正前後的變化，可以發現修正後可以讓機率值從三角形的邊緣往中間移動，避免出現極端的機率值。右圖為此 calibration 套件對於各種輸入機率，所對應的輸出機率)。

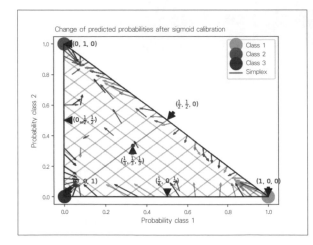
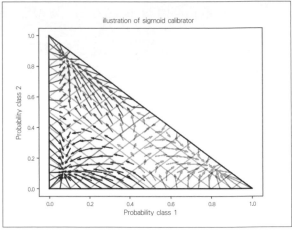

圖 2.21　以 Platt 修正 (出處：「1.16. Probability calibration - scikit-learn 0.21.2 documentation」https://scikit-learn.org/stable/modules/calibration.html)

2.6　最佳化評價指標的競賽實例

在這個章節中，我們會介紹幾個實際在數據分析競賽中使用的最佳化評價指標的實例。

2.6.1　balanced accuracy 的最佳化

以 SIGNATE 舉辦的數據分析競賽：「第 1 屆 FRFRONTIER：從影像看時尚服飾的 "色彩" 分類」為例 [註8]，此數據分析競賽是有 24 種分類的多分類任務，使用的評價指標為 balanced accuracy。所謂 balanced accuracy 是從一般的 accuracy 延伸而來，這個評價指標會將各類別所屬資料數量的倒數作為加權平均數。公式如下：

$$balanced\ accuracy = \frac{1}{M} \sum_{m=1}^{M} \frac{r_m}{n_m}$$

此公式的符號意義如下列所示：

● M：分類數量

● n_m：屬於類別 m 的資料數量

● r_m：類別 m 資料中準確預測的資料數量

balanced accuracy 評價指標是將一般 accuracy 中實際值分類比例的倒數加上權重來計算。因此，在預測結果上，相較於數量有 2 成比例的類別，數量僅有 1 成比例的類別，其預測準測度會因倒數加成讓數字提高。

註8：競賽網址：https://signate.jp/competitions（2019 年 7 月開始不再公開）。

在模型能夠精準預測機率的前提下，為了讓評價指標最大化，最好的策略是選擇計算（機率×分類比例的倒數）結果為最大值的類別。舉例來說，假設有一筆資料屬於占 1 成的類別 A 的預測機率為 0.2，而占 2 成的類別 B 的預測機率為 0.3，此時由於 0.2 * (1 / 0.1) = 2.0 比 0.3 * (1 / 0.2)=1.5 來的大，我們在輸出預測值時就應該要選擇類別 A。

另外還有其他方法是在訓練模型時，以類別比例的倒數作為權重，加在訓練資料中，藉此提升少數類別的影響力。

是否正確預測少數的類別會對分數產生很大的影響，若分數波動太大，會降低你在 Leaderboard 排名的可信度。因此當我們在處理這種少數類別時，要一併計算當預測類別中某一筆資料分錯類別的變化程度，並且要確認與排名較高者的分數差異只是隨機結果還是選用模型的性質不同。這些都是在進行最佳化時要思考的策略。

2.6.2 mean-F1 的閾值最佳化

在 Kaggle 舉辦的數據分析競賽：「Instacart Market Basket Analysis」中，賦予的任務為預測每個訂購 ID 可能會購買的商品，而且這些商品不限一種。該競賽所使用的評價指標為 mean-F1。

要達成此任務，必須預測每個訂購 ID (訂購者) 購買各個商品的機率，當預測的機率大於閾值時，將該商品的 ID 作為預測值提交。由於此競賽使用的是 mean-F1 評價指標，必須計算每個訂購 ID 的 F1-score。因此比起讓所有的訂購 ID 使用共同的閾值，依每個訂購 ID 設定最合適的閾值更能夠最佳化評價指標。

圖 2.22 顯示，閾值必須針對每個商品購買機率的狀況來做適度的調整。

　　如圖所示，最左邊的表格為各種購買情境的發生機率，從左邊數來第二個表格開始為計算 F1-score 的期待值，預測情境由左至右依序為僅購買商品 A、僅購買商品 B 及 A 與 B 都購買。在圖 2.22 的上方為當購買商品 A 的機率為 0.9、購買商品 B 的機率為 0.3 時的計算結果。下方則是購買商品 A 的機率為 0.3，購買商品 B 的機率為 0.2 時的計算結果。

let's say itemA: 0.9, itemB:0.3

	Probability
only A	0.9*(1-0.3)=0.63
only B	0.3*(1-0.9)=0.03
A and B	0.9*0.3=0.27
None	(1-0.9)*(1-0.3)=0.07

If recommend A

F1score	expected F1
1	1*0.63=0.63
0	0*0.03=0
0.666...	0.666*0.27=0.18
0	0*0.07=0
	0.81

If recommend B

F1score	expected F1
1	1*0.63=0
1	1*0.03=0.03
0.666...	0.666*0.27=0.18
0	0*0.07=0
	0.21

If recommend A and B

F1score	expected F1
0.666...	0.666*0.63=0.42
0.666...	0.666*0.03=0.02
1	1*0.27=0.27
0	0*0.07=0
	0.71

let's say itemA: 0.3, itemB:0.2

	Probability
only A	0.3*(1-0.2)=0.24
only B	0.2*(1-0.3)=0.14
A and B	0.3*0.2=0.06
None	(1-0.3)*(1-0.2)=0.56

If recommend A

F1score	expected F1
1	1*0.24=0.24
0	0*0.14=0
0.666...	0.666*0.06=0.04
0	0*0.56=0
	0.28

If recommend B

F1score	expected F1
0	0*0.24=0
1	1*0.14=0.14
0.666...	0.666*0.06=0.04
0	0*0.56=0
	0.18

If recommend A and B

F1score	expected F1
0.666...	0.666*0.24=0.16
0.666...	0.666*0.14=0.0933...
1	1*0.06=0.06
0	0*0.56=0
	0.31333

圖 2.22　購買商品的機率及 F1-score [註9]

編註：圖 2.22 上方的結果得知只購買商品 A 可以得到最高的 F1-score 期望值，因此要把閾值設定在 0.3 到 0.9 之間，讓模型只輸出商品 A。

2.6.3 最佳化 quadratic weighted kappa 閾值

　　在 Kaggle 舉辦的競賽：「Prudential Life Insurance Assessment」中，參賽者必須預測競賽提供的資料是屬於排名 1 到 8 的哪一個。該競賽所使用的評價指標為 quadratic weighted kappa。

註9：「Instacart Market Basket Analysis, Winner's Interview：2nd place, Kazuki Onodera」
https://medium.com/kaggle-blog/instacart-market-basket-analysis-feda2700cded

　　由於此競賽的任務是屬於有次序關係的分類任務，可以使用迴歸，也可以使用分類的方法來解決。然而，若我們只是建構一個迴歸任務模型計算出預測值，再進行四捨五入，又或是建構一個分類任務的模型來預測出某一個分類，都沒有辦法在這個評價指標中獲得好分數。

　　要在這個評價指標中獲取最理想的分數，可以使用連續值的方式算出預測值，並計算出各類別之間最佳化的閾值。首先，使用迴歸或分類模型輸出每個類別的機率，處理後的預測值必須是加權平均後的每個類別的機率 (使用此方法表示：每個類別為 i，類別 i 的機率為 p_i 時，則預測值為 $\sum_i i p_i$)。接著，不要直接使用四捨五入來決定類別，而是找出區分各類別的那個閾值，此時必須使用最佳化的計算。例如，可以使用 scipy.optimize 提供的 minimize 函式並指定使用 Nelder-Mead 等最佳化方法。

　　當我們使用 xgboost，以單純的特徵來進行迴歸分析，並四捨五入後，會得到 0.629，但若我們依上述做法進行評價指標的最佳化，得到的結果則為 0.667。與此競賽金牌的 0.679，銀牌的 0.675 來比較就沒差太多了。由此可知沒有進行後處理會對結果造成極大的差異，根本無法在競賽中勝出。

○ Kaggle 競賽

　　「Crowdflower Search Results Relevance」使用了相同的評價指標，而獲得此競賽第一名的解決方案 (https://github.com/ChenglongChen/Kaggle_CrowdFlower/blob/master/Doc/Kaggle_CrowdFlower_ChenglongChen.pdf) 甚至進行了更深入且多樣的調查。不過，就結果來看，這類的任務只要使用我們上述介紹的方法來進行最佳化就已經很足夠了。

2.6.4 最佳化 MAE ── 使用相似的自定義目標函數

在 Kaggle 競賽:「Allstate Claim Severity」中使用的評價指標為 MAE。第 2 名的參賽者使用與 MAE 相似,但能夠微分的函數作為目標函數,藉此來最佳化與評價指標相近的目標函數,可參考如下的網址:

● 「Xgboost-How to use "mae" as objective function」https://stackoverflow.com/questions/45006341/xgboost-how-to-use-mae-as-objective-function

● 「Allstate Claims Severity Competition, 2nd Place Winner's Interview: Alexey Noskov」https://medium.com/kaggle-blog/allstate-claims-severity-competition-2nd-place-winners-interview-alexey-noskov-f4e4ce18fcfc

如前文所述,評價指標 MAE 較不易受到極端值影響。不過,由於這個評價指標也有幾個特性,像是斜率不連續,且二階微分的數值可能是 0。因此,使用這個評價指標時,較不建議使用斜率或二階微分值相關的演算法來當成目標函數。

包括 xgboost 也不能使用 MAE 來作為目標函數。這是因為在計算節點的分支時,會使用二階微分值來做為分母,若二階微分值為 0 就無法進行計算了 (請參考第 4 章的「xgboost 演算法說明」)。在這種情況下,可以考慮使用與 MAE 相似的函數做為目標函數,像是下列兩個函數:Fair 或 Psuedo-Huber。而在 Allstate Claims Severity 競賽中第 2 名的參賽者使用的就是 Fair 函數。

$$\text{Fair} = c^2 \left(\frac{|y - \hat{y}|}{c} - \ln\left(1 + \frac{|y - \hat{y}|}{c}\right) \right)$$

$$\text{PseudoHuber} = \delta^2 \left(\sqrt{1 + ((y - \hat{y})/\delta)^2} - 1 \right)$$

下圖是這兩個函數的圖形：

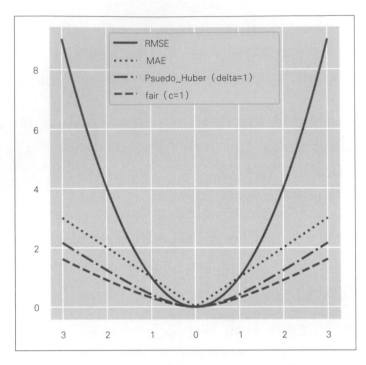

圖 2.23　Fair 函數和 Psuedo-Huber 函數

實作這兩個函數的程式碼如下：

■ **ch02-05-custom-function.py**

```
import numpy as np
import pandas as pd


# Fair 函數
def fair(preds, dtrain):
    x = preds - dtrain.get_labels()  ◀── 求得殘差
    c = 1.0  ◀── Fair 函數的參數
    den = abs(x) + c     ◀── 計算斜率公式的分母
    grad = c * x / den  ◀── 斜率
    hess = c * c / den ** 2  ◀── 二階微分值
    return grad, hess
```

→ 接下頁

```
# Pseudo-Huber 函數
def psuedo_huber(preds, dtrain):
    d = preds - dtrain.get_labels() ◄── 求得殘差
    delta = 1.0 ◄── Pseudo-Huber 函數的參數
    scale = 1 + (d / delta) ** 2
    scale_sqrt = np.sqrt(scale)
    grad = d / scale_sqrt ◄── 斜率
    hess = 1 / scale / scale_sqrt ◄── 二階微分值
    return grad, hess
```

在 xgboost 模型上使用 Fair 作為目標函數的範例程式碼可以參考：
https://github.com/alno/kaggle-allstate-claims-severity/blob/master/train.
py。

2.6.5 MCC 的近似值：PR-AUC 及模型的選擇

前面的章節我們介紹了許多評價指標最佳化的範例，因此在這一小節中，
我們將介紹使用替代的評價指標來改善模型穩定性的案例。

Kaggle 競賽：「Bosch Production Line Performance」的評價指標為
MCC。要計算 MCC 就必須最佳化閾值，在此就產生了一個問題，透過調整
閾值來獲得較高的 MCC 會讓模型十分敏感也較不穩定。另外，由於此競賽
的資料十分不均衡 (正例的資料數量：負例的資料數量 = 6879:1176868)，若
使用二元分類常用的評價指標 AUC，那麼幾乎所有的預測值都會變成 TN，
ROC 曲線也會緊貼著 Y 軸，無法展現其表現力，沒辦法有效改善模型。

圖 2.24 為 Bosch 數據分析競賽中其中一個混淆矩陣的範例，此範例有
99.4% 結果都為 TN。在此我們假設即使調整特徵和模型，基本上預測結果
的比例仍不會有太大的變化。那麼，如圖 2.25，在這個競賽特有的條件下，
MCC 就會和 precision 和 recall 的幾何平均相似。

	實際值正例	實際值負例
預測值正例	TP 1,755	FP 477
預測值負例	FN 5,124	TN 1,176,391

圖 2.24　Bosch 競賽中的混淆陣列

$$MCC = \frac{TP \times TN - FP \times FN}{\sqrt{(TP + FP)(TP + FN)(TN + FP)(TN + FN)}}$$

$$\sim \frac{TP \times TN - FP \times FN}{\sqrt{(TP + FP)(TP + FN)TN^2}} \qquad \because \; TN \gg FP, \quad TN \gg FN$$

編註：TN 遠遠大於 FP 和 FN，所以將分母後兩項的 FP 和 FN 省略，簡化為 TN 後相乘變成 TN²

$$\sim \frac{TP}{\sqrt{(TP + FP)(TP + FN)}} \qquad \because \; TP \times TN \gg FP \times FN$$

編註：同理分子的 FP X FN 也可省略不看，再將分母的 TN² 提出來，和分子的 TN 抵銷

$$= \sqrt{(Precison) \times (Recall)}$$

編註：可以回頭看一下 P2-20 頁的公式

圖 2.25　Bosch 競賽中 MCC 的近似值

　　觀察圖 2.26，precision-recall 的曲線 (以下稱 PR 曲線) 呈現鋸齒狀，可以感受到它的非單調性 (Non-monotanic)。由此我們也可以瞭解最佳化閾值中的 MCC 具有不穩定性，訓練中的模型若選擇 MCC 做為評估指標，可能會因為 MCC 分數的波動幅度太大，而無法有效地改善模型。若此指標是用在競賽最終盤，要做最後調整的情況下可能不會有大問題。但就長遠來看，不管是 Kaggle 競賽或實務上的應用，在設計模型時，還是要選擇一個可以指引我們正確方向的評價指標。因此，我們必須思考，除了 MCC 之外，我們還有什麼更好的指標可以選擇。

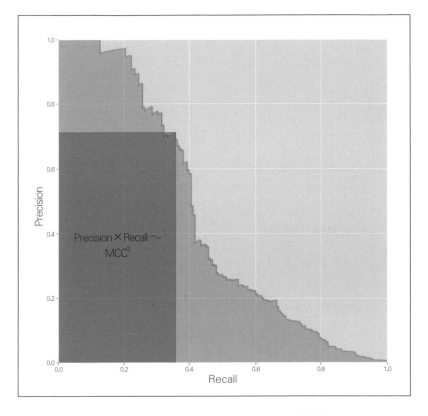

圖 2.26　Bosch 競賽的 MCC 和 PR 的關係性

　　我們可以試著使用 PR AUC，也就是 PR 曲線下方的面積來作為模型的
評價指標。由圖 2.26 我們可以看到，整體來說，PR AUC 和作為最佳閾值的
MCC 之間有明確的關聯性，如此我們就可以相信以最佳化 PR AUC 為目標
來訓練模型，也可以讓模型有好的表現。圖 2.27 為實際的實驗結果，表示了
AUC 和 MCC 之間的相關性。我們可以使用此圖來判斷什麼樣的指標更能夠
選出好的模型。比起 MCC，PR-AUC 在選擇特徵的實驗結果上，有更好的一
致性，實驗發現此評價指標不需要進行閾值的最佳化 (編註：改變閾值並不會
改變PR曲線下的面積)，因此可以藉此提升驗證流程的效率。

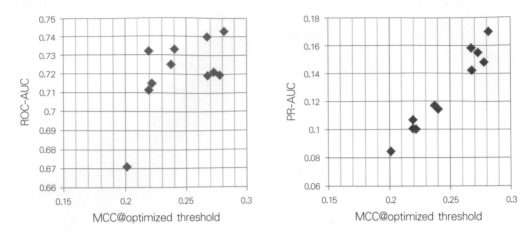

圖 2.27　Bosch 競賽中 MCC 和 PR-AUC 明顯具有正相關（右圖）

　　除了上述所講解的 PR-AUC 之外，其實直接用 logloss 當評價指標也會有不錯的效果。logloss 可以改善各類別的預測機率，連帶地評價指標的分數也會提升。只要好好利用 logloss，自然就能訓練出好模型。其實，不論使用什麼方法，只要能夠去瞭解評價指標性質，並且思考分數為什麼會提升，是指數波動？還是模型真的改善了？如此推敲分數提升的原因都有助於建立一個好的模型。

2.7 資料外洩 (data leakage)

有時我們會在機器學習和數據分析競賽中聽到資料外洩 (data leakage) 一詞，在這個小節我們將討論這個單字的意義。資料外洩有以下兩種含意：

第一種狀況為競賽本身設計不良，在非預期的情況下提供了對預測有用的資訊，但主辦單位自己可能沒有發現。在競賽舉行期間，許多人會在 Kaggle 的 Discussion 討論區中提及這類的資料外洩。

另外一種情況是建構的模型發生技術上問題而產生的資料外洩，通常都是驗證資料有問題 (編註：如前面提過直接用訓練資料充當驗證資料)，導致模型的分數失真。在本書提及的資料外洩通常都是指這種情況。

2.7.1 在無預期的情況下外洩有利於預測的資訊

數據分析競賽中有時主辦單位會不小心外洩了未曾想過可以用於預測的資訊，使參賽者得以利用來建立一個更優良、更加準確的模型。

根據 Kaggle 的官方文件 (https://www.kaggle.com/docs/competitions #leakage) 可知，Kaggle 將資料外洩定義為：「由於訓練資料中在非預期的情況下追加了新的資訊，讓模型或機器學習演算法因此而可以運算出現實狀況下難以得到的準確預測」，Kagele 官方提出了下列幾種資料外洩的情形：

- 訓練資料中包含了測試資料。

- 在測試資料的特徵中，摻入了預測的標籤 (編註：題目中暗示了答案的意思)。

- 數據中包含了要預測的未來資訊。

- 刪除了不該被利用的特徵，卻殘留其他相關資訊 (代理變量)。

- 資料的複雜性、隨機性或隱匿性被破解而還原。

- 給予的資料包含了實務上訓練模型、輸出預測所不能使用的資訊。

- 主辦單位雖沒提供，但可從外部得到上述資訊。

　　對主辦單位來說，要完全杜絕資料外洩並不容易，因此這種狀況很常發生。不過資料外洩的程度是有差異的，輕則只是讓參賽者稍微提高準確率，嚴重者會讓整個競賽都不成立也有可能。以下是實際競賽中，曾經發生資料外洩的案例：

案例 1：參賽者可以透過公開資料來找到測試資料的標籤

　　以在 Kaggle 上所舉辦的「Google Analytics Customer Revenue Prediction」競賽為例，由於該競賽的測試資料中含有 Google Analytics 模擬帳號的資料，因此測試資料在競賽期間結束後，可以變更為未來資料的形式再次使用。

　　「Important Competition Update(Google Analytics Customer Revenue Prediction)」https://www.kaggle.com/c/ga-customer-revenue-prediction/discussion/68353

　　編註：從上述網址中得知，該競賽的標籤可以從 Google Merchandise Store Demo Account 中獲得。

案例 2：測試資料中含有和訓練資料相同的使用者

以 Kaggle 上所舉辦的「Home Credit Default Risk」為例，透過比較各種特徵可以發現，測試資料和訓練資料中含有少數相同的使用者。若參賽者發現兩個資料內含有相同的使用者，就可以嘗試結合該使用者過去的標籤 (編註：此競賽為已還款或未還款等借貸記錄) 來進行測試資料的預測，藉此得到更好的結果。

「Home Credit Default Risk - 2nd place solutions 」https://speakerdeck.com/hoxomaxwell/home-credit-default-risk-2nd-place-solutions?slide=11

案例 3：ID 為重要特徵的案例

Kaggle 上所舉辦的「Caterpillar Tube Pricing」中，tube_assembly_id 就是具有意義的特徵。許多數據分析競賽中為了不要讓 ID 被用來進行預測，會將其做亂數處理。不過，若是不小心留下具有時間序的 ID 等資料時，就很容易變成有利於參賽者進行預測的資訊 (編註：Kaggle 平台已經移除此競賽，大家可以到 GitHub 搜尋參賽者分享此競賽的資訊)。

AUTHOR'S OPINION

雖然嚴重的資料外洩會使資料分析失去意義也可能會降低分析的樂趣，但若以「如何利用自己的分析技術來找到外洩資料」的觀點來看，數據分析競賽仍有其意義。此外，若參賽者發現，在生成資料的過程中出現能夠作為特徵來使用的資料，這種情形仍被視為正當的分析。但若是主辦單位在整理資料時，不小心將 ID 放入資料中，而又被參賽者拿來使用，則被視為資料外洩。從這一點看來資料外洩的分界點其實是有點模糊的。(T)

2.7.2 驗證機制錯誤所造成的資料外洩

這種資料外洩是由於建構模型上的技術性問題，造成驗證機制錯誤，誤將驗證資料的標籤資訊用來訓練模型，使得此模型在驗證中得到異常的高分。

在使用時間序列資料的任務中，訓練資料和測試資料都以時間來進行分割，並希望參賽者可以藉此預測未來。在這個案例中，若不考慮時間的資訊直接建立特徵或進行驗證的話，即便模型在驗證中能夠得到好的分數，但在提交測試資料的預測結果時分數不一定會比較好。

例如直接將時間序列資料打散隨機分割，分別做為訓練資訊和驗證資料使用。由於兩者的時間區段一致，因此資料的性質也會很接近，等同將標籤和訓練資料混在一起。

可以想見模型的分數一定很高，只是測試資料並不會使用相同時段的資料，因此會有完全不同的結果 (編註：預測準確率應該會差到不行)，所以上述的分數完全沒有意義。

在第 5 章會詳細說明不外洩資料又能進行適當驗證的方法。在訓練模型時，若不小心將驗證資料的標籤用於訓練，也被稱之為 leak (資料外洩)。參賽者對於這種 leak (資料外洩) 要十分注意，尤其在建立特徵和執行驗證時，必須要有適當方法來應對。

chapter

特徵提取

3.1 本章結構

參與 Kaggle 數據分析競賽時，若想要讓模型更加精準，則如何從原始資料中提取特徵會是其中一個關鍵的技巧。本章會針對提取特徵的方法進行說明。每個數據分析競賽會有不同的有效特徵，一般來說同一種方法不一定對所有數據分析競賽都有效。我們通常只會嘗試提取表面上看起來有效的特徵，結果卻經常不如預期。其實你應該試著去提取其它各種特徵，本章將介紹各式各樣提取特徵的觀念及手法。

3.2 模型和特徵

3.2.1 模型和特徵

在提取特徵時，必須去思考：我們要把特徵輸入到什麼模型中，而我們又要如何使用這個模型。

使用梯度提升決策樹 (Gradient Boosting Decision Tree, GBDT)

以表格資料來說，在數據分析競賽中較常使用的模型種類為 GBDT。GBDT 是以決策樹為基礎的模型，此模型具有下列幾個特性：

● 特徵之間的大小關係會影響模型，而特徵本身的數值多少則不重要。

● 在有缺失值的情況下也可以進行處理。

● 透過決策樹的不斷分支來反映特徵之間交互作用的關係。

　　因此，只要特徵之間的大小關係不變，不論做什麼轉換都不會影響結果，且不需要填補資料中的缺失值，也不需要預先分析特徵之間交互作用的關係，模型就會一定程度的反映出來。即便我們使用 Label encoding 來轉換類別變數而非 One-hot encoding，模型也可以透過反覆的分支來反映類別變數對各分類的影響程度 [註1]。也就是說，使用 GBDT 不需要去注意變數的尺度 (變數值的範圍) 或分布，這樣在處理缺失值和類別變數也較單純，這也是 GBDT 會被廣泛使用的其中一種原因 (編註：由於不需太在意變數的尺度，因此可以減少正規化、標準化等預處理的步驟)。

★ 小編補充　如何從決策樹觀察特徵之間的關係

假設我們有以下表格的訓練資料，使用決策樹做分類時，可以先判斷特徵 A 是否大於 10 來將資料分成兩群，在特徵 A 小於 10 的情況下，如果特徵 B 大於 10，則標籤會大於 100，反之標籤會小於 100。在特徵 A 大於 10 的情況下，若特徵 B 小於 10，則標籤會大於 100，反之標籤會小於100。因此我們可以從決策樹得出特徵 A 跟特徵 B 之間交互作用的關係：當特徵 A 跟特徵 B 的數值，有一個大於 10，另一個小於 10，此時標籤會大於 100。

此外，不管如何轉換特徵的數值，比如取平方、取對數等等，只要大小關係沒有改變，則不會影響決策樹的結果。

特徵 A	特徵 B	標籤
5	6	50
7	3	60
3	12	100
4	11	110
12	13	55
16	8	150
11	17	45
13	6	160

註1：在「3.5 類別變數的轉換」中會說明 One-hot encoding、Label encoding。

使用類神經網路 (Neural Network)

相對於梯度提升決策樹，類神經網路則有下列特性：

● 特徵的數值大小可能會影響訓練結果。

● 必須填補缺失值。

● 必須合併計算上一層的輸出才能反映特徵之間的關係。

使用類神經網路時，不但數值大小改變會影響結果 (比如對特徵進行加乘運算，調整特徵的數值範圍)，而且必須思考如何補足缺失值。另外，此類模型在處理類別變數時，建議使用 One-hot encoding 而不要用 Label encoding，以免轉換後的類別數值大小干擾模型的預測。

使用線性模型

而線性模型只能預測特徵 (變數) 和標籤呈線性關係的狀況，若遇到有對數關係等非線性的特徵，就要進行非線性的轉換。另外若特徵之間有交互作用的關係，也要明確提取出交互作用的結果做為新的特徵 (編註：例如標籤跟兩個特徵的乘積呈現正相關，則建議預先將這兩個特徵的乘積值算出來，作為一個新的特徵，並且與原先的特徵一併作為訓練資料)。

在某些情況下，特徵會經過平均或其他統計量的運算後才輸入至模型中，這時就算使用的是 GBDT 模型，也會視需求進行資料縮放、填補缺失值等預處理動作。

3.2.2 初步 (Baseline) 模型

以圖 3.1 為例，圖中為已整理好的表格資料。資料中每一列為一個使用者，每一欄則為一個特徵或標籤。

訓練資料：使用模型預測使用者是否會加入保險

使用者 ID	年齡	性別	商品	身高	體重	其他客戶屬性	標籤
1	50	M	D1	166	65	…	0
2	68	F	A1	164	57	…	0
3	77	M	A3	167	54	…	1
4	17	M	B1	177	71	…	0
5	62	F	A2	158	65	…	1
…	…	…	…	…	…	…	…
1996	63	M	A3	181	64	…	1
1997	42	M	D1	177	69	…	0
1998	9	F	D1	159	63	…	0
1999	40	M	A1	165	52	…	0
2000	54	M	C2	176	52	…	0

圖 3.1　已整理之表格資料

　　若使用 GBDT 模型，只要刪除使用者 ID 欄，並對類別變數進行 Label encoding 轉換，就可以當成此任務的 baseline 模型。在大部分情況下，GBDT 都可以從特徵中捕捉到有用的資訊，得到還不錯的預測結果，因此可以做為一開始的 baseline 模型。

　　若使用類神經網路或線性模型，在訓練之前除了必須對類別變數進行 One-hot encoding 並填補缺失值，建議也要對資料進行標準化。完成預處理後才能開始訓練模型。一般來說，在建立 baseline 模型的階段，使用這類型模型能夠獲得的分數不會比使用 GBDT 模型來的高。因此，資料科學家必須特別下功夫在提取特徵上，才能提升模型的精準度。

編註：在數據分析競賽中，會先參考先前類似的任務，用 Leaderboard 上其他人試過還不錯的模型架構或方法來訓練看看，通常會有還不錯的結果，因為大家都這麼做，所以這只能當作是一開始的 baseline 模型。想要有比別人更出色的成績，就要再加把勁提取更多特徵或嘗試其它方法。

3.2.3　從決策樹 (Decision Tree) 的角度思考

Kaggler 間流傳著一句話：「**從決策樹的角度去思考**」。這句話充分顯現出 Kaggler 在提取特徵上所展示的經驗談。

GBDT 是一個非常聰明的模型，因為只要能提供足夠的資料量且包含足夠的資訊，它就可以反映特徵之間交互作用的關係或非線性關係，藉此進行預測。想當然爾，沒有輸入給模型的資訊，預測的結果是不會反映出這些資訊之間的關係。且若能預先分析特徵之間的關係後直接輸入給模型，模型就能更輕鬆的將這些關係反映在預測中。

所以說，我們必須去想像從「輸入資料給模型」到「模型讀取資訊」這一段過程，什麼資訊會讓模型難以讀取或者無法讀取？抑或是我們應該再追加什麼樣的資訊給模型？這些想像將決定我們要提取特徵的樣貌。可以思考以下的例子：

● 例 1：要給模型足夠的資訊。若其他表格資料涵蓋了使用者屬性資料，我們就必須將這些資料輸入到模型中，模型才能反映出來。我們可以直接將這些資料與現存資料作結合，也可以依需求先使用這些資料進行統計運算，再將結果與現存資料結合。

● 例 2：平均購買單價是影響使用者活動的一大主因，將購買金額除以購買數量即可求得。雖然只將「購買金額」和「購買數量」這兩個特徵原封不動的餵給 GBDT 模型，模型仍然可以反映這兩個特徵交互作用的關係。但**建議先處理兩個特徵後將它們作為一個特徵餵給模型，效果會更好** (編註：此處就是將「購買金額/購買數量」當成新的特徵輸入)。

比起 GBDT，「從類神經網路的角度」思考，可能會稍微困難一點。不過，思考什麼資訊可以讓模型更容易吸收，並由此決定如何提取特徵，這一點是不變的。「站在線性模型的角度思考」可能比較容易，但即便是線性模型，我們在提取特徵時仍要花一點時間作一些細微的轉換，提取出的特徵才能在線性模型中發揮作用，做出準確的預測。

3.3 缺失值的處理

如同實際生活中我們能夠獲得的資料常常不完整，競賽所提供的資料也有可能缺失。以下列舉幾個缺失值產生的原因 [註2]：

- **不存在該值**：例如當資料混雜著個人與法人的資訊，由於法人不存在年齡資訊故產生缺失值、或是當人數為 0 時就不存在人數的平均值。

- **尊重資料提供者的意願**：例如時間以及地點的資訊，受測者不願意提供。

- **無法取得該值**：例如人為疏失或是監測儀器發生故障，造成原本應該存在的值無法取得。

當我們使用 Kaggle 主流的 xgboost、lightgbm 這些以 GBDT 為基礎的套件，即使沒有處理缺失值，模型也可以運作。不過，有時候填補缺失值可能會提升 GBDT 模型的預測精準度，因此若資料中有缺失值，本書建議處理與不處理都可以嘗試看看。

若不是使用 GBDT 模型，就無法直接使用含缺失值的資料來進行訓練 (很有可能會發生錯誤)，這時必須填補這些缺失值。其中一種方法是使用**代表值來填補**，另一種則是**使用其他特徵預測出來的值來填補**。

另外，我們也可以藉由缺失值來提取出新的特徵，好好利用「資料含有缺失值」這個資訊 (編註：也許缺失值是由某種原因造成，可當作一項特徵來分析)。

除了上述提及填補缺失值的方法之外，我們當然也可以直接**排除** (例如：刪除) 含有缺失值的記錄或標籤，不過如果是測試資料中含有缺失資料，自然

註2：「朱鷺の杜 欠損值」
http://ibisforest.org/index.php?%E6%AC%A0%E6%90%8D%E5%80%A4

就不能排除了。其實在參加數據分析競賽時，參賽者必須盡可能得到更多資訊，排除資料這個方法無疑是放棄了我們能使用的資料。因此，本書並不建議以「排除」的方式來處理缺失值。

3.3.1　維持缺失值

GBDT 可以處理含有缺失值的資料，因此我們傾向不填補缺失值。缺失值一定是因為某些原因才會產生，為了善用這些資訊，不處理它才是最自然的方法。

但是往往我們必須給缺失值填個值才能把資料輸入到模型，這時不論是以隨機森林 (Random forest) 或是決策樹為基礎的模型，都可以使用 -9999 這種資料範圍外的數值來填入缺失值，藉此儘可能保留缺失值原本的狀態 (編註：也就是缺失值雖然有個值了但 -9999 這種數字仍然可看出這是一個缺失值，故不影響其狀態)。由於決策樹的運作機制是以特徵的數值不斷進行一分為二的作業，特徵的值本身不會影響這種模型，而是特徵之間的大小關係才會影響模型。因此，我們可以藉由填入資料範圍外的數值來區分出缺失值 (編註：填入極大或是極小值不會影響特徵之間的大小關係)。

3.3.2　以代表值填補缺失值

如果你遇到一定要填補缺失值的情況，那麼填補缺失值最簡單的方法就是填入該特徵的代表值。若缺失值是隨機發生的話，我們可以填入最有可能的值，其中一種典型的代表性數值就是平均值。但像是年收入這種呈偏態分布的資料，就不太適合使用平均值作為代表值，此時，我們可以改使用中位數來填入。另外還有一種方法，就是將資料進行對數轉換，並在標準差較平均的分布下取平均值。但若缺失值不是隨機發生，就不適合填入代表值。

另外必須注意的是，由於特徵的數值分布在不同的組別之間差異可能很大。因此，我們必須計算同一個特徵在不同組別中的平均值，而非單純取資料

整體的平均值。也就是要使用其他類別變數的值來分組，並代入每組中計算出來的平均值。

　　若類別變數的某一個項目資料筆數太少，就表示該組別所計算出來的平均值並不可信。這是因為當資料筆數太少時，我們就可以合理推測此類別變數其實也含有缺失值。若發生這樣的情況，我們可以使用 Bayesian average 這個方法來計算平均值，計算的公式如下，將分子和分母都加上常數項進行計算。

$$\bar{x} = \frac{\sum_{i=1}^{n} x_i + Cm}{n + C}$$

　　上述這個方法，是在計算平均時，事先加上觀測到數值 m 的次數 C，以這種方法計算，當資料筆數較少時，平均就會比較接近 m 值；若資料筆數充足，平均則會接近該類別整體的平均值。m 的值可以是我們事先選擇好的，也可以使用資料整體的平均值。

> **編註**：假設我們的訓練資料中，有數筆資料的薪資欄為缺失值，由於不同的職業薪資水準可能不太一樣，此時我們可以根據不同的職業平均薪資來填補缺失值。此外，假設某個職業的資料筆數很少，如此一來此職業的平均值可能不太準確，建議此時可以考慮使用 Bayesian average 來獲得比較好平均值。

　　若缺失的資料是在類別變數，可以考慮將缺失值視為一個尺度，或是以數量最多的項目當成代表值填入 (編註：假設有數筆資料的職業欄為缺失值，可以考慮填入「其他」，或是填入資料中最多的職業)。

3.3.3　使用其他變數來預測缺失值

　　若含有缺失值的特徵與其他特徵具有關連性，那麼我們可以使用其他特徵來預測可能的值。特別是在含有缺失值的特徵十分重要時，透過這種方式，我們可以更謹慎的填補缺失值，並提升模型的精準度。

下列為使用預測的方法來填補缺失值的流程：

1 首先將欲填補的特徵視為標籤，並用其餘的特徵來預測此標籤，建立一個以填補缺失值為目的之模型，並予以訓練。如下列圖 3.2，透過無缺失值的特徵 (如：性別) 來訓練模型，有缺失值的特徵 (如：年齡) 則是做為模型預測的標籤。

> **★ 小編補充** 標籤欄位（此處就是年齡）中沒有缺失值的資料會轉為模型中的訓練集 (如：使用者 ID1、2、4)，有缺失值的則是測試集 (如：使用者 ID3、5)。

2 模型訓練好之後，就可以將該模型的預測值來填補缺失值。

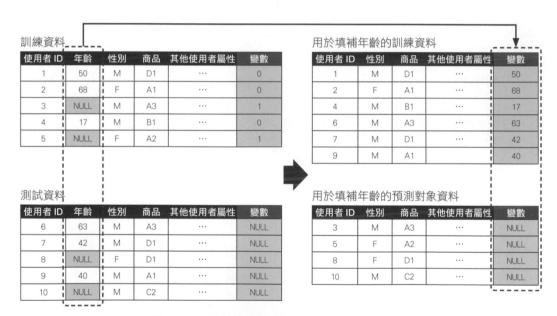

圖 3.2　以其他變數預測缺失值（年齡）的範例

在進行這項作業時必須特別注意，不能用原始的標籤來預測要填補的特徵值 (編註：道理很簡單，因為測試集中不會有標籤，自然就無法預測要填補的值了)。此外，我們可以從測試集中取出沒有缺失的資料，當作訓練資料來預測欲填補的值 (編註：這句說起來很拗口，其實就是指圖 3.2 中使用者 ID 6、7、9 這幾筆資料，可當作右上方預測填補值的訓練資料)。

在 Kaggle 上舉辦的「Airbnb New User Bookings」中獲得第二名的解決方案裡，其中一點就是透過預測模型的方式來填補 age 和「date_first_booking (最初預定日) 及 date_account_created (建立帳號日) 之差的分組 (binning, 稍後 3.4.5 節會介紹) 類別變數」這兩個重要特徵的缺失值[註3]、[註4]。

3.3.4 由缺失值來建立一個全新的特徵

通常缺失值都是由於某些因素所造成而非隨機發生，此時缺失值本身就代表一種資訊，因此可以從缺失值中提取出有效的特徵。

其中較簡單的方法是建立一個表示是否缺失的二元變數。使用這個方法時，即使我們填補了缺失值，透過該二元變數，我們的資訊量仍然不會因此而減少。若有複數的缺失值，則必須建立各自的二元變數。

其他還有下列方法：

● 計算每筆資料缺失的特徵數量 (不一定將所有特徵納入計算，可以只考慮部分特徵組合)。

● 計算多個特徵的缺失組合，若這些組合可以分類成幾個情形，就可以將這些情形提取為新的特徵 (編註：例如有 3 個特徵含有缺失值，依照有沒有缺失值可以區分成 8 種情況，可將此當作新的特徵)。

註3：「Airbnb New User Bookings, Winner Interview: 2nd place, Keiichi Kuroyanagi」
　　　https://github.com/Keiku/kaggle-airbnb-recruiting-new-user-bookings

註4：「Kaggle - Airbnb New User Bookings 的方法」：
　　　https://www.slideshare.net/Keiku322/kaggle-airbnb-new-user-bookingskaggle-tokyo-meetup-1-20160305 (編註：作者提供的連結其實沒有提到怎麼填補缺失值，只能大致看到特徵擷取的欄位)

3.3.5 認識資料中的缺失值

一般來說，以 csv 檔為例，若檔案中有空白或是 NA 時就代表是缺失值。但根據資料性質的不同，缺失值也有可能以其他形式表現，例如數值資料的缺失值也有可能是用 -1 或 9999 等數值表示，若不小心將其當作正常的數值來處理，在訓練模型時雖然不會出現錯誤，但該模型的準確度可能會受到影響。為了避免這種情形發生，建議一開始先觀察特徵的分布，可以使用長條圖等圖表來觀察資料中是否含有缺失值。

下列程式碼是使用 Pandas 套件所提供的 read.csv 函式來讀取 csv 檔，並透過 na_values 超參數來指定哪些數值要被視為缺失值 (空字串或 NA 文字以及數值 -1、9999 都會被作為缺失值處理)：

視為缺失值的內容

```
train = pd.read_csv('train.csv', na_values=[' ', 'NA', -1, 9999])
```
train.csv 在本書所附檔案的 input 資料夾內，本章後面都會用此處建立的 Dataframe 進行示範

若資料中的某個特徵是將 -1 視為缺失值，而在另一個特徵中 -1 卻是有效的數值。遇到這種情況時，上述方法就不太適合。此時要先將有缺失值的欄位篩選出來後，再使用 replace() 函式來將缺失值代換為 NaN。程式碼如下：

```
data['col1'] = data['col1'].replace(-1, np.nan)
```

3

3.4 數值變數的轉換

數值變數可以直接輸入至模型中使用，不過我們也會依需求將數值變數進行適當的轉換或加工，將其提取成有效的特徵。這一節會說明如何轉換單一數值變數，多個數值變數的轉換則會在「3.7 變數組合」中再介紹。

由於 GBDT 模型的主要架構是決策樹，因此僅轉換數值大小而沒有改變數值之間的大小關係的話，就不大會影響到模型的訓練，也就是說，雖然我們可以在 GBDT 這類的模型中使用下列方法，但可能會看不出效果。相對來說，比較有意義的預處理，應該是以資料的統計量來提取特徵。這個方法我們會在「3.9 使用統計量」中介紹。

3.4.1 標準化 (standardization)

最基礎的轉換就是改變**特徵的尺度**，也就是線性轉換 (乘法或加法的轉換)。一般最常被使用的線性轉換為標準化 (standardization)，這種轉換會將特徵的平均變為 0，標準差變為 1。以下為轉換時使用的算式 (μ 為平均，σ 為標準差)。

$$x' = \frac{x - \mu}{\sigma}$$

以線性迴歸或是邏輯斯迴歸等線性模型為例，這些模型只要尺度越大，迴歸係數就越小，若不進行標準化，後續進行常規化時 (在「4.1.3 模型相關用語及要點」會說明) 時就很容易遭遇阻礙。使用類神經網路也是一樣，若特徵之間的尺度差異很大，就容易在進行訓練時發生困難，讓變數的平均接近 0 會比較好 (編註：因為類神經網路初始化會假設參數、輸出介於 -1 到 1 之間，如果今天輸入的特徵或是輸出的預測值希望有不同的範圍，則訓練過程可能會比較久或是比較不穩定)。

　　透過 scikit-learn 的 preprocessing 套件所提供的 StandardScaler 類別就能以各特徵的平均值及標準差為基礎來進行標準化。程式碼如下：

■ **ch03-01-numerical.py 標準化**

```
from sklearn.preprocessing import StandardScaler

num_cols = [ 'age', 'height', 'weight', 'amount',
'medical_info_a1', 'medical_info_a2',
'medical_info_a3', 'medical_info_b1']

# 對上面所指定的欄位資料進行標準化
scaler = StandardScaler()
scaler.fit(train_x[num_cols])

# 編註：可以看看 age、height 進行標準化前的尺度差異 (僅看前 5 筆)
print(train_x['age'][0:5])      ← 可以看到數值範圍在 17~77
print(train_x['height'][0:5]) ← 可以看到數值範圍在 158~177

# 以標準化後的資料來置換各欄位的原資料
train_x[num_cols] = scaler.transform(train_x[num_cols])
test_x[num_cols] = scaler.transform(test_x[num_cols])

# 編註：進行標準化後 age、height 的尺度差異
print(train_x['age'][0:5])      ← -1.15 ~ 1.19
print(train_x['height'][0:5]) ← -0.82 ~ 1.19
```

　　上述程式碼可以一次對多個欄位的資料進行標準化。首先，我們可以使用 fit() 來計算訓練資料中各個欄位資料的平均值與標準差，最後使用計算後的資料來轉換訓練資料或測試資料。

　　以 0 跟 1 來表示資料的二元變數，當 0 和 1 的比例呈現偏態分布時，代表標準差較小，因此 0 或 1 其中一方有可能在轉換後的絕對值變大。不過針對二元變數其實可以不用進行標準化。

　　編註：假設我們有一個二元變數為 [1, 1, 1, 1, 1, 1, 1, 1, 1, 0]，經過轉換後可得 [0.316, 0.316, 0.316, 0.316, 0.316, 0.316, 0.316, 0.316, 0.316, -2.846]，發現轉換後的尺度範圍反而比轉換前還大，因此轉換後可能無法增加模型的預測準確度。

○ **要轉換資料中所有數值時，該使用訓練資料還是測試資料呢？**

是否應該使用測試資料這個議題，經常在我們要對資料中所有數值進行標準化或是轉換尺度時被拿出來討論。以標準化的情況為例，有下列 2 種方法：

1. 使用訓練資料來計算平均和標準差，並以此來對訓練資料及測試資料進行標準化。

2. **結合訓練及測試資料**後計算平均和標準差，並以此來對訓練及測試資料進行標準化。

使用下列程式碼來執行方法 1：

■ **ch03-01-numerical.py 使用訓練資料來計算平均和標準差**

```python
from sklearn.preprocessing import StandardScaler

# 以下的 num_cols 與上述所指定的欄位相同，接下來的程式都會用到

# 計算訓練資料的平均及標準差，稍後以此為基礎來進行標準化
scaler = StandardScaler()
scaler.fit(train_x[num_cols])

# 進行標準化並置換各欄位原數值
train_x[num_cols] = scaler.transform(train_x[num_cols])
test_x[num_cols] = scaler.transform(test_x[num_cols])
```

使用下列程式碼來執行方法 2：

■ **ch03-01-numerical.py 結合訓練及測試資料後計算平均和標準差**

```python
from sklearn.preprocessing import StandardScaler

# 結合訓練資料和測試資料並計算平均及標準差，稍後以此為基礎來進行標準化
scaler = StandardScaler()
scaler.fit(pd.concat([train_x[num_cols], test_x[num_cols]]))

# 進行標準化並置換各欄位原數值
train_x[num_cols] = scaler.transform(train_x[num_cols])
test_x[num_cols] = scaler.transform(test_x[num_cols])
```

→ 接下頁

實務上，我們很少會在建立模型時就得到預測對象的測試資料，因此一般來說都會使用第一個方法。不過在 Kaggle 等平台的數據分析競賽中，我們可以在一開始就得到一份測試資料，這時使用第二種方法就可以善用主辦單位提供的資料。

AUTHOR'S OPINION

有些人主張不應該使用測試資料來進行資料預處理或建立模型，這樣的想法在實務上非常正確，基於此觀點，在標準化時我們只能使用訓練資料；而另一方面也有人認為以訓練資料為基礎的資料轉換很可能會過度最佳化而造成模型的過度配適 (Overfitting)。在是否使用測試資料這個議題上，基於不同的理由，許多人提出了不同的意見。不過，除非訓練資料和測試資料有非常不同的特性，否則不論使用哪種資料都不會造成太大的差異，所以不用想太多，使用自己能夠接受的方式即可。(J)

在進行資料轉換時，不論使用哪種資料，訓練資料跟測試資料必須要進行相同的轉換 (編註：相同的轉換比如前文說的使用訓練資料的平均值跟標準差，對訓練資料及測試資料進行標準化)。像是「使用訓練資料來計算平均及標準差後進行訓練資料的標準化後，再使用測試資料計算平均和標準差對測試資料進行標準化。」這樣個別進行標準化就是一個不好的例子，以下列出此不良示範的程式碼：

■ **ch03-01-numerical.py** 個別標準化訓練資料和測試資料 (不好的例子)

```
from sklearn.preprocessing import StandardScaler

scaler_train = StandardScaler()
scaler_train.fit(train_x[num_cols])     ← 使用訓練資料進行 fit
train_x[num_cols] = scaler_train.transform(train_x[num_cols])
scaler_test = StandardScaler()
scaler_test.fit(test_x[num_cols])       ← 另外使用測試資料進行 fit
test_x[num_cols] = scaler_test.transform(test_x[num_cols])
```

上述做法會產生兩組平均值和標準差，分別來轉換訓練資料和測試資料。雖然兩種資料的分布差異不大、不會造成太大的問題，但還是不應該這麼做。

3.4.2 Min-Max 縮放方法

　　若想統一變數的尺度，我們可以在讀取變數時就轉換變數的範圍區間 (通常會將變數限制在 0 到 1 的範圍內)。以下為執行此方法時使用的公式 (x_{max} 表示 x 的最大值，x_{min} 表示 x 的最小值)：

$$x' = \frac{x - x_{min}}{x_{max} - x_{min}}$$

　　我們可以使用 scikit-learn 套件中的 MinMaxScale 類別來進行轉換：

■ **ch03-01-numerical.py Min-Max 縮放**

```python
from sklearn.preprocessing import MinMaxScaler

# 以訓練資料定義多欄位的 Min-Max 縮放
scaler = MinMaxScaler()
scaler.fit(train_x[num_cols])

# 以轉換後資料代換各欄位資料
train_x[num_cols] = scaler.transform(train_x[num_cols])
test_x[num_cols] = scaler.transform(test_x[num_cols])
```

　　由於此方法具有轉換後平均不會剛好是 0、不太受到極端值影響的優點，因此經常使用這個方法做資料轉換。另外，若使用的是圖片資料，圖片的畫素會落於 0~255 的固定區間，因此我們不用特意設定區間範圍，原始資料就已使用了 Min-Max 縮放方法。

> **編註**：標準化是假設變數分布是常態分佈，而 Min-Max 縮放並沒有這樣的假設，因此如果變數分布狀況不是常態分布，可以優先考慮使用 Min-Max 縮放。

3.4.3 非線性轉換

前述的標準化以及 Min-Max 縮放方法是一種線性轉換，只會放大或縮小特徵的分布，不會改變分布的形狀。而非線性轉換則會改變特徵分布的形狀。某些情況下我們會需要使用非線性轉換，將偏態分布轉換成常態分布，一般來說特徵分布的形狀最好不要呈現極端的偏態分布。

取自然對數、取 log(x+1)、取絕對值的對數

金額或數量的特徵常會使用對數轉換，因為這類特徵很容易呈現出**長尾延伸**的分布。不過若特徵內含有數值為 0 的資料就無法直接取對數，因此需要以 NumPy 套件的 log1p 函式來進行 log(x+1) 轉換。此外，負數也無法直接使用於對數轉換，必須先取絕對值後才能進行轉換，轉換後再加上原先的符號。

■ **ch03-01-numerical.py 對數轉換**

```
x = np.array([1.0, 10.0, 100.0, 1000.0, 10000.0])

# 僅取對數
x1 = np.log(x)
print(x1)   # [0. 2.30258509 4.60517019 6.90775528 9.21034037]

# 加 1 後取對數
x2 = np.log1p(x)
print(x2)   # [0.69314718 2.39789527 4.61512052 6.90875478 9.21044037]

# 取絕對值的對數後加上原本的符號
x3 = np.sign(x) * np.log(np.abs(x))
print(x3)   # [0. 2.30258509 4.60517019 6.90775528 9.21034037]
```

在 Kaggle 中舉辦的「PLAsTiCC Astronomical Classification」競賽中，許多參賽者都使用上述方法來轉換 flux 這個特徵。

Box-Cox 轉換、Yeo-Johnson 轉換

　　Box-Cox 轉換是一種將變數轉換成常態分布的轉換，這種轉換會在轉換係數 $\lambda = 0$ 時進行對數轉換：

$$x^{\lambda} = \begin{cases} \frac{x^{\lambda}-1}{\lambda} & \text{if } \lambda \neq 0 \\ \log x & \text{if } \lambda = 0 \end{cases}$$

而 Yeo-Johnson 轉換則可用於變數內含有負數資料：

$$x^{\lambda} = \begin{cases} \frac{x^{\lambda}-1}{\lambda} & \text{if } \lambda \neq 0, x_i \geq 0 \\ \log(x+1) & \text{if } \lambda = 0, x_i \geq 0 \\ \frac{-[(-x+1)^{2-\lambda}-1]}{2-\lambda} & \text{if } \lambda \neq 2, x_i < 0 \\ -\log(-x+1) & \text{if } \lambda = 2, x_i < 0 \end{cases}$$

　　下列為 Box-Cox 轉換以及 Yeo-Johnson 轉換的程式碼範例：

■ **ch03-01-numerical.py Box-Cox 轉換**

```
# 將僅取正值的變數納入清單中以作轉換
# 必須注意若變數中含有缺失值須使用 (~(train_x[c] <= 0.0)).all() 等方法
pos_cols = [c for c in num_cols if (train_x[c] > 0.0).all() and 接下行
(test_x[c] > 0.0).all()]

from sklearn.preprocessing import PowerTransformer

# 定義以訓練資料來進行多欄位的 Box-Cox 轉換
pt = PowerTransformer(method='box-cox')
pt.fit(train_x[pos_cols])

# 以轉換後的資料來替換各欄位資料
train_x[pos_cols] = pt.transform(train_x[pos_cols])
test_x[pos_cols] = pt.transform(test_x[pos_cols])
```

■ **ch03-01-numerical.py Yeo-Johnson 轉換**

```
from sklearn.preprocessing import PowerTransformer

# 定義以訓練資料來進行多欄位的 Yeo-Johnson 轉換
pt = PowerTransformer(method='yeo-johnson')
pt.fit(train_x[num_cols])

# 以轉換後的資料來替換各欄位資料
train_x[num_cols] = pt.transform(train_x[num_cols])
test_x[num_cols] = pt.transform(test_x[num_cols])
```

圖 3.3 與 3.4 為使用 Box-Cox 轉換前、後的分布。

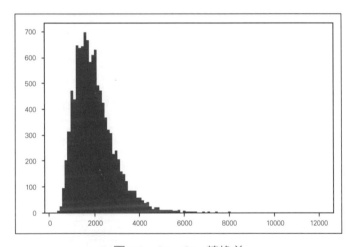

圖 3.3　Box-Cox 轉換前

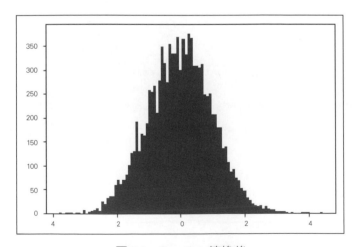

圖 3.4　Box-Cox 轉換後

　　進行上述轉換時，由於套件會自動評估最能使分布趨向常態分布的係數，因此不需要自行指定。

Generalized Log Transformation

　　另外還有像是 Generalized Log Transformation 這種轉換方法，以下為此方法的轉換公式：

$$x^{(\lambda)} = \log(x + \sqrt{x^2 + \lambda})$$

其他非線性轉換

　　在分析資料時，我們必須根據資料的特性及變數的意義去找到最有效的資料轉換方式，這也是資料分析的關鍵作業之一。下列提供一些尚未提及的轉換方法，當然仍有許多未能介紹到的方法待讀者們自己去發掘。

● 取絕對值

● 取平方根

● 取平方、n 次方

● 轉換為是否為正值、是否為零的二元變數

● 取數值的尾數 (取價格不及 100 元的部分或小數點後的數值等)

● 數值的四捨五入、無條件進位、無條件捨去

3.4.4 Clipping

在數值變數中可能會含有極端值，可以設定上限或下限的閾值進行替換 (編註：超過上限就用上限值替換，低於下限就用下限值替換)，藉此排除極端值。我們可以視分布來設定適當的閾值，也可以使用分位數作為閾值，並一律將極端值轉換為該閾值。

上述的方法可以使用 Pandas 或 NumPy 套件中的 clip 函式來執行。範例如下，先使用 quantile() 將訓練資料的閾值下限設定為 1% quantile (分位數)，上限設定為 99% quantile，並將極端值以閾值上下限來替換。

■ **ch03-01-numerical.py clip**

```
# 以每欄為單位，計算訓練資料的 1% quantile 及 99% quantile 做為閾值上下限
p01 = train_x[num_cols].quantile(0.01)  ←── 閾值下限
p99 = train_x[num_cols].quantile(0.99)  ←── 閾值上限

# 將低於下限的數值 Clipping 為下限值、高於上限的數值 Clipping 為上限值
train_x[num_cols] = train_x[num_cols].clip(p01, p99, axis=1)
test_x[num_cols] = test_x[num_cols].clip(p01, p99, axis=1)
```

圖 3.5 和圖 3.6 是使用 Clipping 前與使用後的分布：

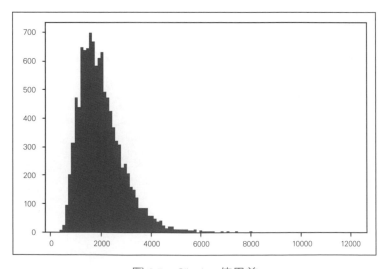

圖 3.5　Clipping 使用前

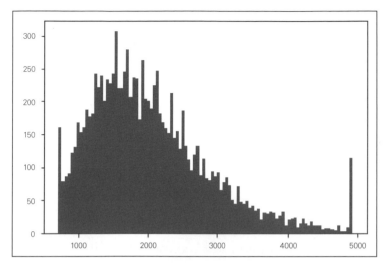

圖 3.6　Clipping 使用後 (編註：左右兩端被截掉了)

3.4.5　Binning (分組)

Binning (分組) 這個轉換方法主要是將數值變數分為幾個區間，每一個區間就是一個項目，藉此將數值變數轉換為類別變數來使用。我們可以使用**等間隔分割法**或**分位數分割法**來進行分組，分割時若能清楚瞭解資料的背景知識，並藉此來選擇最適合的分割區間的方法，將更能發揮其效能。

一旦執行了 Binning，數值變數就會變成有排序的類別變數。我們可以直接將排序作為數值變數使用，也可以再用 One-hot encoding 轉換成沒有排序的類別變數使用。另外，我們可以在分割好的每一個區間中，進行一些統計或是其他可以對類別變數做的資料處理。

可以使用 Pandas 套件的 cut 函式來執行分割作業。另外也可以使用 NumPy 套件的 digitize 函式：

■ **ch03-01-numerical.py Binning**

```
x = [1, 7, 5, 4, 6, 3]

# 方式 1：指定區間的數量為 3
binned = pd.cut(x, 3, labels=False)
print(binned) ◄─── 顯示轉換後的數值屬於哪個區間：[0 2 1 1 2 0]

# 方式 2：指定區間的範圍時 (小於等於 3.0、3.0 ~ 5.0、大於 5.0 以上)
bin_edges = [-float('inf'), 3.0, 5.0, float('inf')]
binned = pd.cut(x, bin_edges, labels=False)
print(binned) ◄─── 顯示轉換後的數值屬於哪個區間：[0 2 1 1 2 0]
```

Kaggle 的「Coupon Purchase Prediction」競賽中，本書作者 (T) 的解決方案就有使用到 binning 技巧。首先將餐點優惠的單價以 1,500 日圓以下、1,500~3,000 日圓及 3,000 日圓以上進行 binning，接著統計每個區間中其他特徵的數值後發現，即使點了同一道餐點，不同的帳單金額範圍呈現不同的用餐目的。

3.4.6 將數值轉換為排序

接著，我們來看看如何以數值變數的大小關係來將數值轉換為排序。除了單純將數值轉換為排序，也可以進一步除以資料數量，這樣可以將資料尺度控制在 0 到 1 之間，不受資料筆數的影響，會很好處理。這個方法捨棄了數值大小和間隔的資訊，僅保留每筆資料之間的大小關係。

假設有一份資料記錄了各門市的每日來客數量，而我們想要透過每週來客數來量化**門市的受歡迎程度**，此時若假日的來客數較多，結果就會大大受到假日來客數的影響。若想要讓平日和假日以相同的權重來評估時，就必須將每天來客數轉換成排序資料再進行統計運算。

我們可以使用 Pandas 套件的 rank 函式來將數值轉換為排序；或者也可以執行兩次 NumPy 套件中的 argsort 函式來進行轉換：

■ **ch03-01-numerical.py 使用 rank() 或 argsort() 來進行排序**

```
x = [10, 20, 30, 0, 40, 40]

# ---- 方式 1：以 Pandas 的 rank 函式進行順序的轉換 ----
rank = pd.Series(x).rank()   ← 規則：從 1 開始，有相同數值則將排序以平均值顯示
print(rank.values)   ← [2. 3. 4. 1. 5.5 5.5] 數值 40 本來是排序 5 和 6，
                         因數值相同以 5 和 6 的平均值來顯示


# ---- 方式 2：使用 NumPy 的 argsort 函式進行 2 次的排序轉換 ----
order = np.argsort(x)   ← 規則：從 0 開始，數值相同者索引小的排序在前
print('order:', order)   ← [3 0 1 2 4 5] 數值最小的是索引 3、再來是索引 0、索引
                            1.. 以此類推 (編註：索引 4 的 40 排序在前)

rank = np.argsort(order)
print(rank)   ← [1 2 3 0 4 5] 二次排序數值最小的變成索引 1 了
```

3.4.7　RankGauss

　　RankGauss 這個方法是將數值變數轉換為排序，並會在維持排序的情況下，強制性讓資料呈常態分布。擁有 Kaggle Grandmaster 頭銜的 Michael Jahrer 在 Kaggle 的「Porto Seguro's Safe Driver Prediction」競賽中得到冠軍就使用了此方法 [5]。他在建立類神經網路模型時使用了這個轉換方法，也顯示了此方法比一般的標準化擁有更好的效果 [6]。

　　透過 scikit-learn 的 preprocessing 套件中所提供的 QuantileTransformer，並在 n_quantiles 足夠的前提下指定 output_distribution='normal' 就可以執行 RankGauss 轉換 (若 n_quantiles 數值太小，轉換過程中會用較多線性內插法來簡化轉換運算，造成結果較不理想)。

註5：[1st place with representation learning (Porto Seguro's Safe Driver Prediction)]
　　　https://www.kaggle.com/c/porto-seguro-safe-driver-prediction/discussion/44629

註6：[Preparing continuous features for neural networks with GaussRank (FastML)]
　　　http://fastml.com/preparing-continuous-features-for-neural-networks-with-rankgauss/

■ **ch03-01-numerical.py RankGauss 轉換**

```
from sklearn.preprocessing import QuantileTransformer

# 將訓練資料中數個欄位的特徵進行 RankGauss 轉換
transformer = QuantileTransformer( n_quantiles=100, random_state=0,
output_distribution='normal')
transformer.fit(train_x[num_cols])

# 使用轉換後的資料代換各欄位資料
train_x[num_cols] = transformer.transform(train_x[num_cols])
test_x[num_cols] = transformer.transform(test_x[num_cols])
```

RankGauss 轉換的前後如下圖 3.7、3.8 所示：

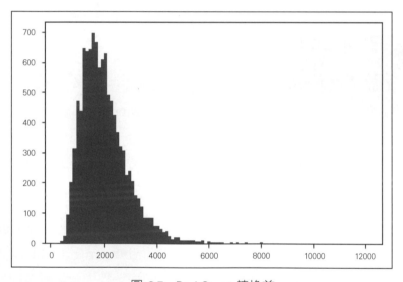

圖 3.7　RankGauss 轉換前

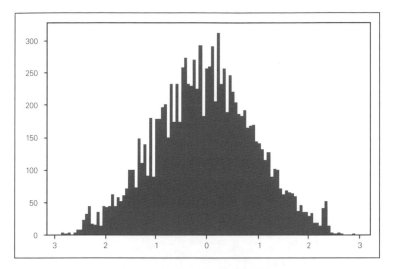

圖 3.8　RankGauss 轉換後

可以看到轉換後的圖形會接近常態分布。順帶一提，若使用 output_distribution="uniform' 就會得到和原本分布接近的圖形。這個方法也非常類似於 3.4.6 節所提過的轉換方式。

3.5　類別變數的轉換

在介紹過數值變數的轉換後，我們將繼續介紹如何轉換類別變數。許多機器學習的模型無法直接分析類別變數，因此我們必須把類別變數轉換為適合的形式讓模型來使用。

類別變數不只會以文字表示，有時也會以數值表示，但這些數值沒有大小或排序上的意義，必須將其作為類別變數來處理。

若類別變數中有某些項目僅存在於測試資料時 [註7]，在轉換類別變數時很可能會發生錯誤，或者即使成功轉換了類別變數，卻造成訓練好的模型出現不合理的預測值 (編註：要預測訓練資料所沒有的資訊自然容易出錯)。因此在**轉換類別變數之前我們必須確認是否有項目僅存在於測試資料之中**，若有的話就必須從下列的方法選擇一種來進行變數的轉換。

- **對分數較無影響故不需做特殊的應對**

  若測試資料這種情況不多時，即使出現幾筆訓練集不存在的項目而預測不準確，對預測結果的分數也不太有影響，因此可以維持原樣不需做處理。

- **使用眾數或預測值來填補**

  可以使用最常出現、數量較多的項目來進行填補，或者將其視為缺失值，使用「3.3.3 使用其他變數來預測缺失值」章節中介紹的方法進行填補。

- **進行轉換時代入該轉換的平均值**

  舉例來說，透過 Target encoding 來轉換變數時，使用訓練資料整體變數的平均來取代僅存於測試資料的項目。

  接下來將說明各種轉換類別變數的代表性方法。

註7：一個類別變數中的每一種類別視為一個項目，比如預測顧客行為時，性別會有男生跟女生兩個項目。

AUTHOR'S OPINION

在說明轉換的方法之前，筆者 (J) 想先說說自己對於每種模型使用的類別變數轉換的心得。

針對 GBDT 等以決策樹為基礎的模型，轉換類別變數最簡單的方法是使用 Label encoding，但就筆者的經驗來看，使用 Target encoding 常常也會有不錯的效果。不過這個方法會有資料外洩的風險，因此比較適合進階人士。

至於其他模型，最正統的轉換方法應該是 One-hot encoding。若是類神經網路模型的話也可以使用 Embedding layer，只是必須花點時間來轉換各個變數。

3.5.1 One-hot encoding

處理類別變數最代表性的方法就是 One-hot encoding (圖 3.9)。這個方法對類別變數裡的每個項目新增一個二元變數，因此若類別變數含 n 個項目，使用 One-hot encoding 就會產生 n 個二元變數的特徵。之後依據每一筆資料是屬於哪一個項目，將所對應的二元變數設定為 1，其餘設定為 0。這些二元變數也被稱為虛擬變數 (Dummy variable)。

轉換前	轉換後				
	(A1)	(A2)	(A3)	(B1)	(B2)
A1	1	0	0	0	0
A2	0	1	0	0	0
A3	0	0	1	0	0
B1	0	0	0	1	0
B2	0	0	0	0	1
A1	1	0	0	0	0
A2	0	1	0	0	0
A1	1	0	0	0	0

圖 3.9 One-hot encoding

　　我們可以使用 Pandas 套件的 get_dummies 函式來執行 One-hot encoding。在超參數 columns 中指定的欄位都會進行 One-hot encoding，完成後會和其他的欄位整合後傳回一個 dataframe。get_dummies 另一個方便之處是轉換後產生的新欄位，其欄位名稱是原來的欄位名稱加上項目名稱。使用此函式時可以在超參數 columns 指定要進行 One-hot encoding 的欄位。雖然我們也可以省略指定這個超參數，此時函式就會以變數的型態自動判別，但事先指定可以避免後續出現一些無法預期錯誤。

■ **ch03-02-categorical.py 使用 get_dummies() 來進行 One-hot encoding**

```
all_x = pd.concat([train_x, test_x]) ◄── 整合訓練與測試資料
all_x = pd.get_dummies(all_x, columns=cat_cols) ◄── 執行 One-hot encoding

# 重新分割訓練、測試資料
train_x = all_x.iloc[:train_x.shape[0], :].reset_index(drop=True)
test_x = all_x.iloc[train_x.shape[0]:, :].reset_index(drop=True)
```

　　除了使用 get_dummies()，也可以使用 scikit-learn 的 preprocessing 套件所提供的 OneHotEncoder 類別。

　　特別注意，在使用 OneHotEncoder 的 transform() 時，即使一開始輸入的是 dataframe，其傳回值會自動轉換成 ndarray，導致原本欄位名稱和項目的資訊會流失。因此，在完成轉換之後要和其他特徵整合時，就必須再轉換成 dataframe，這部分可能會比較費工。但在使用 transform() 時，我們可以將 sparse 超參數設定成 True 來讓 transform() 傳回稀疏矩陣，因此對很多項目的類別變數進行 One-hot encoding 轉換時，可以節省一些記憶體空間。

> **★ 小編補充** 由於進行 One-hot Encoding 轉換後，大部分資料都是 0，這種矩陣就稱為稀疏矩陣。將 sparse 參數設定成 True 後，Python 就會壓縮矩陣的內容，只記錄數值為 1 的索引位置，可以大幅縮減記憶空間。等需要還原矩陣內容時，沒記錄到的索引位置會自動補 0。

get_dummies() 和 OneHotEncoder 各有優缺點，使用者可以根據自己的狀況和喜好來選擇適合的方法。

■ **ch03-02-categorical.py OneHotEncoder**

```
from sklearn.preprocessing import OneHotEncoder

# 建立 OneHotEncoder 物件
ohe = OneHotEncoder(sparse=False, categories='auto')
ohe.fit(train_x[cat_cols])

# 建立虛擬變數的欄位名稱
columns = []
for i, c in enumerate(cat_cols):
    columns += [f'{c}_{v}' for v in ohe.categories_[i]]

# 將建立好的虛擬變數轉換成 dataframe
dummy_vals_train = pd.DataFrame(ohe.transform(train_x[cat_cols]),
columns=columns)
dummy_vals_test = pd.DataFrame(ohe.transform(test_x[cat_cols]),
columns=columns)

# 將轉換後的 dataframe 跟其他特徵結合
train_x = pd.concat([train_x.drop(cat_cols, axis=1), dummy_vals_train], axis=1)
test_x = pd.concat([test_x.drop(cat_cols, axis=1), dummy_vals_test], axis=1)
```

請注意！使用 One-hot encoding 有一個很大的缺點就是特徵的數量會隨著類別變數的項目增加而增加 (編註：因為在一個類別變數中，每一種項目都需要一個特徵)。當項目過多時，將產生很多數值為 0 的資料，造成資訊很少但卻產生大量的特徵的狀況，這時訓練模型的時間或所需的記憶體都會大幅增加，影響模型的效能。因此，在處理項目較多的類別變數時，可以使用下列方法來對應：

● 考慮使用 One-hot encoding 以外的其他 encoding 方法。例如 3.5.3 節要介紹的 Feature Hashing。

● 使用一些規則將項目重新分組，藉此減少類別變數的項目個數。

● 將出現次數較低的項目全部歸類為「其他」。

當類別變數有 n 個項目，建立的虛擬變數個數卻和項目數量相同時，就會產生多重共線性。為了防止這種情況，可以只建立 n-1 個虛擬變數。不過，用於數據分析競賽的模型因為都有經過常規化 (Regularization)，因此不會有多重共線性的問題。所以通常我們還是比較常建立 n 個虛擬變數，而且這樣做比較能夠進行特徵的重要度之類的分析或觀察。

> **編註**：假設你的類別變數中有三個項目，分別為狗、貓、兔，依照上述的 One-hot encoding 你會需要三個特徵。但是仔細想想，如果有一筆資料不是狗也不是貓，那就是兔子了呀，所以其實你只需要兩個特徵，分別表示狗跟貓，就可以完成 One-hot encoding。如果你還是用了三個特徵，而代表兔子的特徵是可以從代表狗跟貓的兩個特徵推論出來，這種現象稱為多重共線性。

3.5.2 Label encoding

Label encoding 指的是將各個項目透過字母、數字的大小排序關係直接轉換成整數。如圖 3.10，將有 5 個項目的類別變數以 Label encoding 轉換成序號 0~4。

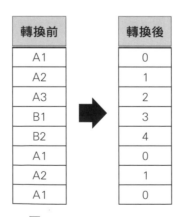

圖 3.10　Label encoding

　　這些序號本身基本上是沒有意義的。因此，除了以決策樹為基礎的方法之外，其他方法都不太適合直接使用 Label encoding 生成的特徵資料來訓練模型。使用決策樹之類的方法時，即使類別變數中只有某幾個項目會對標籤產生影響，也可以將其用來訓練模型，因為透過不斷分支，仍能將項目反映至預測值。特別是 GBDT，幾乎都會使用 Label encoding 來轉換類別變數。

> 編註：原本的類別變數中，每一個項目之間可能是互相獨立。然而一旦使用 Label encoding 之後，數字比較靠近的兩個類別，在數學上代表相關性較高。比如上述 Label encoding 會讓 A1 跟 A2 之間的關聯性，比 A1 跟 B2 之間的關聯性還高。

　　在 Python 中，我們可以使用 scikit-learn 的 LabelEncoder 類別來進行 Label encoding 的轉換。

■ **ch03-02-categorical.py Label encoding**

```
from sklearn.preprocessing import LabelEncoder

# 將類別變數進行 loop (迴圈) 並進行 Label encoding
for c in cat_cols:
    le = LabelEncoder()      ◀── 建立 LabelEncoder 物件
    le.fit(train_x[c])       ◀── 以訓練資料來對 LabelEncoder 物件進行定義 (fit)

    # 以 LabelEncoder 物件對訓練資料進行 Label encoding
    train_x[c] = le.transform(train_x[c])

    # 以 LabelEncoder 物件對測試資料進行 Label encoding
    test_x[c] = le.transform(test_x[c])
```

　　順帶一提，有此一說 Label encoding 這個名稱其實來自 Python 的 LabelEncoder 類別，也因此對於其他程式語言的使用者來說，將此方法稱為 Ordinal encoding。

3.5.3 Feature hashing

使用 One-hot encoding 轉換後新增加的特徵個數會與各類別含有的項目個數相等。若使用 Feature hashing 來進行轉換，則可以讓轉換後的特徵數量比項目個數還少 (圖 3.11)。

Feature hashing 在進行轉換前，必須先決定欲新增的特徵個數，並使用 hash 函數 (雜湊函數) 來建立每個項目的旗標 (flag)。使用 One-hot encoding 時，每個項目的旗標會建立在不同的地方 (也就是 1 的位置)，而若使用 Feature hashing，由於轉換後的特徵個數會小於類別的項目個數，因此即使用 hash 函數來計算不同的項目，旗標也有可能會建立在相同的位置 (編註：X7154 跟 E3584 經過 Feature hashing 之後被放在同一類)。

轉換前	轉換後				
	(1)	(2)	⋯	(99)	(100)
A1001	1	0	⋯	0	0
X7154	0	1	⋯	0	0
B4185	0	0	⋯	0	0
D5009	0	0	⋯	1	0
A4844	0	0	⋯	0	0
Y4198	0	0	⋯	0	1
A1874	0	0	⋯	0	0
A1001	1	0	⋯	0	0
D5009	0	0	⋯	1	0
E3584	0	1	⋯	0	0

圖 3.11　Feature hashing

另外，在數據分析競賽中仍有些參賽者會使用 Label encoding 來轉換項目較多的類別變數，並用轉換後的特徵來訓練 GBDT 模型，但這樣的做法已經很少見了。因此，若擔心類別變數轉換後產生過多特徵，我們可以改用 Feature hashing 來進行轉換。

　　我們可以使用 scikit-learn.feature_extraction 套件的類別 FeatureHasher 來進行 Feature hashing。轉換後的特徵會以稀疏陣列傳回。

■ **ch03-02-categorical.py Feature hashing**

```python
from sklearn.feature_extraction import FeatureHasher

cat_cols = ['sex', 'product', 'medical_info_b2', 'medical_info_b3']
# 對每個類別變數進行 feature hashing
for c in cat_cols:
    # FeatureHasher 的用法和其他的 encoder 有些不同

    fh = FeatureHasher(n_features=5, input_type='string')
    # 將變數轉換成文字列後則可使用 FeatureHasher
    hash_train = fh.transform(train_x[[c]].astype(str).values)
    hash_test = fh.transform(test_x[[c]].astype(str).values)

    # 轉換成 dataframe
    hash_train = pd.DataFrame(hash_train.todense(), columns=[f'{c}_{i}'
for i in range(5)])
    hash_test = pd.DataFrame(hash_test.todense(), columns=[f'{c}_{i}'
for i in range(5)])

    # 與原資料的 dataframe 進行結合
    train_x = pd.concat([train_x, hash_train], axis=1)
    test_x = pd.concat([test_x, hash_test], axis=1)

# 刪除原資料的類別變數
train_x.drop(cat_cols, axis=1, inplace=True)
test_x.drop(cat_cols, axis=1, inplace=True)
```

3.5.4 Frequency encoding

　　Frequency encoding 方法會以各個項目的出現次數或出現頻率來代換類別變數。若類別變數和各項目的出現頻率有相關時，使用這個方法將有助於將此現象反映於預測值。且 Frequency encoding 可以說是 Label encoding 的

變形，兩者的不同點在於，Label encoding 是根據字母排列，而 Frequency
encoding 則是以出現頻率來排列，不過要特別注意的是，可能會有出現次數
或頻率相同的問題。

　　另外，如同數值變數的縮放 (編註：比如 3.4.1 節提到的標準化)，若分別
計算訓練資料和測試資料的出現頻率，則會產生兩種含有不同意義的變數，這
對資料分析來說是不恰當的做法。

■ ch03-02-categorical.py Frequency encoding

```
# 重新載入數據
train_x, test_x = load_data()

cat_cols = ['sex', 'product', 'medical_info_b2', 'medical_info_b3']
# 對每個類別變數進行 Frequency encoding
for c in cat_cols:
    freq = train_x[c].value_counts()  ←── 例如 sex 類別中的 Male 出現 6023 次
    # 將變數代換為類別的出現次數  ←── Female 出現 3977 次
    train_x[c] = train_x[c].map(freq)
    test_x[c] = test_x[c].map(freq)
    # 若你印出前 5 筆 sex 類別資料，結果可能如下：
    # 0    6023
    # 1    3977
    # 2    6023
    # 3    6023
    # 4    3977
```

3.5.5　Target encoding

　　Target encoding 是將類別變數轉換成數值變數的方法。如圖 3.12，這個
方法在訓練資料，將類別變數中具有相同項目的資料取出，計算這些資料的標
籤平均，再將平均值取代原本的項目 (編註：以商品 B1 為範例，假設總共有
100 筆商品 ID 為 B1 的資料，其中有 18 筆的標籤為 1，其餘為 0，則標籤
的平均為 18 / 100 = 0.18，因此我們把商品 ID 從 B1 換成 0.18)。

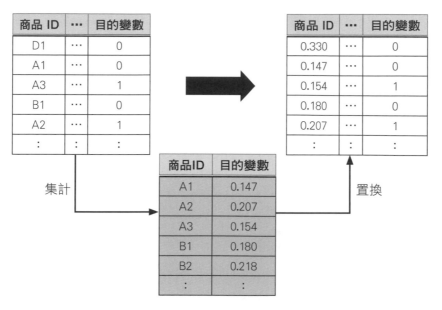

圖 3.12　Target encoding 的概念圖

AUTHOR'S OPINION

　　在某些情況下，用 Target encoding 提取的特徵十分有效，不過對於具有某些特性的資料，可能就無法有顯著的效果。像是時序性強的資料，每個項目的出現頻率會隨著時間而變化，因此若每個類別項目只統計一個的數值，就沒辦法反映時間的變化，因此提取到良好特徵的機會就很少。(J)

　　由於這個方法，會使用到標籤來計算，很有可能會產生標籤的資料外洩。在實務的運用上要特別小心。(T)

Target encoding 的運用與手法 – 基本概念

　　直接使用所有資料來取得平均，會造成資料本身的標籤被作為類別變數來使用，進而造成資料外洩。因此，我們必須對資料進行轉換來避免這種情況發生。

我們可以將訓練資料分割成使用於 Target encoding 的 fold，並使用其他 fold 的資料來計算各個 fold 的值，也就是以 out-of-fold 方法來計算標籤的平均值。這樣一來，我們不用直接使用資料本身的標籤就可以進行轉換。Target encoding 用的 fold 數量以 4 ~ 10 個為佳。若為測試資料，建議先計算訓練資料的所有標籤的平均值再進行轉換。

編註：假設分 4 個 fold，我們可以用 fold1、fold2、fold3 的資料算出每一個項目所對應的標籤平均值，然後將平均值填在 fold4 (不會填在 fold1、fold2、fold3)。重複輪替不同 fold 即可完成 Target encoding。

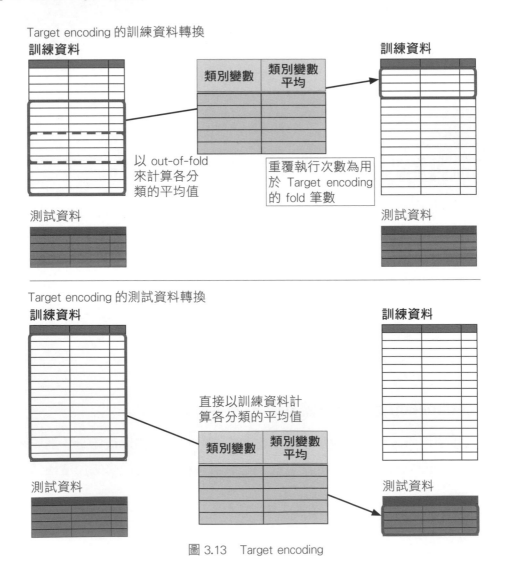

圖 3.13　Target encoding

使用下列的程式碼可以將訓練資料分割成 Target encoding 用的 fold。

■ **ch03-02-categorical.py Target encoding**

```
from sklearn.model_selection import KFold

cat_cols = ['sex', 'product', 'medical_info_b2', 'medical_info_b3']

# 對每個類別變數進行 Target encoding
for c in cat_cols:
    # 以訓練資料來計算各個類別的標籤平均
    print(f'類別: {c}')
    data_tmp = pd.DataFrame({c: train_x[c], 'target': train_y})
    target_mean = data_tmp.groupby(c)['target'].mean()
    print(f'target_mean:\n{target_mean}\n----')

    # 轉換測試資料的類別
    test_x[c] = test_x[c].map(target_mean)
    print(f'test_x[c][:3]:\n{test_x[c][:3]}\n----')   ← 印出前 3 筆觀察

    # 設定訓練資料轉換後格式
    tmp = np.repeat(np.nan, train_x.shape[0])   ← ex: np.repeat(np.nan, 3)
                                                 ← -> array([nan, nan, nan])
    # 分割訓練資料
    kf = KFold(n_splits=4, shuffle=True, random_state=72)
    for idx_1, idx_2 in kf.split(train_x):
        # 以 out-of-fold 方法來計算各類別變數的標籤平均值
        target_mean = data_tmp.iloc[idx_1].groupby(c)['target'].mean()
        #在暫訂格式中置入轉換後的值
        tmp[idx_2] = train_x[c].iloc[idx_2].map(target_mean)

    # 以轉換後的資料代換原本的變數
    train_x[c] = tmp
```

Target encoding 的運用與手法 － 搭配交叉驗證

在交叉驗證上執行上述的 Target encoding 時，必須特別注意，由於驗證資料中的特徵不能含有標籤，因此我們必須用訓練資料 (不含驗證資料) 來替每一個交叉驗證的 fold 做編碼[8]。

註8：交叉驗證的詳細說明可以參考「5.2.2 交叉驗證」。

　　也就是說，在將訓練資料分割成用於 Target encoding 的 fold 時，我們必須排除要進行交叉驗證的資料，並依圖 3.14 來進行轉換。執行的次數則為交叉驗證的 fold 筆數。

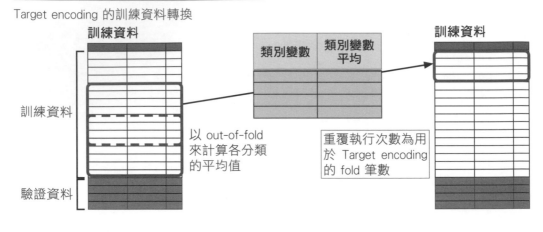

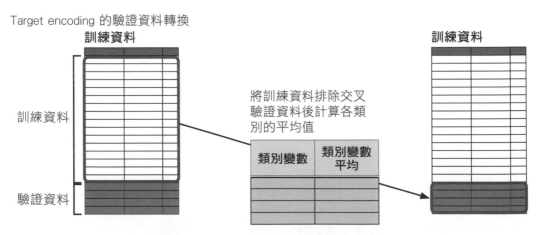

圖 3.14　交叉驗證下的 Target encoding

　　執行以下程式碼則可執行交叉驗證下的 Target encoding。

■ **ch03-02-categorical.py 交叉驗證下的 Target encoding**

```python
from sklearn.model_selection import KFold

# 對交叉驗證的每個 fold 重新執行 Target encoding
kf = KFold(n_splits=4, shuffle=True, random_state=71)
for i, (tr_idx, va_idx) in enumerate(kf.split(train_x)):

    # 將驗證資料從訓練資料中分離
    tr_x, va_x = train_x.iloc[tr_idx].copy(), train_x.iloc[va_idx].copy()
    tr_y, va_y = train_y.iloc[tr_idx], train_y.iloc[va_idx]

    # 進行每個類別變數的 Target encoding
    for c in cat_cols:
        # 計算所有訓練資料中各個項目的標籤平均值
        data_tmp = pd.DataFrame({c: tr_x[c], 'target': tr_y})
        target_mean = data_tmp.groupby(c)['target'].mean()
        # 代換驗證資料的類別
        va_x.loc[:, c] = va_x[c].map(target_mean)

        # 設定訓練資料轉換後的排列方式
        tmp = np.repeat(np.nan, tr_x.shape[0])
        kf_encoding = KFold(n_splits=4, shuffle=True, random_state=72)
        for idx_1, idx_2 in kf_encoding.split(tr_x):
            # 以out-of-fold方法來計算各類別變數的標籤平均值
            target_mean = data_tmp.iloc[idx_1].groupby(c)['target'].mean()
            # 將轉換後的值傳回至暫訂排列中
            tmp[idx_2] = tr_x[c].iloc[idx_2].map(target_mean)

        tr_x.loc[:, c] = tmp

# 若有需要可以保存 encode 的特徵，以便隨時讀取
```

Target encoding 的運用與手法 - 將訓練資料跟驗證資料合併起來做

只要將交叉驗證的 fold 及 Target encoding 的 fold 合併，就可以 1 次完成 Target encoding 的轉換。這跟 7.3 節會提到的 stacking 概念類似，在 stacking 的過程中，我們會將第一層模型的預測值，視為第二層模型的特徵。我們未使用交叉驗證，讓模型在沒看過標籤的條件下，產生預測值給第二層模型使用 [9]。

註9：可以先看第七章的 stacking 後再來閱讀這段，會比較好理解。

　　這個方法和上述所介紹的方法差別在於它在轉換訓練資料時使用了驗證資料的變數。若維持 out-of-fold 的話可以使用此方法，但由於測試資料在建立模型時會有一些狀況和上述方法不太一樣，介意的讀者，建議可以使用上個小節介紹的方法，重新轉換驗證資料的每個 fold。

> **編註**：在上一個方法，我們會用所有訓練資料 (不含驗證資料) 來計算標籤平均值，取代驗證資料中的類別變數，而訓練資料會使用 out-of-fold 來處理。在此方法沒有分別處理訓練資料跟驗證資料。

■ **ch03-02-categorical.py 交叉驗證的 fold 及 Target encoding 的 fold 合併**

```python
from sklearn.model_selection import KFold

# 定義交叉驗證的 fold
kf = KFold(n_splits=4, shuffle=True, random_state=71)

# 進行每個類別變數的 Target encoding
for c in cat_cols:

    # 加上 target
    data_tmp = pd.DataFrame({c: train_x[c], 'target': train_y})
    # 設定轉換後置入數值的格式
    tmp = np.repeat(np.nan, train_x.shape[0])

    # 將驗證資料從訓練資料中分離
    for i, (tr_idx, va_idx) in enumerate(kf.split(train_x)):
        # 計算訓練資料中各類別的變數平均
        target_mean = data_tmp.iloc[tr_idx].groupby(c)['target'].mean()
        # 將轉換後的驗證資料數值置入暫訂格式中
        tmp[va_idx] = train_x[c].iloc[va_idx].map(target_mean)

    # 以轉換後的資料代換原資料
    train_x[c] = tmp
```

Target encoding 的運用與手法 – 如何取得變數平均

　　針對迴歸或分類任務，建議可以使用下列方法來取得變數的平均：

- 若為迴歸任務，取標籤的平均。

- 若為二元分類任務，以 1 來代表正例，0 來代表負例，取標籤的平均 (編註：也就是取正例出現的頻率)。

- 若為多分類任務，以1來代表資料屬於某個類別，0 代表資料不屬於此類別，取標籤的平均。

在取標籤的平均時，我們可以根據標籤的分布狀況判斷要取平均還是中位數。**譬如當存在極端值時，取中位數可能就比較合適**。當評價指標為 RMSLE 這種取對數的評價時，我們就必須取對數後再計算平均。

Target encoding 和資料外洩 – 直接使用所有資料來取平均

直接使用所有資料來執行 Target encoding 為什麼會造成資料外洩呢？

舉例來說，當某個項目只有 1 筆資料，此時若對該項目進行 Target encoding，得到的結果就會是該標籤原本的數值。再舉更極端一點的例子，想像一下，若每筆資料都只有一個特別的值 (編註：類別變數中的每一個項目，在訓練資料中都只出現過一次)，比如每個欄位像 ID 一樣排列。我們用這樣的資料來進行 Target encoding，轉換傳回的結果，會和原本的標籤一模一樣。

在這種狀態下建立的模型也只會原封不動的傳回標籤。想當然爾，測試資料不能做這樣的轉換，因此這個模型毫無意義。

上述的例子雖然比較極端，不過當類別變數中的某個項目資料筆數較少，資料本身的標籤值就會強烈反映在轉換結果中。也就是說原本必須在訓練過程中隱藏起來的標籤資訊，會因為執行 Target encoding 而在結果中外洩，於是我們就可以在資料中看到部分訓練資料的解答。用這樣的資料來訓練模型，就會造成 Overfitting。

也就是說，透過 Target encoding，我們可以直接取得本來必須從其他變數尋找標籤的趨勢，而我們又將這些標籤資料匯入模型。模型由於不正確的資料匯入，在訓練過程中難以從其他變數提取有效的特徵，進而造成性能劣化。

Target encoding 和資料外洩 – leave-one-out 產生的問題

為了避免直接使用資料本身的標籤值，在前文中我們學到了可以透過 out-of-fold 來進行轉換。不過，若 fold 的數量過多，也會產生一些問題。或許這些問題比較難以憑直覺來聯想，你可以試著思考在處理二元分類的任務時，將類別變數以 leave-one-out 來進行 Target encoding 的情況，也就是在使用 out-of-fold 方法時，**fold 數和資料筆數相同的狀況**。此時，每筆資料都會使用本身以外的資料來計算標籤的平均值 [註10]。

例如在圖 3.15 的資料中，類別變數的值為 A 時，5 筆資料中有 2 筆的標籤為 1，平均後得到 0.4，這是整個類別變數的平均。若使用 leave-one-out 來進行 Target encoding 的話，轉換的結果如下：

● 資料本身的標籤為 0 時，本身以外的資料中，4 個有 2 個的標籤為 1，轉換結果為 0.50 (圖 3.15 的 ID1、ID2、ID10)。

● 資料本身的標籤為 1 時，本身以外的資料中，4 個有 1 個的標籤為 1，轉換結果為 0.25 (圖 3.15 的 ID3、ID5)。

註10：在「5.2.5 leave-one-out」章節中會詳細說明 leave-one-out。

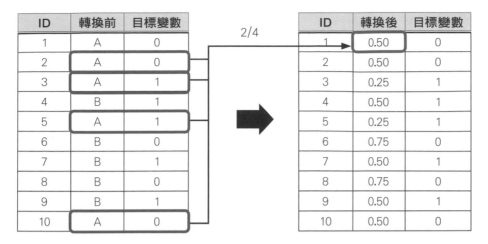

圖 3.15　當 fold 筆數過多時的 Target encoding 問題

　　由此可見，對訓練資料來說，在使用 Target encoding 時，fold 的數量不能太多。就筆者 (J) 的經驗來看，fold 的數量建議落在 4~10 個上下。

Target encoding 及其他技巧

　　其他還有一些方法會在轉換後的資料上加入一些「干擾」以防止資料外洩，或是有些方法會為了不要受到極端值的影響，當項目的資料筆數較少時，就在整體的平均值加上權重 [註11]。

註11：・Week3 Mean encodings (How to Win a Data Science Competition: Learn from Top Kagglers)：
　　　　https://www.coursera.org/learn/competitive-data-science
　　　・[Python Target encoding for categorical features]
　　　　https://www.kaggle.com/ogrellier/python-target-encoding-for-categorical-features
　　　・Micci-Barreca, Daniele. "A preprocessing scheme for high-cardinality categorical attributes in classification and prediction problems."
　　　・ACM SIGKDD Explorations Newsletter 3.1 (2001): 27-32.
　　　・「Category Encoders」
　　　　https://contrib.scikit-learn.org/category_encoders/

3.5.6　Embedding

Embedding 是一種處理自然語言的方法。它將自然語言的詞彙或是類別變數這種分散的表示方式轉換為詞向量 (word vector)，也稱為標準差表現 (圖 3.16)。

進行自然語言任務時，最大的問題在於如何處理大量的詞彙以及如何在模型中反映這些詞彙的特徵。在處理類別變數時，若項目過多，使用 One-hot encoding 等方法仍很難有充分的變數資訊來訓練模型。而將這些詞彙、類別變數轉換成詞向量，就能輕鬆的反映其背後的性質及意義。

轉換前	轉換後 (詞向量)		
A1	0.200	0469	0.019
A2	0.115	0.343	0.711
A3	0.240	0.514	0.991
B1	0.760	0.002	0.444
B2	0.603	0.128	0.949
A1	0.200	0.469	0.019
A2	0.115	0.343	0.711
A1	0.200	0.469	0.019

圖 3.16　embedding

處理自然語言的 Word Embedding

目前有許多公開的自然語言處理工具，像是 Word2Vec、Glove、fastText 都是非常有名且透過大量詞彙進行訓練的 Embedding [註12]、[註13]。

使用訓練好的 Embedding 能將詞彙轉換成可以反映其意義的詞向量，像是透過詞向量之間的距離，可以反映出詞彙之間的關係。

註12：上述的詞向量可以參考 https://qiita.com/Hironsan/items/8f7d35f0a36e0f99752c。
註13：「堅山耀太郎- Word Embedding モデル再訪」https://ci.nii.ac.jp/naid/40021381606。

使用 embedding 來訓練模型

類神經網路有一層稱為 embedding layer，在這一層中可以將詞彙或類別變數轉換為詞向量。只要將類別變數丟到這一層中，即使不執行 One-hot encoding，也可以訓練模型。相反的，若從 embedding layer 提取出訓練過後的權重 (weight)，也就是觀察各個類別變數是如何被轉換成詞向量的資訊，即可瞭解模型從類別變數中學到不同的項目具有何種意義和性質。

我們也可以將事先獲得的 embedding 做為模型中 embedding 層的權重 (weight)，讓模型事先對詞彙的意義有一定程度的理解，再進行訓練。除了類神經網路之外，我們也可以透過 embedding 來將詞彙或類別變數轉換成詞向量，並作為特徵餵給 GBDT 或線性模型。

3.5.7 處理次序變數

次序變數是指像是第 1、第 2、第 3 的排名或是 A、B、C 的評分標準等這類型的變數，這些變數的值具有順序上的意義，但每個值之間的間隔則不具意義。由於在決策樹類型的模型中本來就只依靠變數的順序來運作，因此可以將次序變數直接轉換成數值變數。而在其他類型的模型中，不僅可以將次序變數視為數值變數，也可以忽略次序的資訊，將次序變數視為類別變數來使用。

3.5.8 提取類別變數中值的意義

當類別變數的項目是具有意義的記號時，直接進行 encoding 會造成資訊消失。我們可以使用下列的方法提取記號的意義並建立特徵：

- 若變數為像是 ABC-00123 或 XYZ-00200 等型號時，可以分割成前半段的 3 個英文字母和後半段的 5 個數字。

- 若變數為是由數字和英文字母混合像是 3、E 時，可以根據是否為數字來作為特徵。

- 若變數的字母數不同，像是 AB、ACE、BCDE 時，可以用字數來作為特徵。

3.6 日期、時間變數的轉換

3.6.1 轉換日期、時間變數的要點

處理日期/時間資料時，我們可以直接將其獨立分為年、月、日，也可以在日期資料中加上星期。在資料分析中，日期/時間有許多用途。但在處理這些資訊來提取特徵時，有一些必須注意的要點，本章會一一進行說明。

分割訓練資料及測試資料

如果訓練資料與測試資料的分割方式如圖 3.17 的上方時 (編註：訓練資料跟測試資料在時間軸上交錯出現)，只要將日期、時間的特徵做為訓練資料進行學習，就可以同步反映在測試資料上。

然而，若有一個時間序列資料，其任務為預測未來的資料，如圖 3.17 的下方，此訓練資料和測試資料的時間會分割成不同的區段，此時就需要進行以下檢查：

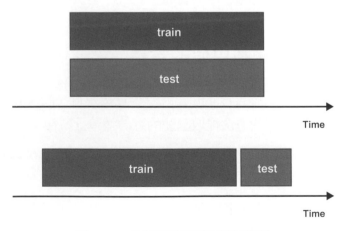

圖 3.17 分割訓練資料和測試資料

3

　　以年份來說，假設訓練資料只到 2017 年，從 2018 年開始則為測試資料。這樣的情況下，我們沒有任何從 2018 年開始的資料可以訓練模型。若只以年份作為特徵，並使用訓練資料的時間區間來讓模型學習，那麼模型就會以外推 (extrapolation) 的方式得到預測值。這樣處理時間資料可能會造成模型的精準度下降。

　　當發生這種情形時，除了可以在特徵中排除年份資訊後再訓練模型，若我們能夠假設標籤的未來趨勢會和近年相似時，也可以用訓練資料中的最新年份資料來代換掉只存在於測試資料的年份。雖然此方法的有效性仍要視資料的性質而定，但比起外推，仍可靠的多。

　　除了將年份資訊作為特徵使用，我們也可以用日期/時間資訊篩選訓練資料。舉例來說，我們擁有一份含有過去 10 年份的訓練資料，雖然我們可以全部都拿來使用，但這並非是最佳的作法。將 10 年前的資料匯入預測最新趨勢的模型中，可能不僅沒有幫助，反而會干擾模型進而產生不好的影響。有時限定使用近幾年的訓練資料，反而有利於模型預測未來的趨勢。

　　雖然這裡討論的是日期/時間特徵，不過接下來我們討論的問題，在使用其他特徵時也可能會遇到相似的問題。從訓練資料中提取的特徵和標籤之間的關係若和測試資料的期間不同時很可能會產生問題。也就是說，當訓練資料和測試資料的性質因為不同的時間區間而不一致時，即使模型在訓練期間內正確學習到訓練資料的性質，也會在測試階段對測試資料做出不準確的預測。舉例來說，假設每年的冬季銷售量都下滑，但從某一年開始由於實施了一些策略，而使冬天的銷售量不再下滑。若模型學習到該時間點之前的特徵，那麼它就會傾向於預測未來的冬季銷售量會下滑，精準度就降低了。

是否有充足資料來預測週期性趨勢

　　在使用月份作為特徵時，我們必須考慮是否有充足的資料來表示特徵在一年之中會以月為單位，呈現週期性地變化。

當我們手上有好幾年份的資料時，只要加上月份特徵，週期性地變化就會自然的反映出來。相反的，若我們的訓練資料只包含了 2 年份不到的資料，就很難看出某個月份的標籤趨勢究竟是月份的影響還是有其他原因。即便我們將月份作為特徵，建立的模型也容易因為高估 (或低估) 月份的影響而降低其性能。

當發生這種我們難以判斷的情況，與其直接使用月份來預測標籤，我們更應該試著找出相關性更高的特徵，例如標籤和月份無關而是與氣溫相關等。另外，為了避免在資料不充分時使用月份作為特徵而造成模型的不良影響，我們其實也可以選擇不要放入月份特徵。

另外，其他更小單位的時間，像是天或小時，應該就更容易有足夠的資料去顯示其週期性，因此也比較有機會能將這些資料使用在特徵中。但即使資料充分，我們仍必須去探討：標籤是否真的有週期性地變化？而這些變化是否穩定？我們是否可以找到有更具意義的元素？仔細思考後，我們才能將這些時間資訊放入特徵中。

處理具週期性的變數

有一個要點可以判斷變數是否具有週期性。以月份來舉例，月份從 1 月開始到 12 月後又會回到 1 月，這表示月份具有週期性。接下來會介紹我們應該如何處理這些具有週期性的變數。

當我們將月份視為數值來使用，那麼原本距離很近的 1 月及 12 月，以數值來看則離得很遠。由此可見，若變數有很明顯的週期趨勢，我們有可能會因為使用的分析手法而忽略掉這種趨勢。

使用 GBDT 等決策樹類型的手法，會透過反覆分支，分別篩選出 1 月和 12 月的趨勢，如此一來，比較不會受到數值大小影響週期趨勢。也就是說，若要捕捉冬季的 11 月～2 月期間內趨勢的變化，在「11 月到 2 月間」這個條件下，我們可以使用「11 月以後」及「2 月以前」這兩個分支的組合來表

現。甚至我們也可以將期間範圍設定在 1 月和 12 月間，使用這個期間不僅季節的變化較小，也可以縮小跨年度無法整合的影響。

使用線性模型比較有可能忽略變數中的週期性。舉例來說，標籤在一年中的 6～7 月會有趨向高峰並且左右對稱的趨勢。若直接將月份作為特徵，月份的迴歸係數將會趨近為 0。

為了避開這個問題，我們可以執行 One-hot encoding，不過使用這個方法會使月份各自獨立，忽略了月份之間的距離。當然，我們也可以使用 Target encoding 方法，以月份進行轉換使變數值具有相關性。

另一個方法是將具有週期性的變數以圓形配置，並以 2 者的位置來表示變數。也就是將變數以時鐘的文字盤來進行 1~12 的配置，此時，以 x、y 座標來表示每個月份。使用這個方法轉換後的變數就可以反映出 1 月和 12 月之間的距離。

以上都是以最順利的狀況來解釋，在實際操作上，模型不一定都會符合上述情況。舉例來說，決策樹的各分支中只能看到個別的變數，使用這個方法並不能夠保證可以表現出 2 個變數之間的距離。由座標來看的話，若只看縱座標，3 和 9 的高度其實是一樣的，因此也有可能會被視為是距離相近的變數。

3.6.2　將日期、時間變數轉換為特徵

年

在前面的小節中提到，年份的資訊不一定有助於模型進行預測，會根據資料分割的方式以及資料的性質而定。以下列出幾個使用年份資訊的方法：

● 直接將年變數作為特徵。

● 直接將年變數作為特徵，但以訓練資料的最新年份代換僅存在於測試資料的年份。

● 刻意忽略年變數。

● 使用年或月的資訊來限制訓練資料的期間。

月

透過提取月份作為特徵，我們可以得到一整年的季節性資訊。但就像我們在「是否有充足資料來預測週期性趨勢」提到的，當訓練資料不滿 2 年時，我們必須特別注意資料是否充分。

雖然月份可以直接以數值的型態作為特徵，不過我們也可以使用前一小節「處理具週期性的變數」中提到的將月份轉換為季節變動較小的月份區間，或是使用 One-hot encoding 或 Target encoding 方法來進行轉換。

日

若在一個月中，標籤有週期性的趨勢，將日期以數值的形態提取為特徵量將可以使這個資訊反映在模型中。

除了在 1~31 之間連續性的變化之外，有許多案例是將特定的日期，像是月初、月底、發薪日等日期作為特徵來表示。若使用 One-hot encoding 方法，可能會造成特徵數量過多，因此，我們也可以用二元變數，來表示是否為特別的日期。

還有一種是消費者到了月底才開始活動的狀況，此時我們可以將變數轉換為到月底的天數或以月初值為 0.0、每月最後一天則為 1.0，並將這些資料提取為特徵 (以 1 月 1 日為例來計算：(1-1) / (31-1) = 0.0；1 月 3 號則為 (3-1) / (31-1) = 0.067)，以此類推，1月31日就為 (31-1) / (31-1) = 1.0，也就是將日期減 1 除以每月的天數減 1)。

年月、月日等整合性時間資訊

為了得到更詳細的時間趨勢資訊,我們可以將時間資訊進行整合,這樣一來,提取出的特徵就比較不會造成模型的過度配適 (Overfitting)。

下列資訊是在年份中加入月份或日期的資訊,當標籤沒有週期性,卻想要了解更詳細的時間趨勢時可以使用這個方法。不過,訓練資料和測試資料的期間若沒有重疊時,可以使用的範圍則有限。

● **年月**:年 × 12 + 月

● **年月日**:年 × 10000 + 月 ×100 + 日

若將一整年的資料以不同的方式進行劃分,就可以得到更詳細的週期性資料。比如若資料具有季節性的趨勢可以使用週次為單位劃分,不過同時也提高了過度配適的風險;若在特定日期會有固定的趨勢,使用月日劃分資料則更能取得這樣的資訊,但是要注意特定日期是星期幾並非固定,且每一年的特定日期並非都有類似的趨勢。

● **週次**:從年初開始計算週數 (1 ~ 53)

● **月日**:月 × 100 + 日

● **天數**:從年初開始計算日數 (1 ~ 366)

相反的,若使用下列方法將月份統一分成四期,由於資料減少,也許可以避免模型的過度配適。

● **季**:1~3 月為第 1 季、4~6 月為第 2 季、7~9 月為第 3 季、10~12 月為第 4 季

● **上旬/中旬/下旬**:1~10 日為 1、11~20 日為 2、21~31 日為 3

星期、節日、週休

當資料和人們特定的行為相關時,通常都會和星期有關。除了用 0~6 的整數值取代星期來執行 Label encoding 外,由於星期只有 7 個項目,且趨勢會隨著星期幾而有所不同,因此也可以使用 One-hot encoding 方法。其他也可以使用下列的特徵:

● 是否為週六或週日、是否為節日、是否有放假 (六日或是節日)

● 隔天或是隔兩天是否為假日、前一天或前二天是否為假日

● 是連休的第幾天

特別的節日

特別的節日前後可能會有大幅度的趨勢改變,像是新年、聖誕節、農曆春節,在日本的話還有黃金週。對此,我們可以建立二元變數來表示是否為特別的節日。另外,有時特別的日子可能不是固定的日期,像是黑色星期五或是超級盃等每年日期都會改變。若有這種情形,我們必須先得到每一年的日期後才能建立特徵。

筆者 (T) 在參加 Kaggle 舉辦的競賽:「Walmart Recruiting II: Sales in Stormy Weather」時,由於任務為預測超市商品的銷售量,筆者在提出的解決方法中特別將聖誕節以及黑色星期五的前後幾天作為特徵來使用,這是因為聖誕節時商店幾乎都關閉,而黑色星期五則是對零售業的銷售量有很大的影響。

小時、分鐘、秒鐘

使用小時作為特徵,可以反映一天當中的週期變化。在很多情況下都是有效的特徵。若覺得以小時為單位劃分的太細,不想要建立 24 個二元變數,也可以用幾個小時為單位形成一個時間範圍,並建立二元變數來表示是否為此時間範圍。若資料沒有較特殊的性質,單獨使用分鐘或秒鐘的資訊作為特徵是沒有意義的。不過,當我們以數值的形態來使用小時,且又覺得以一小時為單位太過粗略,我們就可以加上分鐘或秒鐘作為小數,可能會有助於模型的預測。

時間差

　　我們也可以將欲預測的資料與某時間點之間的時間差作為特徵使用。舉例來說，當我們的任務是預測房價時，屋齡就對預測十分有幫助。股價也是一樣，距上次配股已經過了多少天或是具除權 (息) 交易日還有幾天，這些都是對預測有幫助的資訊。

　　上述資料的時間差，是以一個共通的時間作為起始點，來計算預測資料跟起始點的時間差。也有其他時間差計算方式像是以不同的時間點作為起始點，來計算預測資料跟起始點的時間差。

3.7　變數組合

　　我們也可以組合多個變數，並將這些變數之間的相互關係提取為特徵。然而，若隨意的組合可能會產生許多無意義的變數，而且我們很難涵蓋所有的變數組合。因此，組合變數之前我們需要了解資料的背景知識，並以這些背景知識去判斷什麼樣的組合是有意義的，再使用這些組合來提取特徵量。我們也可以去查看模型輸出的特徵及其相互作用的重要度，並以此作為提取特徵的基準 (在「6.2.2 使用特徵重要性的方法」會詳細說明特徵的重要度)。

數值變數 × 類別變數

　　我們可以將類別變數的每個項目當作數值變數來計算變數的統計量，像是平均值或標準差值，並藉由這些數值來提取新的特徵。在「3.9 使用統計量」章節中，我們會介紹如何統計其他表格資料的數據並提取特徵。相較於此方法，在這邊我們是統計表格資料本身並提取特徵。當然，我們也可以使用 3.9 節介紹的方法，取其他的統計量，或是用其他的資料來限定條件的範圍。

數值變數 × 數值變數

我們可以將數值變數加減乘除後提取新的特徵。除了加減乘除外,我們也可以進行餘數或判斷 2 個變數是否相同的運算。

在 Kaggle 舉辦的「Zillow Prize: Zillow's Home Value Prediction (Zestimate)」競賽中,參賽者可以將房屋面積除以房間數量,提取出對標籤具有影響的特徵,也就是每間房間的面積,如此一來我們就能夠提高模型預測的精準度。

AUTHOR'S OPINION

思考下列簡化的範例,我們會發現,在 GBDT 中,取得乘除的關係性比加減來的困難。因此筆者認為,比起加減而得來的特徵,由乘除取得的特徵也許可以更輕易的展現原始資料未反映的特性。(T)

- 假設有標籤 y 以及特徵 x_1 跟 x_2。

- 若 $x_1 + x_2$ 對 y 呈現等比例關係,則 x_1 和 x_2 個別與 y 的比例關係可以被拆開。由於 GBDT 是具加法性質的模型,因此我們可以區分 x_1 和 x_2 的影響後以兩者之和來表示它們對 y 的影響 (編註:意思是不事先提取 $x_1 + x_2$ 的組合特徵量也無妨)。

- 另一方面若 $x_1 \times x_2$ 對 y 呈現等比例關係,我們就必須透過組合特徵量 x_1, x_2 的分支來表示它們對 y 的影響,不然在 GBDT 中很難反映它們之間的關係。

類別變數 × 類別變數

我們可以組合多個類別變數藉此形成一個新的類別變數。不過,由於組合多個類別時,組合後的項目最多可能會有原本變數的項目個數的乘積,因此要特別注意轉換後的變數項目筆數會遽增。實際使用時,我們會以串接文字來組合產生新的項目,並進行「3.5 類別變數的轉換」中提及的變數轉換。

3

AUTHOR'S OPINION

　　我們可以使用 Target encoding 來轉換以類別變數組合而成的變數，因為組合後的類別變數，每一組的資料筆數會減少，Target encoding 就可以抓到更細的特徵趨勢。不過特別要注意的是，計算平均的每組資料數目會隨著組別劃分的區間變細而跟著變少，那麼 Overfitting 的可能性就會提高。相反的，透過這種操作，我們可以得到從單一類別變數看不出來的新趨勢。另外，由於使用 One-hot encoding 會產生過多項目，在這裡並不適用。而若使用 Label encoding 則會出現沒有意義的變數組合。

　　筆者 (J) 在 Kaggle 舉辦的「BNP Paribas Cardif Claims Management」競賽中 [註14] 藉著在類別變數的組合中使用 Target encoding，讓分數大幅上升。筆者將某個類別變數透過結合及改變組合的方法，藉此產生了 11 個類別變數。

取列的統計量

　　我們可以使用每一列，也就是對每一筆資料裡的變數作統計來獲得新的特徵。這個方法可以將所有變數都作為對象，也可以限定部份變數。利用這個方法，我們可以計算缺失值、零、負數或是計算平均、標準差、最大、最小等統計量的數值 [註15]。

註14：詳細可以參考 Kernel「XGBOOST with combination of factors」
　　　（https://www.kaggle.com/rsakata/xgboost-with-combination-of-factors）

註15：可以參考「FEATURE ENGINEERING HJ van Veen」
　　　投影片第 40 頁 https://www.slideshare.net/HJvanVeen/feature-engineering-72376750

3.8 結合其他表格資料

目前為止，我們已學習到如何轉換單一表格資料中的變數。但在數據分析競賽中，我們可能會遇到除了訓練資料和測試資料，還需要使用其他資料的情況，像是包含商品詳細資訊等目錄資料或是使用者活動記錄檔等交易資料 (transaction data)。

若想要用這些資料來訓練模型，就必須將這些資料與訓練資料結合。而結合時很重要的一點就是，分辨欲結合的資料對訓練資料來說是 1 對 1 的資料還是 1 對多的資料。

若是 1 對 1 的資料，處理起來會比較容易。像是圖 3.18 的商品 ID 和商品目錄就是 1 對 1 的情況，這時，我們只要以商品 ID 為鍵 (key) 來結合兩個表格即可。

訓練資料
預測使用者會購買的商品組合

使用者 ID	商品 ID	(其他資訊)	標籤
1	P1	…	0
1	P2	…	0
2	P1	…	0
2	P2	…	1
2	P4	…	1
…			…
1000	P1	…	1
1000	P2	…	1
1000	P10	…	0
1000	P11	…	0

商品目錄

商品 ID	商品類別	價格	(其他商品資訊)
P1	C1	550	…
P2	C1	100	
P3	C2	300	
…	…	…	…
P98	C1	200	
P99	C5	1000	
P100	C5	1500	

圖 3.18　1 對 1 的商品 ID 和商品目錄資料

圖 3.19 是使用者活動的記錄檔資料，每個使用者都會同時有多筆記錄資料，這就是 1 對多的資料，此時處理起來就比較複雜。我們必須先計算記錄檔資料的統計量，經統計後，將每個使用者的資料歸納為一筆資料，才能進行資料的結合。在下一節中我們會介紹各種取得統計量的方法，進而提取各式各樣的特徵。

使用者活動的紀錄資料

使用者 ID	日期/時間	事件	商品 ID	(其他記錄資料)
2	2018/1/1 XX:XX:XX	瀏覽網頁	P1	…
2	2018/1/1 XX:XX:XX	洽詢	P1	…
2	2018/1/1 XX:XX:XX	瀏覽網頁	P2	…
7	2018/1/1 XX:XX:XX	登入	-	…
7	2018/1/1 XX:XX:XX	瀏覽網頁	P5	…
7	2018/1/1 XX:XX:XX	瀏覽網頁	P6	…
7	2018/1/1 XX:XX:XX	瀏覽網頁	P2	…
…	…	…	…	…
2	2018/6/30 XX:XX:XX	登入	-	…
2	2018/6/30 XX:XX:XX	瀏覽網頁	P4	…
2	2018/6/30 XX:XX:XX	瀏覽網頁	P10	…
2	2018/6/30 XX:XX:XX	瀏覽網頁	P4	…
1000	2018/6/30 XX:XX:XX	瀏覽網頁	P1	…
1000	2018/6/30 XX:XX:XX	瀏覽網頁	P5	…

圖 3.19　使用者活動記錄檔資料

以下程式碼是結合兩份表格資料的範例

■ **ch03-03-multi_tables.py 結合兩份表格資料**

```
import NumPy as np
import Pandas as pd


train = pd.read_csv('../input/ch03/multi_table_train.csv')
product_master = pd.read_csv('../input/ch03/multi_table_product.csv')
user_log = pd.read_csv('../input/ch03/multi_table_log.csv')
                                                        → 接下頁
```

```
# 假設一個如上圖所示的資料框架
# train          :訓練資料 (含使用者 ID、商品 ID、標籤等欄位等欄位)
# product_master :商品清單 (含商品 ID 和商品資訊等欄位)
# user_log        :使用者活動的記錄檔資料 (含使用者 ID 和各種活動資訊等欄位)

# 合併商品清單和訓練資料
train = train.merge(product_master, on='product_id', how='left')

# 先整合每個使用者活動的記錄檔欄位,再和訓練資料合併
user_log_agg = user_log.groupby('user_id').size().reset_index(). 接下行
rename(columns={0: 'user_count'})
train = train.merge(user_log_agg, on='user_id', how='left')
```

接下來,我們來看看幾個數據分析競賽中實際運用的案例。在數據分析競賽中,對於要給予模型什麼資料都會進行各式各樣的驗證。而對於要給予模型多個表格資料時,資料分析師都會去了解這些表格資料之間的關係,這樣才能透過統計、結合來善用表格資料中的資訊。

在 Kaggle 舉辦的「Instacart Market Basket Analysis」競賽中,訓練資料中已包含商品 ID,商品名稱與商品類別則是由其他的表格資料 (也就是商品目錄中) 擷取出來的。

在 Kaggle 的「Zillow Prize: Zillow's Home Value Prediction (Zestimate)」競賽中,會使用其他表格資料來取得使用者購買的不動產詳細清單情報。由於清單的資料每年都會更新,因此也有一份購買年份的清單。模型中可選擇要使用哪個年度的資料。不過根據購買時間點,若使用含有與標籤的時間較接近的資料時,很有可能會有資料外洩的風險,這點要特別注意。

在 Kaggle 的「PLAsTiCC Astronomical Classification」中使用的是由天體觀測的結果歸類而成的天體種類清單。之後又在資料中加入了各天體的距離等資料,另外也結合了其他表格資料中觀測結果的時間序列資料。在此之前我們必須以每個天體為單位,歸納統計這份時間序列資料後才能建立模型。這個競賽的關鍵就在於參賽者如何處理這些時間序列觀測資料。

3.9 使用統計量

在這個章節中，我們會探討是否可以透過統計從 1 對多的資料提取特徵。

我們假設在線上購物網站中包含了使用者資訊，也就是會員的註冊日期及年齡等資訊，以及使用者活動的記錄檔資料，也就是使用者購買商品或瀏覽網頁等資料。我們試著統計使用者活動的記錄檔，並建立可以預測使用者屬性與活動的特徵。預測的目標可以包含未來的購買金額、是否會取消會員、是否會訂閱額外的服務等項目，在此我們先不指定預測的目標。圖 3.20、圖 3.21 為資料的示意圖。

使用者清單

使用者 ID	年齡	性別	會員註冊日	職業	(其他使用者屬性)
1	40	M	2016/1/28	A	…
2	32	F	2016/2/5	B	…
3	24	M	2016/2/7	A	…
4	17	M	2016/2/9	B	…
5	43	F	2016/2/9	D	…
…	…	…	…	…	…
997	22	M	2018/10/28	A	…
997	42	M	2018/10/28	C	…
998	21	F	2018/10/29	A	…
999	26	M	2018/10/30	F	…
1000	27	M	2016/10/30	E	…

圖 3.20　線上購物網站的資料 – 使用者清單

使用者活動的紀錄資料

使用者 ID	日期/時間	事件	商品種類	商品	價格(日幣)
114	2018/1/1 XX:XX:XX	瀏覽網頁	書籍	Python 相關書籍	1800
114	2018/1/1 XX:XX:XX	瀏覽網頁	書籍	R 相關書籍	2500
114	2018/1/1 XX:XX:XX	瀏覽網頁	書籍	Python 相關書籍	1800
114	2018/1/1 XX:XX:XX	放入購物車	書籍	R 相關書籍	2500
114	2018/1/1 XX:XX:XX	購買	書籍	R 相關書籍	2500
3	2018/1/1 XX:XX:XX	瀏覽網頁	食品	蘋果	150
4	2018/1/1 XX:XX:XX	瀏覽網頁	服飾	鞋子	8000
…	…	…	…	…	…
3	2018/12/31 XX:XX:XX	購買	食品	橘子	100
997	2018/12/31 XX:XX:XX	瀏覽網頁	書籍	Python 相關書籍	1800
3	2018/12/31 XX:XX:XX	瀏覽網頁	食品	蘋果	200
3	2018/12/31 XX:XX:XX	瀏覽網頁	食品	香蕉	150
997	2018/12/31 XX:XX:XX	放入購物車	書籍	Python 相關書籍	1800
997	2018/12/31 XX:XX:XX	購買	書籍	Python 相關書籍	1800
997	2018/12/31 XX:XX:XX	瀏覽網頁	食品	橘子	100

圖 3.21 線上購物網站的資料 – 使用者活動記錄

3.9.1 使用基本統計量

首先，可以先計算每位使用者 ID 的各項統計量，方法條列如下：

● 計數 (資料筆數)

計算每位使用者的記錄檔資料有幾筆。

- 計算元素種類

  此方法是指將購買商品的種類數、記錄檔的事件種類數、使用天數 (不計算同一天的重覆使用) 等某個類別數量 (非資料筆數) 作為特徵。

- 是否發生特定事件

  是否發生登錄錯誤、是否瀏覽特定網頁等以二元變數來表示記錄檔資料中是否存在某個特定的事件。

- 總計、平均、比率

  包括購買數量 X 購買金額的總計或平均、網頁滯留時間的總計或平均滯留時間、類別變數中各項目的比率等。

- 最大/最小/標準差/中位數/四分位數/峰度/偏度

  如以上所列，我們可以計算各種統計量。當數值非常分散且平均值受到極端值影響時，也可以使用中位數或分位數。

3.9.2 使用時間性統計量

通常記錄檔資料都會含有時間資訊，我們可以利用這些資訊來提取特徵。

- 最近或第一次的記錄資訊

  像是最近購買商品或活動的時間點、或是加入會員後第一個購買的商品等資訊。

- 間隔、頻率

  像是商品的購買頻率、購買週期、瀏覽網站的頻率等資訊。

● 獲得點數的時間點、每個事件之間的間隔、下筆記錄的資訊

像是將商品放入購物車後是否會馬上購買、從新商品出現到使用者瀏覽到新商品花了多久時間等，獲得點數的時間點、當事件發生後到下次活動的種類或者是到下次活動的間隔時間等資訊。

● 順序/推移/共生或連續發生等元素

　● 兩個活動中哪一個活動先發生。

　● 計算連續性活動的類型組合 (類似處理自然語言的 n-gram 的邏輯)。

　● 轉換頁面去看特定的網頁，並且停留在該特定網頁的時間長度。

　● 同時購買的商品、作為替代品所購買的商品。

　● 是否曾連續登入 3 天以上、連續登入最多的天數等。

　實際的數據分析競賽中，也曾從時間性統計量中提取下列特徵。Kaggle 的「Facebook Recruiting IV: Human or Robot?」競賽，要參賽者判斷在網路拍賣下標的是人類還是機器人。從背景知識我們可以知道若下標的是機器人，下標的速度快且下標的數量多。因此在這裡我們可以提取下標次數的平均及每次下標間隔時間的中位數作為特徵[16]。

　Kaggle 的「Rossmann Store Sales」競賽，使用了連續促銷或連假的第幾天作為特徵[17]。

　Kaggle 的「Instacart Market Basket Analysis」競賽，使用了一個轉換技巧：先給一個使用者最近是否訂購某商品的陣列，賦予陣列中商品訂購順序的權重，並將其轉換為數值[18]。具體的作法如下：先依訂購順序賦予 1.0、

註16：Facebook IV Winner's Interview: 2nd place, Kiri Nichol (aka small yellow duck)：
　　　https://medium.com/kaggle-blog/facebook-iv-winners-interview-2nd-place-kiri-nichol-
　　　aka-small-yellow-duck-7cc26c3cbac1

註17：Model documentation 1st place (Rossmann Store Sales)：
　　　https://www.kaggle.com/c/rossmann-store-sales/discussion/18024

註18：Instacart Market Basket Analysis 2nd place solution：
　　　https://www.slideshare.net/kazukionodera7/kaggle-meetup-3-instacart-2nd-place-solution

0.1、0.01 ... 的權重。若為 [1, 1, 0, 0] 就轉換為 1.100，[0, 1, 0, 1, 0, 1] 則轉換為 0.10101 (另外賦予的權重也可以是從訂購順序為 0.5、0.25、0.125，若要將其做為 GBDT 的特徵，只要能維持其大小關係，就可以使用相同的方法)。

3.9.3 限定條件範圍

透過限定條件範圍，我們可以變更切入點來關注特定的活動或時間區間的動向，並取得這些動向的統計量。

● 限定特定種類的記錄資料

- 將範圍限定在已購買或已關注等商品上

- 購買特定商品或購買某類型的商品、瀏覽特定網頁

● 限定統計對象的時間區間

- 將時間分為早/午/晚/深夜四個區間或是以星期幾或是否為假日來進行統計

- 將統計的時間限定在最近 1 週或 1 個月、加入會員後 1 週等範圍內

3.9.4 轉換統計單位

進行統計時，我們可以依使用者 ID 個別統計，也可以其所屬群組來統計，像是位於相同地區、相同性別/年齡層/職業等的使用者群組。另外，我們也可以依使用目的來進行分群。

另外，如「3.12.3 關注相對值」所提到的，我們統計使用者資料或是其所屬群組的資料後，可以提取這些統計值的差或比例來作為特徵。

3.9.5 關注商品

目前為止我們為了要預測使用者的屬性或活動因此將焦點都放在使用者身上。相反的，有些特徵則將焦點放在商品或事件的資訊。

統計商品或事件的記錄檔資料

我們可以統計商品是否受歡迎、某些事件是否頻繁發生，或是商品被訂購的時間是星期幾、是在什麼時間區間、是否有季節等週期性的趨勢等資料。

我們也可以在記錄檔中加入使用者的資訊再進行統計。這樣一來，我們就可以獲得該商品是否受到女性歡迎等資訊。當然，我們也可以加上標籤再進行統計，但就必須注意不要誤用不能使用的資訊而造成資料外洩。

組成商品群組

我們可以將相同種類的商品合併成一組，例如將蘋果和橘子組成水果的群組。有些競賽提供的資料會包括商品所屬的組別，若覺得這些分組太過繁瑣，就必須自行將一些組別合併。

關注特殊商品

當使用者的活動或屬性是關注商品的性質時，我們只要關注具有這些性質的商品即可。以 Kaggle 的「Instacart Market Basket Analysis」競賽中的第 2 名的對策為例，它就關注了有機的、無麩質的、亞洲地區的商品。

如何提取以商品為主的特徵

我們只要綜合上述方法，依下列的步驟來提取特徵即可：

1 使用上述方法將商品或事件的性質/屬性以數值或二元變數來表示。

2 在表示該性質/屬性的值加上記錄檔資料。

3 以加上的數值為基礎，限定條件範圍，根據使用者，對加上的數值計算統計量，並將其提取為特徵。

3.10 處理時間序列資料

本節將介紹時間序列資料。時間序列資料具有其特殊的性質，若處理不當可能會造成提取的特徵中含有不得用於預測的資訊，因此本節也會說明處理時間序列資料時的一些注意事項。

我們會先說明時間序列資料的種類、性質、以及處理資料時的注意事項。接著會說明如何從時間序列資料提取特徵。最後深入介紹參賽者在數據分析競賽形式上可以使用的資料時間區間。

3.10.1 什麼是時間序列資料？

隨著時間推移進行觀察的資料就稱為時間序列資料，數據分析競賽出現時間序列的頻率很高，也有各種不同形式的時間序列任務或資料，不同的形式處理的方法也不同。

藉由使用以下觀點來分析，可以更容易了解怎麼處理它們：

1 資料中是否含有時間資訊的變數。

2 訓練資料/測試資料是否依時間序列分割、是否需要執行依時間分割的驗證。

3 每位使用者或每間店鋪是否含有時間序列標籤、是否具有可以提取「3.10.4 lag 特徵」中提到的 lag 特徵的形式。

符合第 1 點時，我們可以依「3.9.2 使用時間性統計量」提到的方法來提取時間資訊的特徵。

符合第 2 點時，在進行依時間分割的驗證時，須注意避免使用不該使用的未來資訊來提取特徵。時間序列資料的驗證會在「5.3 時間序列資料的驗證手法」中說明。

符合第 3 點時，由於過去的標籤中還有預測未來的重要資訊，因此必須提取 lag 特徵。

以下提供幾個更具體的數據分析競賽任務的案例。

案例 a（符合第 1 點）

● 競賽提供了使用者的屬性及過去活動的記錄檔資料。

● 必須預測使用者是否會在 1 個月內解約。

● 以某個時間點將使用者分割並建立訓練資料和測試資料。

案例 b（符合第 1、2 點）

● 競賽提供了使用者的屬性及過去活動的記錄檔資料。

● 必須預測使用者是否會在 1 個月內解約。

● 測試資料是某個時間點之後全部使用者的資料，訓練資料則包含了過去每個月的月初存在的使用者以及會員是否在該月期間內取消會員的資料。

案例 c（1、2.、3 點皆符合）

● 除了使用者的屬性和過去活動的記錄檔、競賽還提供了使用者過去每天使用時間的資料。

● 必須預測使用者每天的使用時間。

● 測試資料是由兩筆資料結合而成，一筆為某個時間點的全部會員，另一筆則為未來一定期間的每一天。訓練資料則包含了使用者過去的使用時間。

　　案例 a 的資料如圖 3.22 所示。雖然任務中時間序列的色彩較不濃厚，但從特徵來自過去使用者活動的記錄檔這一點來看，仍含有時間的資訊。

使用者屬性及標籤

（訓練資料）

使用者 ID	年齡	性別	(其他使用者屬性)	標籤
1	M	42	…	0
2	F	34	…	1
3	M	5	…	1
…	…	…	…	…
999	M	10	…	0
1000	F	54	…	0

（測試資料）

使用者 ID	年齡	性別	(其他使用者屬性)	標籤
1001	F	20	…	NULL
1002	F	25	…	NULL
1003	M	21	…	NULL
…	…	…	…	…
1999	F	37	…	NULL
2000	M	29	…	NULL

（使用者活動的紀錄檔）

使用者 ID	日期/時間	事件	(其他使用者屬性)
1996	2018/1/1 XX:XX:XX	登入	…
1996	2018/1/1 XX:XX:XX	使用服務	…
7	2018/1/1 XX:XX:XX	登入	…
7	2018/1/1 XX:XX:XX	使用服務	…
7	2018/1/1 XX:XX:XX	扣款	…
7	2018/1/2 XX:XX:XX	使用服務	…
7	2018/1/2 XX:XX:XX	使用服務	…
…	…	…	…
1	2018/12/31 XX:XX:XX	使用服務	…
1	2018/12/31 XX:XX:XX	使用服務	…
1	2018/12/31 XX:XX:XX	使用服務	…
11	2018/12/31 XX:XX:XX	登入	…
11	2018/12/31 XX:XX:XX	扣款	…
11	2018/12/31 XX:XX:XX	使用服務	…

圖 3.22　時間序列資料 a

　　案例 b 的資料如圖 3.23 所示。特徵結合了使用者屬性，以及使用者過去活動的記錄檔。同時也進行了依時間分割的驗證 (編註：2019 年之後為測試資料)。

　　在這個任務中，若不當使用了未來的資訊，例如以沒有某個月活動的記錄檔來推測該使用者以前曾有解約的動作。由於測試資料並沒有該段期間以後的活動記錄，因此不得將這樣的資訊用於測試資料的預測。

使用者 / 對象年月和標籤
（訓練資料）

使用者ID	對象年月	標籤
1	2018/1	0
1	2018/2	0
1	…	0
1	2018/12	0
2	2018/9	0
2	2018/10	1
…	…	…
1999	2018/1	0
1999	2018/2	0
1999	2018/3	1
2000	2018/11	0
2000	2018/12	0

（使用者屬性）

使用者ID	年齡	性別	(其他使用者資訊)
1	M	42	…
2	F	34	…
3	M	5	…
4	M	10	…
5	F	54	…
…	…	…	…
1996	F	20	…
1997	F	25	…
1998	M	21	…
1999	F	37	…
2000	M	29	…

（使用者活動的記錄檔，同案例 a）

使用者ID	日期/時間	事件	(其他使用者資訊)
1996	2018/1/1 XX:XX:XX	登錄	…
1996	2018/1/1 XX:XX:XX	使用服務	…
7	2018/1/1 XX:XX:XX	登錄	…
7	2018/1/1 XX:XX:XX	使用服務	…
7	2018/1/1 XX:XX:XX	扣款	…
7	2018/1/2 XX:XX:XX	使用服務	…
7	2018/1/2 XX:XX:XX	使用服務	…
…	…	…	…
1	2018/12/31 XX:XX:XX	使用服務	…
1	2018/12/31 XX:XX:XX	使用服務	…
1	2018/12/31 XX:XX:XX	使用服務	…
1	2018/12/31 XX:XX:XX	使用服務	…
11	2018/12/31 XX:XX:XX	登錄	…
11	2018/12/31 XX:XX:XX	扣款	…
11	2018/12/31 XX:XX:XX	使用服務	…

（測試資料）

使用者ID	對象年月	標籤
1	2019/1	NULL
2	2019/1	NULL
3	2019/1	NULL
…	…	…
1999	2019/1	NULL
2000	2019/1	NULL

圖 3.23　時間序列資料 b

　　案例 c 的資料如圖 3.24 所示 (使用者的屬性或過去活動的記錄與案例 b 相同)。為了進行訓練，必須如圖 3.25 結合使用者和日期將標籤轉換成其他形式 (編註：轉換成長表格)。和案例 b 相同，案例 c 加上由使用者屬性和過去活動的記錄檔提取的特徵，除此之外也加上了以使用者前日的使用時間所作成的 lag 特徵。

使用時間表（寬表格）

（訓練資料）

日期/使用者 ID	1	2	3	...	2000
2018/1/1	31	0	41	...	0
2018/1/2	77	0	43	...	0
2018/1/3	81	0	71	...	0
2018/1/4	57	0	60	...	0
2018/1/5	62	0	67	...	0
...	...	...	...	...	...
2018/12/27	77	0	46	...	0
2018/12/28	0	0	41	...	0
2018/12/29	84	18	64	...	0
2018/12/30	46	7	64	...	32
2018/12/31	86	10	70	...	19

（測試資料）

日期/使用者 ID	1	2	3	...	2000
2019/1/1	NULL	NULL	NULL	...	NULL
2019/1/2	NULL	NULL	NULL	...	NULL
...	...	...	...	...	...
2019/1/30	NULL	NULL	NULL	...	NULL
2019/1/31	NULL	NULL	NULL	...	NULL

- 在寬表格中，列代表日期、每欄位代表使用者 ID，值則為每位使用者每天的使用時間
- 使用者屬性／使用者活動紀錄同案例 b

圖 3.24　時間序列資料─寬表格（wide format）

使用時間表（長表格）

（訓練資料）

日期/使用者 ID	日期	使用時間
1	2018/1/1	31
1	2018/1/2	77
1	...	...
1	2018/12/30	46
1	2018/12/31	86
2	2018/1/1	0
2	...	0
2	2018/12/30	7
2	2018/12/31	10
...	...	...
2000	2018/1/1	0
2000	2018/1/2	0
2000	...	...
2000	2018/12/30	32
2000	2018/12/31	19

（測試資料）

日期/使用者 ID	日期	使用時間
1	2019/1/1	NULL
1	2019/1/2	NULL
1	...	...
1	2019/1/31	NULL
2	2019/1/1	NULL
...	...	...
1999	2019/1/31	NULL
2000	2019/1/1	NULL
2000	2019/1/2	NULL
2000	...	...
2000	2019/1/31	NULL

圖 3.25　時間序列資料─長表格（long format）

3.10.2 使用比預測資料還舊的資訊

只使用比預測資料的時間還舊的資訊

在上一節的案例 b 與 c 中，若不當使用了未來的資料，可能就會發生資料外洩。為什麼呢？以下舉幾個使用時間序列時會發生資料外洩的原因。

● 標籤包含過去標籤的資訊

　● 若未來的來客數增加，很有可能來客數在那之前就已增加。

　● 若能預測 10 年後的平均氣溫，那麼預測 8 年後的平均氣溫也非難事。

● 標籤以外的資料也含有過去標籤的資訊

　● 當某個月某位會員的活動記錄檔消失，就表示他可能在那之前已經解約 (包含過去是否解約的標籤資料)。

　● 當某商品的促銷增加，也許是因為在那之前該商品的銷量已經很好 (包含商品銷售數的標籤資訊)。

因此，我們除了應該注意標籤本身的時間點，還需要注意標籤之外的資料所包含的時間點。也就是說，我們必須遵守只能使用比預測資料還舊的資訊，並以這些資料來提取特徵或進行驗證，這樣才能乾淨地處理時間序列資料。

● 提取特徵時只使用該時間點以前的資料 (「3.10.4 lag 特徵」「3.10.5 將資料與時間做連結的方法」)。

● 驗證時，用於驗證的訓練資料不得包含未來的資料 (「5.3 時間序列資料的驗證手法」會詳細說明)。

放寬只能使用過去資料的限制

儘管如此，當任務或資料有需求時，例如發生以下狀況，我們仍會想要放寬只能使用過去資料的限制。

● 資料的時間序列性質薄弱。

● 使用於提取特徵的資料含有較少的過去標籤資訊時。

● 資料不足，不論是否有資料外洩的風險，希望以有充足的資料進行訓練為優先時。

　　當遇到上述情況，即便知道資料含有時間序列的性質，且含有未來的資料，仍會從所有期間的訓練或測試資料來提取部分的特徵。不過，我們仍須注意，若測試資料中使用了不該使用的資訊，驗證資料的預測結果有可能會過度樂觀。

　　若驗證資料的預測結果過度樂觀，測試資料的預測結果，也就是 Public Leaderboard 的分數就會下降。我們可以參考這個分數來評估是否該使用含有未來資訊的資料。

3.10.3 寬表格和長表格

　　這個小節討論「3.10.1 什麼是時間序列資料？」中案例 c 的實際操作。

　　我們將圖 3.24 中的表格形式稱為寬表格。寬表格中欄和列的 key (鍵) 會以變數 A、B (編註：通常是特徵) 來表示，並將我們關注的變數 C (編註：通常是標籤) 的值輸入至表格內 [註19]。在圖 3.24 中，以日期、使用者為列和欄的 key (鍵)，而使用時間就是我們關注的變數。

註19：有些人會以 wide/long format 來稱呼寬表格和長表格，這個稱呼雖然和本節中介紹的寬表格和長表格的操作有部分相同，但在概念上有些許不同，為了做區分，筆者才會以寬/長表格來稱呼。關於 wide 表格和 long 表格可以參考以下網站的說明。

「Long to Wide Data in R (DataCamp)」

https://www.datacamp.com/community/tutorials/long-wide-data-R

「An「Introduction to reshape2(Sean C. Anderson)」

https://seananderson.ca/2013/10/19/reshape/

關於適合進行資料分析可以參考下列網頁，網頁中有對整潔的資料進行討論。

「【翻譯】整潔的資料 (Colorless Green Ideas)」

https://id.fnshr.info/2017/01/09/trans-tidy-data/Wickham, Hadley. "Tidy data." Journal of Statistical Software 59.10 (2014): 1-23.

★ 小編補充　寬表格和長表格

上述「Long to Wide Data in R (DataCamp)」網頁中，寬表格 (wide format) 與長表格 (long format) 想要解決的問題，與本書的概念略有不同：

假設我們要呈現十個人的十年身高變化，想像起來寬表格會是一個很好的工具：每一列代表一個人，每一欄代表年分，表格中的數字即為每個人在每一年的身高，因此只需要十列、十欄就可以呈現所有資料。然而，寬表格的問題在於如果這十個人在不同的年份量測身高，那實際上寬表格的欄位會超過十個，且很多位置都會沒有資料。在這個時候可以考慮使用長表格，每一列代表一個人在某一年的身高，如此一來就不會有很多空白欄位的問題。

　　圖 3.25 的表格形式我們稱之為長表格。這個表格會將變數 A、變數 B 以及關注的變數都以欄的方式排列。以圖 3.25 為例，第一欄為使用者、第二欄為日期、最後一欄則是我們關注的使用時間。

　　雖然寬表格只能填入關注變數，但可以很清楚的看到時間性的變化，提取之後會介紹的 lag 特徵也比較簡單。不過，在進行訓練時我們會使用長表格，讓每一列都是包含特徵跟標籤的一筆資料。

　　因此在處理資料時我們經常會將長表格的資料轉換成寬表格來提取特徵，完成後再將資料轉換成長表格，加上提取好的特徵後進行訓練。如果可以習慣這種資料形式的轉換，會更便於操作。

　　使用 Pandas 來處理時，可以依下述方法操作。讀者可以參考以下具體的使用方法和程式碼。

● 將寬表格轉換成長表格可以使用 DataFrame 的 stack 方法。

● 將長表格轉換為寬表格可以使用 DataFrame 的 pivot 方法。

　　當然也有其他的選擇，可以參考 Pandas 官方文件的「Reshaping and Pivot Tables」項目 [20]。此外，MultiIndex 會比較難處理，遇到這種情況可以使用以下方法：

● 表格的列屬於 MultiIndex，可以使用 DataFrame 的 reset_index 方法。

● 表格的欄屬於 MultiIndex，可以使用 DataFrame 的 to_flat_index 方法。

　　當 MultiIndex 為列資料時，可以將 index 以 tuple 的形式輸入到 MultiIndex 的 to_flat_index 方法。

■ **ch03/ch03-04-time_series.py 寬表格、長表格**

```
import NumPy as np
import Pandas as pd

# 讀取寬表格
df_wide = pd.read_csv('../input/ch03/time_series_wide.csv', index_col=0)
# 將索引形態轉換成日期形態
df_wide.index = pd.to_datetime(df_wide.index)

print(df_wide.iloc[:5, :3])
'''
            A     B     C
date
2016-07-01  532  3314  1136
2016-07-02  798  2461  1188
2016-07-03  823  3522  1711
2016-07-04  937  5451  1977
2016-07-05  881  4729  1975
'''

# 轉換成長表格
df_long = df_wide.stack().reset_index(1)
df_long.columns = ['id', 'value']
```

→ 接下頁

註20：「Reshaping and Pivot Tables(Pandas 0.24.2 documentation)」
　　　　https://pandas.pydata.org/pandas-docs/version/0.24.2/user_guide/reshaping.html

```
print(df_long.head(10))
'''
           id  value
date
2016-07-01  A    532
2016-07-01  B   3314
2016-07-01  C   1136
2016-07-02  A    798
2016-07-02  B   2461
2016-07-02  C   1188
2016-07-03  A    823
2016-07-03  B   3522
2016-07-03  C   1711
2016-07-04  A    937
...
'''

# 還原成寬表格
df_wide = df_long.pivot(index=None, columns='id', values='value')
```

3.10.4 lag 特徵

在「3.10.1 什麼是時間序列資料？」中，我們看到案例 c 的資料，若在這個案例中使用直接從過去資料中提取 lag 特徵將會得到顯著的效果。我們可以來思考，當任務是要預測未來某個日期各個店面的營業額，提供的資料形式為店面 × 日期 × 標籤，我們應該要怎麼做。

過去的銷售資料如圖 3.26 的寬表格所示。

各店面每天的營業額

日期/店鋪 ID	1	2	3	⋯	1000
2016/7/1	532	3,314	1,136	⋯	0
2016/7/2	798	2,461	1,188	⋯	0
2016/7/3	823	3,522	1,711	⋯	0
2016/7/4	937	5,451	1,977	⋯	0
2016/7/5	881	4,729	1,975	⋯	0
⋯	⋯	⋯	⋯	⋯	⋯
2018/6/26	796	2,871	1,232	⋯	1,415
2018/6/27	526	3,050	1,151	⋯	1,064
2018/6/28	842	3,420	1,576	⋯	1,430
2018/6/29	947	4,692	2,217	⋯	2,020
2018/6/30	1,455	5,546	2,785	⋯	1,904

· 列資料為日期、欄資料為店面 ID、資料內容為各店面每天的營業額
· 店面的屬性 / 天氣等資訊另外提供

圖 3.26　預測各店面的營業額的資料

　　對這類的資料來說，預測結果跟資料本身過去的值有很深的關係 (特別是最近的值)，因此標籤的 lag 值將會是效果非常顯著的特徵。

　　當我們要預測店面每天的營業額時，因為今天和昨天的營業額非常接近，因此在提取 lag 特徵時，直接使用店面昨天或是前兩天的營業額資料即可。若資料有週期性的變化時，也可以根據週期來提取 lag 特徵。顧客的活動會受到星期的影響，因此提取特徵的資料可以用 1 週為週期單位，提取 1 週前或是 2 週前的營業額來作為 lag 特徵。

簡單的 lag 特徵

　　使用 shift 函式就可以藉由平移時間來取得資料，並使用此資料來提取特徵。若資料是以日為單位，只要平移 1 個單位就能得到昨天的資料，若想要得到 1 週前的資料則要平移 7 個單位。

■ **ch03-04-time_series.py lag 變數**

```
# 設置寬格式數據
# x 為寬表格的 dataframe
# index 為日期等時間、列為使用者或店面等資料，值則為營業額等我們關注的變數
x = df_wide

# 取得 1 個單位前的 lag 特徵
x_lag1 = x.shift(1)

# 取得 7 個單位前的 lag 特徵
x_lag7 = x.shift(7)
```

移動平均與其他 lag 特徵

除了前文中提及的轉換外，移動平均也經常使用。也就是經轉換後，再使用一段時間範圍的資料來計算平均值。

當資料有週期性的變化，我們可以依照週期來取得移動平均，這樣一來就可以消除週期的影響。舉例來說，若我們使用以日為單位的資料來計算 7 天的移動平均，那麼每一次的統計都會包含 7 天，也就是星期一到星期天，這樣一來就可以消除星期的影響，資料反映的就會是當週整體的趨勢。

我們可以透過結合 Pandas 的 rolling 函式及 mean 等函式來計算下列的移動平均。

透過 rolling 函式指定一個參與統計的資料範圍 (編註：比如七天的資料為一個範圍)，並且依照時間序列來移動範圍 (編註：先算前七天的平均，平移一天後，再算一次前七天的平均，然後再平移一天，如此往下)。這個範圍我們稱之為 window；而 mean 函式可以計算 window 的平均。我們稱這類可以統計 window 的函式為 window function。

■ **ch03-04-time_series.py 移動平均**

```
# 計算前 1 ~ 3 單位期間的移動平均
x_avg3 = x.shift(1).rolling(window=3).mean()
```

　　除了平均，也可以計算最大、最小、中位數等其他統計量。若想要知道還可以計算什麼統計量，可以查詢 Pandas 相關文件「Window Functions」及「Window」[註21、註22] 的說明。

■ **ch03-04-time_series.py 移動平均**

```
# 計算前 1 單位到前 7 單位期間的最大值
x_max7 = x.shift(1).rolling(window=7).max()
```

　　我們也可以依照週期分隔出間距後進行統計。

■ **ch03-04-time_series.py 移動平均**

```
# 將前 7 單位, 前 14 單位, 前 21 單位, 前 28 單位這些數值進行平均
x_e7_avg = (x.shift(7) + x.shift(14) + x.shift(21) + x.shift(28)) / 4.0
```

統計時應該回溯到多久之前的資料呢？

　　關於這個問題我們以資料的性質來評估。在某些情況下，統計過多的舊資料所計算出的平均反而會看不出近期的狀況。不過，當資料的趨勢長時間都沒有太大的變化，那統計長期間的資料則較有利。此外也可以使用像是加重近期資料的加權移動平均或指數平滑平均這些方法。

統計其他同類型的 lag 資料

　　我們不僅可以使用店面過去的營業額來提取特徵，也可以將店面所屬區域的分組，並取各組營業額的平均來提取特徵。如同「3.9.4 轉換統計單位」提到的，我們可以去思考各種統計單位與條件。

註21：「Window Functions」
　　　　https://tedboy.github.io/pandas/computation/computation2.html
註22：「Window (Pandas 0.24.2 documentation)」
　　　　https://pandas.pydata.org/pandas-docs/stable/reference/window.html

取得變數之外的 lag

　　我們也可以使用標籤以外的變數來提取 lag 特徵。舉例來說，我們可以一併提取營業額和當天天氣的特徵。當然，過去幾天的天氣也可能影響使用者當天的活動，我們也可以根據這些資訊來提取特徵。

Lead 特徵

　　Lead 特徵正好與 lag 特徵相反，它是提取未來的值，像是用 1 天後的資料作為特徵。舉例來說，使用者今天的活動可能會受到隔天的天氣預報或即將開始的特價活動的影響。不過，基本上我們無法得知未來的標籤，因此我們無法取得標籤的 Lead 特徵。

■ **ch03-04-time_series.py Lead 特徵**

```
# 取得 1 單位後的值
x_lead1 = x.shift(-1)
```

3.10.5 將資料與時間做連結的方法

　　為了要確保用於訓練或測試資料都是過去的資料，我們可以將資料與時間點連結，並以時間點做為鍵 (key) 來與訓練資料結合，以便觀察。將異動資料 (如記錄檔) 與時間點連結的方法如下：

1 在異動資料中建立其與時間點連接的變數。

2 依需求計算累積和、移動平均或是和其他變數之間的差或比例等資料。

3 以時間點作為鍵 (key) 來與訓練資料結合。

　　以不定期舉辦的活動為例，統計當天活動出現的次數作為特徵來反映活動是否能維持新鮮度並持續受到歡迎；另外像是特價活動，我們可以使用累計出現次數來提取特徵，並將特徵與訓練資料結合。以下為執行的步驟 (圖 3.27)：

1 以 1 來表示該日期有舉辦特價，沒有則為 0。

2 透過累積來求得每個日期中特價累積出現的次數。

3 以日期作為鍵 (key) 來與訓練資料結合。

除了累積出現次數，我們也可以計算從某個時間點開始過去一個月的出現次數，或是活動占所有活動的比例。

歷史事件清單

日期	事件
2018/1/3	舉辦特價
2018/1/3	折價卷發行
2018/1/4	點數還原
2018/1/5	點數還原
…	…
2018/5/3	舉辦特價
2018/5/4	舉辦特價
2018/5/5	舉辦特價
2018/5/6	點數還原
2018/5/7	點數還原
2018/5/8	點數還原
…	…
2018/12/30	舉辦特價
2018/12/30	點數還原
2018/12/31	點數還原

以表格顯示是否舉辦特價

日期	特價
2018/1/1	0
2018/1/2	0
2018/1/3	1
2018/1/4	0
…	…
2018/5/2	0
2018/5/3	1
2018/5/4	1
2018/5/5	1
…	…
2018/12/29	0
2018/12/30	1
2018/12/31	0

以表格顯示舉辦特價的累積次數

日期	特價累積次數
2018/1/1	0
2018/1/2	0
2018/1/3	1
2018/1/4	1
…	…
2018/5/2	1
2018/5/3	2
2018/5/4	3
2018/5/5	4
…	…
2018/12/29	4
2018/12/30	5
2018/12/31	5

以日期為 key 結合兩筆資料

訓練資料

使用者ID	日期	特價累積次數
1	2018/1/1	0
1	2018/1/2	0
1	2018/1/3	1
1	2018/1/4	1
1	…	…
1	2018/12/29	4
1	2018/12/30	5
1	2018/12/31	5
2	2018/1/1	0
2	…	…
2	2018/12/31	5
…	…	…
2000	2018/1/1	0
2000	2018/1/2	0
2000	2018/1/3	1
2000	2018/1/4	1
2000	…	…
2000	2018/12/29	4
2000	2018/12/30	5
2000	2018/12/31	5

圖 3.27 與時間點連結的累積次數特徵－特價累積出現次數

我們可以使用下列程式碼來提取上述的特徵：

■ **ch03-04-time_series.py**

```python
# 讀取數據
train_x = pd.read_csv('../input/ch03/time_series_train.csv')
event_history = pd.read_csv('../input/ch03/time_series_events.csv')
train_x['date'] = pd.to_datetime(train_x['date'])
event_history['date'] = pd.to_datetime(event_history['date'])


# event_history 為過去舉辦過的活動資訊，包含日期、活動欄位的 DataFrame
# occurrences 為含有日期、是否舉辦特價的欄位的 DataFrame
dates = np.sort(train_x['date'].unique())
occurrences = pd.DataFrame(dates, columns=['date'])
sale_history = event_history[event_history['event'] == 'sale']
occurrences['sale'] = occurrences['date'].isin(sale_history['date'])

# 透過計算累積和來表現每個日期的累積出現次數
# occurrences 為含有日期、拍賣的累積出現次數的 DataFrame
occurrences['sale'] = occurrences['sale'].cumsum()

# 以日期為 key 來結合訓練資料
train_x = train_x.merge(occurrences, on='date', how='left')
```

最後一個例子是以記錄資料檔為基礎，將每個使用者過去 1 週使用服務的次數提取為特徵，執行方法如下 (圖 3.28)：

1 統計每個日期中使用者使用服務的次數。

2 合計過去一週使用者每天使用服務的次數 [註23]。

3 以日期、使用者 ID 為鍵 (key) 來與訓練資料結合。

這個例子和上述案例的不同點在於，此案例需要同時考慮日期跟使用者 ID 來產生訓練資料。除了上述的幾個例子，只要我們可以把握「製作表格資料時必須以日期來與其他資料做連結」這個要點，以此資料形式為基礎，使用累積和、rolling 函式統計各式各樣的數據。

註23：若無法取得統計對象的過去 1 週的日期，就必須做為缺失值來處理。處理方法包括不要使用有缺失值的期間資料來進行訓練，另外就是直接將該筆資料做為缺失值來訓練模型。

使用者活動的記錄檔

使用者 ID	日期/時間	事件	(其他事件資料)
1	2018/1/1 XX:XX:XX	登入	…
1	2018/1/1 XX:XX:XX	使用服務	…
1	2018/1/1 XX:XX:XX	使用服務	…
1	2018/1/1 XX:XX:XX	使用服務	…
1	2018/1/1 XX:XX:XX	課金	…
1	2018/1/1 XX:XX:XX	使用服務	…
3	2018/1/1 XX:XX:XX	使用服務	…
4	2018/1/1 XX:XX:XX	登入	…
4	2018/1/1 XX:XX:XX	使用服務	…
…	…	…	…
1	2018/1/2 XX:XX:XX	使用服務	…
3	2018/1/2 XX:XX:XX	課金	…
3	2018/1/2 XX:XX:XX	使用服務	…
3	2018/1/2 XX:XX:XX	使用服務	…
…	…	…	…
1	2018/12/31 XX:XX:XX	使用服務	…
3	2018/12/31 XX:XX:XX	使用服務	…

每天使用服務次數表

日期/使用者 ID	1	2	3	…
2018/1/1	4	0	1	…
2018/1/2	1	0	2	…
2018/1/3	4	0	2	…
2018/1/4	3	0	0	…
2018/1/5	3	1	0	…
2018/1/6	2	0	2	…
2018/1/7	5	0	0	…
2018/1/8	6	0	0	…
2018/1/9	3	1	1	…
2018/1/10	3	1	0	…
…	…	…	…	…
2018/12/29	5	0	2	…
2018/12/30	3	0	0	…
2018/12/31	1	0	1	…

> 以日期 / 使用者為單位計算「使用服務」
> 資料的列數做為事件的計數

過去一週使用服務次數表

日期/使用者 ID	1	2	3	…
2018/1/1	NULL	NULL	NULL	…
2018/1/2	NULL	NULL	NULL	…
2018/1/3	NULL	NULL	NULL	…
2018/1/4	NULL	NULL	NULL	…
2018/1/5	NULL	NULL	NULL	…
2018/1/6	NULL	NULL	NULL	…
2018/1/7	NULL	NULL	NULL	…
2018/1/8	22	1	7	…
2018/1/9	24	1	7	…
2018/1/10	26	2	6	…
…	…	…	…	…
2018/12/29	22	3	4	…
2018/12/30	24	2	6	…
2018/12/31	25	2	4	…

> 以日期為單位計算過去 1 週的總和
> (無法取得過去 1 週日期的資料則為缺失值)

> 以日期 / 使用者 ID 為 key 結合兩筆資料、

訓練資料

使用者 ID	日時	過去 1 週使用者使用服務的次數
1	2018/1/1	NULL
1	…	…
1	2018/1/7	NULL
1	2018/1/8	22
1	2018/1/9	24
1	2018/1/10	26
1	…	…
1	2018/12/29	22
1	2018/12/30	24
1	2018/12/31	25
2	…	…
2	2018/1/7	NULL
2	2018/1/8	1
2	2018/1/9	1
2	2018/1/10	2
…	…	…
2000	2018/12/30	6
2000	2018/12/31	7

圖 3.28　與時間點連結的累計次數特徵－過去 1 週使用服務的次數

3.10.6 可用於預測的資料時間

可用於提取特徵的過去時間

到目前為止，我們學習了如何在不發生資料外洩的情況下進行訓練或預測。如果訓練資料跟測試資料是根據一個分割時間點，代表分割時間點之後的第一筆測試資料距離訓練資料特別近，然而分割時間點之後的最後一筆測試資料距離訓練資料特別遠，那會造成每一筆測試資料可用的過去資料性質不同。這一點，我們必須更加注意。

當競賽需要分析的資料類型為時間序列資料，主辦方提供的資料通常會依時間來區分訓練資料和測試資料。而我們必須預測的大部分都是測試資料的時間區間。於是，我們在提取測試資料特徵時就產生了限制。

由於測試資料不含標籤的值，因此我們只能參考分割時間點之前的值。當測試資料為 1 個月份的資料時，如圖 3.29，雖然距離分割點最近的資料可以參考 1 天前的標籤資料，但 1 個月後的資料卻只能參考 1 個月前的標籤資料。若我們沒有在這樣的條件下進行訓練驗證，特徵的性質就會不同於測試資料，造成模型對測試資料的預測能力下降、或是驗證時出現異常的高精準度。

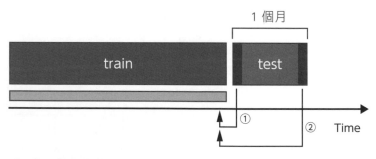

① 幾天前的標籤
② 1 個月前的標籤

圖 3.29　測試資料的時間點與可使用的過去期間

　　當遇到這種情況時，我們可以從測試資料期間的分割點來區分最早的時間點，依此個別建立模型。換句話說，由於距離分割點後一天的資料，可以使用前 1 天的 lag 變數來提取特徵，我們建立個別的模型，並以此資料進行訓練與驗證，最後對測試資料做出預測。另一方面，分割時間點 1 個月後的資料只能使用 1 個月前的 lag 變數，我們就以此條件來提取特徵並訓練另一個模型、做出預測。

★小編補充 可用於提取特徵的過去時間實際範例

假設訓練資料跟測試資料是根據 2018 年 12 月 31 日來分割，測試資料含有 30 天的資料。則預測第一筆測試資料的模型，所使用的訓練資料如下表：

特徵時間	標籤時間
2018/12/30	2018/12/31
2018/12/29	2019/12/30
2018/12/28	2019/12/29
2018/12/27	2019/12/28

預測最後一筆測試資料的模型，所使用的訓練資料如下表：

特徵時間	標籤時間
2018/12/01	2018/12/31
2018/11/30	2019/12/30
2018/11/29	2019/12/29
2018/11/28	2019/12/28

　　Kaggle 舉辦的「Corporacin Favorita Grocery Sales Forecasting」以及「Recruit Restaurant Visitor Forecasting」競賽，主要任務為預測未來幾期各商品的銷售量 (前者) 及餐飲店的來客數 (後者)。和上述提到的狀況相同，測試資料之後的期間都只能使用過去標籤提取的 lag。此競賽的優勝者就是以個別建立模型來進行分析。

處理未來的資料

在處理未來的資料時，除非是使用像是行事曆這種可以事前知道的資訊，否則將未來的資料實際使用在模型中是不恰當的。不過，由於數據分析競賽會一併提供測試資料，在某些情況下仍可以使用未來的資料。若使用未來的資料可以提高模型的精準度，我們就應該將資料提取為 Lead 特徵等資料用於預測。

另外，有些數據分析競賽會有特別規定，這個狀況就不會發生。在 SIGNATE 中舉辦的「預測J聯盟的觀眾動員數（J 客動員予測)」競賽中規定預測時只能使用預測對象日期之前確定的資訊。而在 Kaggle 中的「Two Sigma Financial Modeling Challenge」規定必須要透過 Kaggle Kernel 提交程式碼，且不論訓練或預測都必須在伺服器上進行，這樣的作業環境下，參賽者就不可能使用未來的資訊。

3.11 降維/非監督式學習特徵

3.11.1 主成分分析 (Principal Component Analysis, PCA)

主成分分析是降維最具代表性的方法。這個方法主要是將多維資料依據其變異係數，由大至小重設座標軸。使用這個方法，可以在特徵之間具有高度依存性時，只用少數主成分就可以代表原始資料 [註24]。不過，這個方法假設特徵是呈常態分配，因此呈偏態分配的特徵不適用主成分分析。

註24：奇異值分解 (Singular Value Decomposition, SVD) 和 PCA 為相似的降維方法。詳細可參考：「PCA 和 SVD 的關係」
https://qiita.com/horiem/items/71380db4b659fb9307b4

　　另外，我們不一定要把降維方法使用在所有的資料上，若有需要，也可以使用於部份的欄位。

　　我們可以使用 scikit-learn 的 decomposition 套件的 PCA 或 TruncatedSVD 類別來執行主成分分析。可能是因為 TruncatedSVD 主要是使用稀疏矩陣，比起 PCA，較多人會選擇使用 TruncatedSVD。

■ **ch03-05-reduction.py PCA**

```
from sklearn.decomposition import PCA

# 使用標準化數據
train_x, test_x = load_standarized_data()
print(train_x.shape)   ← (10000, 59)
print(test_x.shape)    ← (10000, 59)

# 定義以訓練資料來進行 PCA 轉換
pca = PCA(n_components=5)
pca.fit(train_x)

# 進行轉換
train_x = pca.transform(train_x)
test_x = pca.transform(test_x)
print(train_x.shape)   ← (10000, 5)
print(test_x.shape)    ← (10000, 5)
```

　　主成分分析也適用部分的 MNIST (手寫文字圖像的資料集)，其結果如圖 3.30 所示，散佈圖表示了第一主成分和第二主成分。由此我們可知主成分分析可以在某個程度上取得類別間的特徵。不過，一般來說主成分分析只適用於呈常態分配的特徵轉換，因此圖中的呈特殊分配的資料並不一定適用主成分分析。

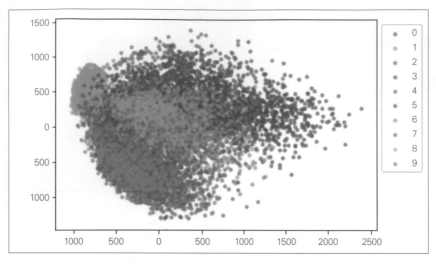

圖 3.30　主成分分析 (PCA) 範例

3.11.2　非負矩陣分解 (Non-negative Matrix Factorization, NMF)

　　非負矩陣分解這個方法是使用少數非負數元素的矩陣之乘積來近似一個非負矩陣的原始資料。NMF 和 PCA 不同之處是 NMF 只適用在非負資料，但可以將資料拆解成非負矩陣 (編註：若希望資料中不要有負數，可以考慮此方法)。

■ **ch03-05-reduction.py NMF**

```python
from sklearn.decomposition import NMF

# 資料由非負值組成
train_x, test_x = load_minmax_scaled_data()

# 定義訓練資料的 NMF 轉換
model = NMF(n_components=5, init='random', random_state=71)
model.fit(train_x)

# 進行轉換
train_x = model.transform(train_x)
test_x = model.transform(test_x)
```

3.11.3 Latent Dirichlet Allocation (LDA)

Latent Dirichlet Allocation 是一種主題模型 (Topic Model)，主要是用來處理自然語言處理的文檔，其結果會以機率的形式傳回 [註25]。由於這個方法的簡稱與下一節介紹的線性判別 (Linear Discriminant Analysis, LDA) 的縮寫都是 LDA，搜尋參考資料時要特別注意。

首先，建立一個以語句為列、單字為欄的表格來表示每個單字在每個語句中出現的次數，接著指定要分類的主題數 (這裡以 d 表示語句數、w 表示單字數、k 表示主題數)。

LDA 使用貝氏定理來推得每一個語句出自於各主題的機率矩陣。也就是說，它將各語句轉換成元素 k 的向量。此向量的元素代表了語句出自於各主題的機率。除了將語句分類，LDA 也可以計算各主題中各個單字出現的機率。

所以說，我們可以使用 LDA 建立計算單字語句的矩陣 (d×w 矩陣)、語句出自於各主題機率的矩陣 (d×k 矩陣) 以及表示各主題單字分布的矩陣 (k×w 矩陣)。

即使是非自然語言的表格資料，我們也可以取資料中被視為單字語句陣列的部分或是使用在「3.12.7 使用主題模型 (Topic Model) 來轉換類別變數」小節中介紹的方法來進行 LDA。

■ **ch03-05-reduction.py LDA**

```python
# 用 Min-Max 縮放資料
train_x, test_x = load_minmax_scaled_data()

from sklearn.decomposition import LatentDirichletAllocation

# 假設資料為單字語句的計算陣列
```
→ 接下頁

註25：相關的理論可以參考 scikit-learn 資料集：「2.5.7. Latent Dirichlet Allocation (LDA) (scikit-learn 0.21.2 documentation)」
　　　https://scikit-learn.org/stable/modules/decomposition.html#latent-dirichlet-allocation-lda

```
# 定義訓練資料的 LDA 轉換
model = LatentDirichletAllocation(n_components=5, random_state=71)
model.fit(train_x)

# 進行轉換
train_x = model.transform(train_x)
test_x = model.transform(test_x)
```

3.11.4 線性判別分析 (Linear Discriminant Analysis, 也叫 LDA)

線性判斷分析是對分類任務進行監督學習的降維方法。這個方法的降維方式是先找到一個可以對訓練資料進行分類的低維度特徵空間，並將原特徵投影在這個低維度特徵空間中 [註26]。也就是說，若訓練資料是由 n 列的資料、f 個特徵所組成的 n×f 陣列，那麼將其乘上轉換陣列 f×k 就可以將陣列轉換成 n×k 陣列。降維後的維度數 k 會小於標籤項目數，若原本是二元分類 (編註：標籤項目數為 2)，經轉換後值就會變為 1 維。

■ **ch03-05-reduction.py Linear Discriminant Analysis**

```
# 使用標準化數據
train_x, test_x = load_standarized_data()

from sklearn.discriminant_analysis import LinearDiscriminantAnalysis as LDA

# 定義訓練資料的 LDA 轉換
lda = LDA(n_components=1)
lda.fit(train_x, train_y)

# 進行轉換
train_x = lda.transform(train_x)
test_x = lda.transform(test_x)
```

註26：相關的理論可以參考「1.2.1. Dimensionality reduction using Linear Discriminant Analysis (scikit-learn 0.21.2 documentation)」
https://scikit-learn.org/stable/modules/lda_qda.html#dimensionality-reduction-using-linear-discriminant-analysis

3.11.5 t-SNE、UMAP

t-SNE

相較於上述提到的降維方法，t-SNE 算是比較新的手法，這個方法多用於將資料壓縮到 2 維平面以達到視覺化效果。經壓縮後，在原本的特徵空間中相近的點在平面上會更加靠近。由於使用這個方法可以取得資料的非線性關係，所以我們只要在原本的特徵加上上述壓縮結果就可以提升模型的精準度。不過由於這個方法需要耗費較大的計算成本，因此不適合用在超過 2 維或 3 維以上的壓縮。

雖然 scikit-learn 的 manifold 套件中含有 TSN，但這個方法在安裝上比較慢，因此推薦使用 python-bhtsne (使用 pip 安裝的話，套件名為 bhtsne)[27]、[28]。

在「How to Use t-SNE Effectively (Distill)」中有詳細說明一些在設定超參數以及壓縮結果上的注意事項 [29]。

下列提供 t-SNE 的程式碼範例：

■ **ch03-05-reduction.py t-SNE**

```python
# 使用標準化數據
train_x, test_x = load_standarized_data()

import bhtsne

# 進行 t-sne 的轉換
data = pd.concat([train_x, test_x])
embedded = bhtsne.tsne(data.astype(np.float64), dimensions=2, rand_seed=71)
```

註27：「Python BHTSNE」https://github.com/dominiek/python-bhtsne

註28：「t-SNE 在安裝上該如何選擇？((iwi) 備忘錄)」
　　　http://iwiwi.hatenadiary.jp/entry/2016/09/24/230640

註29：https://distill.pub/2016/misread-tsne/

★ **小編補充** 讀者也可以參考以下網頁的 bhtsne 套件，不過這個套件與原書略有不同，因此程式需要修改一行。

https://github.com/lvdmaaten/bhtsne/

https://www.itread01.com/content/1549051955.html

程式修改方式如下：

```
embedded = bhtsne.run_bh_tsne(data.astype(np.float64), 接下行
initial_dims=2)
```

　　Kaggle 中的「Otto Group Product Classification Challenge」是多分類任務的代表競賽。在此競賽中，大部分的參賽者，包含優勝者，為了提高模型的精準度，都使用了 t-SNE 來提取特徵。

　　使用 MNIST 資料來進行 t-SNE，其結果如圖 3.31 所示。相較於主成分分析， t-SNE 可以得到每個分類的非線性特徵，且分類區分的更清楚。

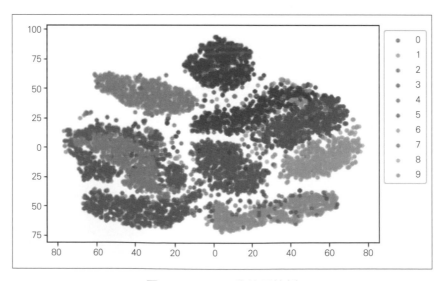

圖 3.31　t-SNE 的結果範例

UMAP

UMAP 出現於 2018 年。雖然它和 t-SNE 一樣都是透過壓縮原本特徵空間中相近的點使其更為接近，但它的執行時間卻只有 t-SNE 的好幾分之一，執行快速的優勢使它開始廣泛被使用 [註30]。因此這個方法適合用於 2 維、3 維以上的壓縮。

執行 pip 安裝時要特別注意其套件名不是 umap 而是 umap-learn。下列為 UMAP 的程式碼範例。

■ **ch03-05-reduction.py UMAP**

```python
# 使用標準化數據
train_x, test_x = load_standarized_data()

import umap

# 定義訓練資料的 UMAP 轉換
um = umap.UMAP()
um.fit(train_x)

# 執行轉換
train_x = um.transform(train_x)
test_x = um.transform(test_x)
```

圖 3.32 為使用 UMAP 分析上述相同資料的結果。從這張圖可以發現類別被明確分成好幾個區塊。

註30：「UMAP」https://github.com/lmcinnes/umap

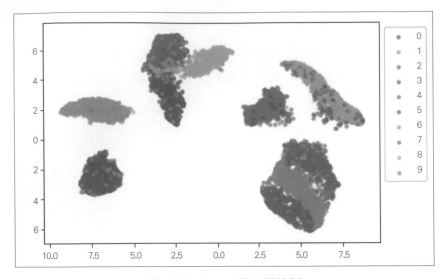

圖 3.32　UMAP 的結果範例

3.11.6　自編碼器(Autoencoder)

　　自編碼器是用於類神經網路的維度壓縮方法。我們可以在一個類神經網路中，使用一個比輸入維度還低的中間層 (輸出層維度則和輸入層相同)，並且訓練網路使其輸出逼近輸入，最後使用中間層的數值，這樣就可以更低維度的中間層來表示原始輸入資料。

　　Autoencoder 又分為很多種類，Kaggle 上舉辦的數據分析競賽「Porto Seguro's Safe Driver Prediction」的優勝者就使用了其中一種 Autoencoder：denoising autoencoder [註31]、[註32]、[註33]。

註31：「1st place with representation learning (Porto Seguro's Safe Driver Prediction)」
　　　　https://www.kaggle.com/c/porto-seguro-safe-driver-prediction/discussion/44629

註32：「Building Autoencoders in Keras (The Keras Blog)」
　　　　https://blog.keras.io/building-autoencoders-in-keras.html

註33：在 https://github.com/GINK03/kaggle-dae 中，除了分析上述 Porto Seguro 的 1st place 解法，也進行了追加測試。

denoising autoencoder 主要是在輸入的資料上加上干擾後再訓練模型使其能夠去除干擾。上述競賽的優勝者就是在資料中加上了名為 swap noise 的干擾，它干擾的手法是將相同的特徵值和其他的欄位交換。

> **編註**：首先我們會給每個特徵一個隨機值，假設第 N 筆資料的第 A 個特徵的隨機值大於某個預設的閾值，則我們會隨機取另一筆資料 M 的第 A 個特徵，取代第 N 筆資料的第 A 個特徵。

3.11.7 群聚分析 (Cluster analysis)

群聚分析是一種非監督式學習，它會將資料分成好幾個組別。這個方法除了將每筆資料所屬的組別作為新的類別變數，也可以將每筆資料與組別中心的距離作為新的特徵。

我們可以使用 scikit-learn 的 cluster 套件來執行 Clustering [註34]、[註35]。Clustering 使用的演算法有很多種，其中較常被使用的演算法如下：

- K-Means、若想要更快速的運算可以使用 Mini-Batch K-Means
- DBSCAN
- Agglomerative Clustering (聚合式階層分群法)

在 Kaggle 中的「Allstate Claims Severity」競賽獲得第 2 名的解法中使用的特徵就是以組別為中心的距離 [註36]、[註37]。

註34：「2.3. Clustering (scikit-learn 0.21.2 documentation)」
https://scikit-learn.org/stable/modules/clustering.html

註35：「Comparing different clustering algorithms on toy datasets (scikit-learn 0.21.2 documentation)」
https://scikit-learn.org/stable/auto_examples/cluster/plot_cluster_comparison.html

註36：可參考：https://github.com/alno/kaggle-allstate-claims-severity

註37：「Allstate Claims Severity Competition, 2nd Place Winner's Interview: Alexey Noskov」
https://medium.com/kaggle-blog/allstate-claims-severity-competition-2nd-place-winners-interview-alexey-noskov-f4e4ce18fcfc

以下為 Clustering 的程式碼範例：

■ **ch03-05-reduction.py Clustering**

```python
# 使用標準化數據
train_x, test_x = load_standarized_data()

from sklearn.cluster import MiniBatchKMeans

# 定義訓練資料的 Mini-Batch K-Means 轉換
kmeans = MiniBatchKMeans(n_clusters=10, random_state=71)
kmeans.fit(train_x)

# 輸出所屬的組別
train_clusters = kmeans.predict(train_x)
test_clusters = kmeans.predict(test_x)

# 輸出到各組別中心的距離
train_distances = kmeans.transform(train_x)
test_distances = kmeans.transform(test_x)
```

3.12 其他分析技巧

3.12.1 思考資料的運作背景

提取特徵的方法有各種組合，只有提取無數個特徵才有辦法涵蓋所有可能。因此，我們必須了解分析對象的背景知識來提取有利於模型運作的特徵，讓提取特徵更有效率。

考慮使用者的活動

大部分的數據分析競賽中，使用者活動和標籤之間的關係都很密切，因此我們必須思考什麼樣的特徵和使用者的活動最有關連。

- 提取能夠表示使用者性格/活動特性/活動週期的特徵。

- 思考時以使用的目標來劃分組別。

- 使用者是否對特定商品有偏好。

- 思考是否有阻礙活動的要素，像是使用者是否已經購買相同的商品等。

- 思考使用者從原本的畫面轉移到該網頁購買商品的歷程。

　　以在「3.13.4 KDD Cup 2015」中提到的任務為例。這個競賽的任務為預測學生是否會取消線上課程，參賽者針對這個任務所提取的特徵可呈現學生的認真程度以及學習進度。

思考提供服務端的動向

　　除了使用者的活動，我們也可以思考提供服務方的動向。

- 當某商品的銷售量為 0 時，可能是因為某些原因導致零庫存，而非不再需要該商品。

- 暫停服務或主機維修保養的前後幾天可能會影響服務的使用。

- 從「在 APP 或網頁中搜尋時，該服務是否在搜尋結果的第一順位」等相關資訊中提取特徵。

- 思考 APP 或是網頁提供的搜尋服務，或是下拉式選單中有的選項 (比如距離車站 5 分鐘以內、10 分鐘以內、10 分鐘以上等選項)。

了解業界的分析手法

　　我們可以嘗試了解各領域怎麼分析手上的資料，作為提取特徵的參考。

- 使用顧客分析手法像是 RFM 分析等方法來進行使用者分類或提取特徵 (Recency：最近購買日、Frequency：購買頻率、Monetary：購買金額)。

- 搜尋「credit score」或「信用分數」等單字，來判斷金融機構在審查個人信用風險時會考慮那些條件。

- 以疾病的診斷依據為例，我們可以去思考評分標準、診斷的條件分支規則、使用什麼樣的特徵以及特徵組合。

　　筆者 (T) 曾參加 Kaggle 上舉辦的「Prudential Life Insurance Assessment」競賽。當時嘗試參考顧問公司的投保前調查資料來提取特徵，當時還費了一番功夫找到了負責人且了解顧問公司預測的基準，並提取了可以追蹤該基準的特徵。

組合多個標籤並建立指數

　　我們也可以透過組合多個變數來建立新的指數，譬如身高和體重可以求得 BMI 指數，氣溫和濕度可以求得舒適度指數。

　　Kaggle 上舉辦的「Recruit Restaurant Visitor Forecasting」競賽中，將氣溫和濕度是否適合病毒活動作為罹病指數。並取 7 天的移動平均作為特徵，藉此來預測餐廳的來客數 [38]。

考量自然現象

　　當競賽的任務為預測降雨量等自然現象時，我們通常可以從該領域相關的領域知識 (Domain knowledge) 中提取有用的特徵。因此，思考自然現象的運作機制，也可以是資料分析的其中一種技巧。像是從日期和地點計算日出和日落時間，在某些情況下也許會派上用場。

註38：「20th place solution based on custom sample_weight and data augmentation(Recruit Restaurant Visitor Forecasting)」
https://www.kaggle.com/c/recruit-restaurant-visitor-forecasting/discussion/49328

Kaggle 中舉辦的競賽：「PLAsTiCC Astronomical Classification」，任務為分類天體觀測資料。當然，主辦方提供了天體觀測時的亮度、光的波長等資料，不過如果可以活用天文學或天體觀測的知識，藉此補足原有特徵將有助於模型的預測。

實際體驗分析對象提供的服務

我們可以實際去使用或登入分析對象所提供的服務，譬如不要只是瀏覽網頁而是實際登入並試著下訂單、或者是造訪實體店面等，透過這些方法也許會有一些新發現。

在 Kaggle 上舉辦的「Coupon Purchase Prediction」競賽中，透過瀏覽網頁，我們可以了解競賽要分析的優惠究竟是什麼、主辦方究竟提供給我們多少資料。我們可以在這些實際體驗的過程中得知優惠類型會影響使用者的活動，譬如使用者會根據優惠類型來判斷是否要花費長時間的車程來消費。於是我們就知道，主辦方提供的資料並不足以判斷優惠究竟受不受歡迎，若單純僅使用主辦方提供的資料，我們的預測就無法很精確。透過實際體驗，我們可以得到更多資料分析的靈感。

3.12.2 關注資料間的關係

有些資料中的記錄相互獨立，很難看出記錄之間是否有關連性；有些資料則會有一部份的記錄有高度的關連性，像是含有多筆相同使用者記錄的資料。

我們可以觀察多筆資料之間的關連性，或是觀察資料的整體狀況，透過這些關連性來找到新的提取特徵的方法。以上述含有多筆相同使用者記錄的資料為例，當使用者出現的次數不一樣時就表示其中可能具有某種性質，那我們就可以去計算每位使用者的記錄筆數。

接下來，我們來看看以下幾個實際案例：

Kaggle「Caterpillar Tube Pricing」競賽

　　這個競賽的任務是預測每一種機械用管線搭配不同購買數量的價格。資料中每種管線都配合了不同的購買數量。例如其中一種管線搭配的購買數量為 [1, 2, 10, 20] 4 種資料，而另一種管線搭配的購買數量則為 [1, 5, 10] 3 種資料。這時我們就可以將管線符合哪一種購買數量提取為特徵 [註39]。

Kaggle「Quora Question Pairs」競賽

　　這個競賽是一個二元分類的任務，參賽者必須判斷一組兩個問句內容是否相同。由於相同的問句會搭配其他的句子頻繁的出現，只要能夠了解這些句子的關連性就可以讓模型有效的運作。舉例來說，我們已知問句 A 和問句 B 的內容相同，若我們同時得知問句 B 和問句 C 的內容相同，那麼我們就可以推論問句 C 和問句 A 的內容相同。不過，這個競賽的問題點應該是在於建立資料組的方法。出現越多次的問句，和它配對的問句就越有可能有相同的內容。

　　由於資料組具有上述性質，那麼我們只要能得知問句和配對組的關連性，就可以提高競賽的分數。舉例來說，我們可以鎖定其中一組配對中 2 個問句，從所有的資料中找出含有這 2 個問句的組合，分析這些組合的共通點並以此提取特徵。

　　另外，我們可以使用圖論 (Graph theory) 來進行分析，當我們將一組問句當作無向圖 (Undirected Graph) 的邊時，我們可以使用每個問題所含有的最大團 (Maximum Clique：所有端點之間都有邊，團為直接連結兩個端點的集合) 大小來提取特徵。tkm2261 就用這個方法大幅提高了分數，在此競賽獲得了 17 名的成績 [註40]。

註39：「Solution sharing (Caterpillar Tube Pricing)」
　　　https://www.kaggle.com/c/caterpillar-tube-pricing/discussion/16264#91207

編註：Kaggle 平台已經移除此競賽頁面，大家可以到 GitHub 搜尋相關討論。

註40：「Quora 參賽記錄」https://www.slideshare.net/tkm2261/quora-76995457

Kaggle「Bosch Production Line Performance」競賽

這個競賽的任務為預測每個成品是良品或不良品。競賽中提到的成品會經過多個感應器檢測,而主辦方提供的資料也包括成品經過感應器的時間。我們可以將成品是否經過各感應器的狀況進行視覺化,並根據成品經過哪幾個感應器來區分為幾種經過情形,最後將每個成品屬於哪種情形提取為特徵。

我們也可以運用經過感應器的其他成品資訊來提取特徵[註41]。只要想像一下工廠中成品在感應器之間流動的樣子,就會發現工廠、感應器和成品之間具有關連性,而非獨立的資料。我們或許可以從這些關連性找到一些分析手法的靈感。

3.12.3 關注相對值

某些情況下使用相對值也可能有利於模型的運作。所謂相對值就是資料與其他值之差或比例,像是比較某個使用者與其所屬小組平均值的差異或比例等都算是相對值。下列再提出幾個其他的例子:

- 價格為一個重要的變數,我們以各種不同的觀點,像是品名、產品的分類、使用者或地區來計算平均,並比較這些平均的差異和比例 (取自 Kaggle「Avito Demand Prediction Challenge」競賽[註42])。

- 比較某一使用者貸款額度與相同職業使用者的貸款額度平均 (取自 Kaggle「Home Credit Default Risk」競賽)。

- 計算相對於市場平均報酬的各資產報酬 (取自 Kaggle「Two Sigma Financial Modeling Challenge」)。

註41:「Kaggle bosch 競賽回顧」https://www.slideshare.net/hskksk/kaggle-bosch

註42:「Kaggle Avito Demand Prediction Challenge 9th Place Solution」
https://www.slideshare.net/JinZhan/kaggle-avito-demand-prediction-challenge-9th-place-solution-124500050

3.12.4 關注位置資訊

當資料中含有緯度或經度等位置資訊時，我們可以使用位置之間的距離作為特徵。或是可以結合到達主要都市或地標的距離、地區資訊等外部資料來提取特徵。

Kaggle「Coupon Purchase Prediction」競賽中，筆者 (T) 以推出優惠的店鋪位置與使用者位置之間的距離來提取特徵，同時考慮到位置資訊跟哪幾種優惠有關聯，將這些觀點納入到之後的統計和預測上。

SIGNATE 上舉辦的「預測日本 J 聯盟的觀眾動員數」競賽中，包括優勝者在內的許多參賽者都以隊伍與主場的距離來提取特徵，根據這個特徵可以得知客隊的觀眾數會因為客隊到離自己主場較遠的地方比賽而減少，以此提升模型的精準度。

還有一種完全不同的方法，我們可以根據經度和緯度來分區，建立新的特徵，每一個特徵代表就是一個區域。在實際操作上，我們可以適當捨棄經度和緯度的精準度，並將其當作文字串聯，最後在執行 Target encoding，就可以取得各區域標籤平均的趨勢。筆者 (J) 就是將這個方法用於 Kaggle 的「Zillow Prize: Zillow's Home Value Prediction (Zestimate)」競賽，並藉此提升了模型精準度。

> **編註**：比如捨去經度跟緯度的個位數，可以產生 36×18 個區域，因此我們可以將台灣 (東經 121，北緯 23) 歸屬於 E12_N2 這個區域。

3.12.5 自然語言的處理

本節會簡單介紹一些可以用於表格資料的自然語言處理手法。但由於自然語言處理並非本書的範疇，因此像是 stemming、stopwords、lemmatization 等自然語言處理中特有的預處理，在本書中不會詳細說明。

bag-of-words (詞袋模型)

這個方法是將文件以單字為單位並計算單字的出現次數，不考慮各單字出現的順序。

以 n 表示文件數量，以 k 表示所有文件中出現的單字種類。那麼我們就可以將每筆文件轉換成 k 個特徵，每個特徵值代表對應的單字在文件中出現的次數。這樣一來 n 筆文件就可以轉換成陣列 (資料數 n×出現的單字種類數 k) (圖 3.33)。

經上述方法建立的陣列之後我們都稱之為文件單字計數矩陣 [註43]。接下我們還可以根據這個矩陣來提取其他特徵，像是使用於之後介紹的 Term Frequency-Inverse Document Frequency (TF-IDF) 或之前提到的 Latent Dirichlet Allocation (LDA) 等方法。

要建立文件單字計數矩陣可以使用 scikit-learn 的 feature_extraction.text 套件的 CountVectorizer。

	a	and	cat	dog	is	it	that	this
it is a dog	1	0	0	1	1	1	0	0
it is a cat	1	0	1	0	1	1	0	0
is this a cat	1	0	1	0	1	0	0	1
this is a cat and that is a dog	2	1	1	1	2	0	1	1

圖 3.33　文件單字計數矩陣

n-gram

在 bag-of-words 中，分割單位為單字，但在 n-gram 中分割的單位則為**連接的單字**。以「This is a sentence.」這句話為例，bag-of-words 可以分

註43：列所對應的為文件，而欄所對應的是每個單字。矩陣內容為單字出現在文件中的頻率 (不一定是計數)，我們稱之為文件單字矩陣 (document-term matrix)。文件單字計數矩陣是文件單字矩陣的一種。

成「this、is、a、sentence」四個單字，但在 n-gram 中，則必須要分割成
「This-is、is-a、a-sentence]，也就是分割成三個詞組。雖然這個方法保留的
句子資訊較分割單字來的多，但出現的種類會增加，形成的資料會較為稀疏。

> **編註**：讀者可以試著用 bag-of-words 跟 n-gram 來分割「This is your job. This job is done
> by you.」這句話，你會發現 bag-of-words 會分割出 7 個單字，而 n-gram 會分割出 8 個詞
> 組。

TF-IDF (Term Frequency-Inverse Document Frequency)

這個方法主要是根據 bag-of-words 建立的文件單字計數矩陣作進一步的
轉換。TF-IDF 中會以下列方法來定義 TF 和 IDF，並將兩者相乘後取代文件
單字矩陣中各個元素。透過這個方法會降低一般性單字的重要性，進而凸顯只
出現於特定文件中單字的重要性。

● **TF (Term Frequency，詞頻)**：單字出現在一份文件中的比率。

● **IDF (Inverse Document Frequency，逆向檔案頻率)**：該單字出於文
  件的比率之倒數的對數。IDF 可以提升只出現在特定文件中的單字的重要
  性。

我們可以使用 CountVectorizer 來建立矩陣，並使用 scikit-learn 的
feature_extraction.text 套件所提供的 TfidfTransformer 來進行 TF-IDF 轉換。

Word Embedding

如「3.5.6 Embedding」中所說明，word embedding 是一種將單字轉換
為數值向量的分析方法。只要使用經訓練的 Embedding，就可以將單字轉換
為可以反映其意義/性質的數值向量。

3.12.6 自然語言處理方法與應用

我們可以將這些經常用於自然語言處理的方法，像是上述的 bag-of-words、n-gram 或 TF-IDF 等方法，用於與自然語言無關的資料上。也就是將含有某些元素的陣列視為一個文件，並使用這些方法來處理。

Kaggle 上舉辦的「Walmart Recruiting: Trip Type Classification」競賽中，提供了顧客購買品項的陣列 (每個陣列的長度都不同) 資料讓參賽者進行分類 [註44]，這個任務其中一個基本的分析手法就是把陣列視為文件，並將購買品項視為單字來建立計數矩陣 [註45]、[註46]。當然，若陣列中各個元素之間的關係具有意義，那麼我們也可以使用 n-gram 來進行分析。

Kaggle 上舉辦的「Microsoft Malware Classification Challenge (BIG 2015)」競賽中提供了Hexdump (以 16 進位來表示 2 進制檔案) 和組合語言 (assembly code)。

分析此任務的其中一個方法是將 Hexdump 的 1 byte 視為一個單字，經 n-gram 轉換後進行計數。另一個方法則是將 1 列視為一個單字。針對組合語言，可以對 opcode 直接進行文字計數，或是使用 n-gram 進行計數 [註47]、[註48]。

註44：雖然此競賽沒有明確指示有多少可能的標籤內容，但可以從「購買寵物用品」或「採購一週的食材」等描述來推測購物的目的。

註45：「Some Feature Generation Code (Walmart Recruiting: Trip Type Classification)」
https://www.kaggle.com/c/walmart-recruiting-trip-type-classification/discussion/18165

註46：「Interesting Features & Data Prep (Walmart Recruiting: Trip Type Classification)」
https://www.kaggle.com/c/walmart-recruiting-trip-type-classification/discussion/18163

註47：「Microsoft Malware Classification Challenge 獲勝者手法介紹」
https://www.slideshare.net/shotarosano5/microsoft-malware-classification-challenge-in-kaggle-study-meetup

註48：「Microsoft Malware Winners' Interview: 1st place, "NO to overfitting!"」
https://medium.com/kaggle-blog/microsoft-malware-winners-interview-1st-place-no-to-overfitting-ee0b664bfb4c

Kaggle 上舉辦的「Otto Group Product Classification Challenge」競賽中雖然並未提供特徵的意義，但由於所有資料皆為非負值，我們可以將特徵視為某事件的出現次數陣列，並使用 TF-IDF。

3.12.7　運用主題模型 (Topic Model) 來轉換類別變數

我們可以運用主題模型這種文件分類技巧，依照不同類別變數同時出現的資訊，將類別變數轉換成數值向量。

做法如下：選 2 個類別變數 A 跟 B，建立一個類別變數 A 為列、類別變數 B 為行的計數矩陣；接著使用 3.11.3 節介紹的 LDA，將類別變數 A 轉換成數值向量，向量表示類別變數 A 的每一個項目，屬於某一個主題的機率。

Kaggle 上的「TalkingData AdTracking Fraud Detection Challenge」競賽中，優勝者就在其解法中使用了這個方法 [註49]。在這個競賽中參賽者必須預測使用者在點擊廣告之後是否會實際下載。競賽提供的資料為使用者 (以 IP 位址表示)、廣告中宣傳的 APP、連接的裝置等類別變數。

假設我們要使用上述方法來完成任務，我們必須將使用者視為文件、APP廣告視為單字，並以使用者傾向點擊什麼樣的 APP 廣告將資料分成多個主題，計算使用者屬於每個組別的機率。以計算結果作為特徵就可以有效的預測使用者可能會下載的 APP。除了 LDA，我們也可以使用 PCA 或 NMF，不過最有效的仍為 LDA。優勝的隊伍先排除連接裝置這個變數，將剩下的 4 個變數兩兩一組 (得到 4*3=12 個配對)，最後使用 LDA 來分析資料並將主題數設為 5，總計作成了 60 個特徵。

註49：「TalkingData AdTracking Fraud Detection Challenge Winner's solution (概要)」
　　　https://www.slideshare.net/TakanoriHayashi3/talkingdata-adtracking-fraud-detection-
　　　challenge-1st-place-solution

3.12.8 處理影像特徵的方法

關於從影像資料提取特徵的方法，我們可以先使用 ImageNet 資料集來訓練類神經網路，並將訓練完的類神經網路模型用來預測影像，再由接近輸出層的輸出值來提取特徵，你也可以使用影像尺寸、顏色、明亮度等基本的影像特徵。在深度學習出現之前，SIFT、EXIF 這類資訊也常被用來提取特徵 [註50]、[註51]、[註52] 。

3.12.9 Decision Tree Feature Transformation

這個技巧非常特別，當我們建立了決策樹後，每筆資料會根據分支來決定要落於哪一片葉子上，這些資訊就會被視為是類別變數並使用在其他的模型中。通常用於由 GBDT 建立的一連串決策樹上。

Kaggle 上「Display Advertising Challenge」以及「Click-Through Rate Prediction」競賽中的優勝所使用的分析方法，都是用上述手法提取特徵並用於名為 Field-aware Factorization Machines 的模型中。

註50：「Yelp Restaurant Photo Classification, Winner's Interview: 1st Place, Dmitrii Tsybulevskii 」
https://engineeringblog.yelp.com/2016/04/yelp-kaggle-photo-challenge-interview-1.
html#:~:text=355%20Kagglers%20accepted%20Yelp's%20challenge,place%20with%20
his%20winning%20solution

註51：「Kaggle Avito Demand Prediction Challenge 9th Place Solution」投影片 21
https://www.slideshare.net/JinZhan/kaggle-avito-demand-prediction-challenge-9th-place-
solution-124500050

註52：「影像搜尋 (辨識特定物品)－古典手法、比對、深度學習、Kaggle (像索 (特定物体認識) － 古典手法、マッチング、深層習、Kaggle)」
https://speakerdeck.com/smly/hua-xiang-jian-suo-te-ding-wu-ti-ren-shi-gu-dian-shou-fa-
matutingu-shen-ceng-xue-xi-kaggle

分析手法的程式碼與套件都公開在網頁中，有興趣的讀者可以上網頁中參考 [註53]。使用這兩個解法的團隊成員幾乎相同。詳細的手法可以參考 Xinran He 等人的論文 [註54]。

3.12.10 預測匿名化資料轉換前的值

有些數據分析競賽，主辦單位可能會隱藏資料中每個變數的意義，或者資料的值可能也會經過標準化等處理。有時我們可以透過仔細觀察，來將這些資料復原到轉換前的狀態。

舉例來說，當資料中的年齡被標準化時，首先我們可以從資料尋找最小的差值，再將所有資料除以最小的差值 (編註：最小差值就對應到年齡的 1 歲)，即可將原本都落在 0 附近的資料轉換成接近整數的數值，方便我們根據出現頻率多的數值、最大值、最小值及數值的分布來判斷此變數是否代表年齡。

在 Coursera How to Win a Data Science Competition : Learn from Top Kagglers 中解釋了如何推測匿名化資料轉換前的值 [註55]。雖然這種方法不一定

註53：・「3 Idiots' Solution & LIBFFM (Display Advertising Challenge)」
https://www.kaggle.com/c/criteo-display-ad-challenge/discussion/10555

・「3 Idiots' Approach for Display Advertising Challenge」(PDF)
https://www.csie.ntu.edu.tw/~r01922136/kaggle-2014-criteo.pdf

・「3 Idiots' Approach for Display Advertising Challenge」(GitHub)
https://github.com/guestwalk/kaggle-2014-criteo

・「4 Idiots' Solution & LIBFFM(Click- Through Rate Prediction)」
https://www.kaggle.com/c/avazu-ctr-prediction/discussion/12608#latest-383594

・「4 Idiots' Approach for Click-through Rate Prediction」(PDF)
https://www.csie.ntu.edu.tw/~r01922136/slides/kaggle-avazu.pdf

・「4 Idiots' Approach for Click-through Rate Prediction」(GitHub)
https://github.com/ycjuan/kaggle-avazu

註54：He, Xinran, et al. "Practical lessons from predicting clicks on ads at facebook." Proceedings of the Eighth International Workshop on Data Mining for Online Advertising. ACM, 2014.

註55：「Week2 Exploratory Data Analysis - Exploring anonymized data」
https://www.coursera.org/learn/competitive-data-science/

適用於每一種情況，不過這個方法的價值就在於，當其可行時我們就可以更深入的了解資料。

3.12.11　修正錯誤的資料

若資料中有一部份因為作者或使用者輸入錯誤等原因而有問題時，我們可以透過推測來修正資料，讓訓練資料有更好的品質。

Kaggle 上的「Airbnb New User Bookings」競賽中，年齡這個特徵含有出生年分，其中卻有超過 100 歲這樣不太合理的數值，我們可以透過修正這些錯誤資料來提升精準度 [註56]。另外，在處理自然語言的任務中，資料分析師也經常在預處理中進行拼字錯誤的修正。

3.13　從數據分析競賽案例看提取特徵的方法

3.13.1　Kaggle 的「Recruit Restaurant Visitor Forecasting」

這個競賽的任務為預測多間餐廳未來的來客數。競賽中提供的訓練資料中包括了從 2016/1/1 到 2017/4/22 的每間餐廳的來客數和預約數，參賽者則必須預測 2017/4/23 到 2017/5/31 為止的來客數。也就是說，參賽者在預測 2017/4/23 的來客數時，可以使用前一天的資料，但在預測 2017/5/31 的來客數時卻只能使用 39 天前的資料。

註56：「kaggle-airbnb-recruiting-new-user-bookings」
　　　https://github.com/Keiku/kaggle-airbnb-recruiting-new-user-bookings

參與這種形式的數據分析競賽必須特別注意，驗證模型時要盡量吻合測試資料的狀況，避免得到過度高分的結果，我們必須先考慮到最後一筆訓練資料的日期與測試資料的日期的時間間隔再提取特徵 (可以參考「3.10.6 可用於預測的資料時間」)。

由於時間間隔會隨著預測資料的日期而改變，筆者 (J) 依據不同的時間間隔建立了 39 個不同的模型。而獲得優勝的團隊成員 fakeplastictrees 也採取了相同的策略。

筆者實際提取的特徵主要包括以下項目：

● 從預測日期開始每隔 7 天回溯 50 週每天的來客數之對數，排除無法使用的日期 (編註：假設預測日期是星期二，則回溯過去 50 個星期二的來客數之對數)。

● 上述最近 8 週的平均。

● 從最新可使用日開始回溯 20 天內每天的來客數之對數，排除與上述之重覆項目 (編註：回溯 20 天過程中如果出現星期二，就跳過)。

● 從最近可利用日期開始回溯 5 週內每週的來客數之對數的平均。

● 含預測日期的過去 7 天每天預約數之對數。

上述特徵中，筆者對來客數和預約人數都取了對數。不過，由於筆者使用了 GBDT 模型 (編註：GBDT 模型只考慮特徵的大小關係，不考慮特徵本身的數值。而取對數之後，特徵之間的大小關係並不會改變)，取對數只對由統計計算出的第 2 個和第 4 個特徵有意義。事實上，筆者取對數的目的是在於減輕特定日期的影響。通常假日等例外的日期來客數量會較多，先將數據進行對數化後再取平均可以減輕這些日期對平均的影響。另外，資料中含有來客數為 0 的數據，筆者先對原本的來客數都先加上 1 之後才取對數，可以使用如 NumPy 的 log1p 函數。

餐廳的來客數會受到星期幾的影響，第一個項目的特徵群組代表星期幾的趨勢。另外，星期幾也會因為日期的關係而有偏差，第二個項目就是將其平均後的特徵。第三個項目是不同的星期幾，對來客數可能的影響。第四個項目則是要排除星期幾的影響，目的在於擷取平均的趨勢。

每個特徵要回溯多久之前的資料，是經過多種情境的實驗才得以決定。由於訓練資料的期間並不長，因此特徵中並未加入年或月的資訊。

另外有一點非常重要，測試資料的期間範圍包含了黃金週。可以想見這段期間的來客數會與平時有很大的差距，因此，如果以星期幾的來客數記錄為特徵，可能會出現不理想的結果。舉例來說，2017/5/2 為星期二，但這一天剛好是黃金週的前一天，因此就會與平常星期五有相似的趨勢。那麼我們在預測時，就可以將其視為星期五來提取特徵並進行訓練。同樣的，我們可以將 5/3 到 5/5 類比為星期六，以此來提取特徵並進行訓練。以此策略來建立模型，可以使模型的預測結果更接近事實而大幅提升模型的分數。

> **編註**：黃金週是指日本在 4 月底至 5 月初由多個節日組成的連續假期。

筆者 (J) 使用上述的方法提取特徵、並在設定訓練用的資料範圍及驗證上運用了一些技巧，最後獲得了 16 名的成績。關於此競賽的驗證方法會在之後的第 5 章中說明。

3.13.2　Kaggle 的「Santander Product Recommendation」

主辦單位提供了 Santander Bank 的每位客戶每個月購買金融商品的記錄。參賽者必須預測每位顧客最近一個月購買的商品。金融商品總共有 24 種，訓練資料為從 2015 年 2 月 ～ 2016 年 5 月每個商品的購買記錄。測試資料中要預測的資料則為 2016 年 6 月的購買商品，而要預測的商品是沒有在 2016 年 5 月購買而在 2016 年購買的商品。預測提交的形式則為客戶最有可能購買的商品從第一到第七名，而非是否購買商品。評價指標為 MAP@7。

想當然爾，上個月之前的購買記錄是非常重要的資訊來源，也是提取特徵的關鍵資訊。除了資料中原本就包含的每個商品是否被購買的 24 個特徵，筆者 (J) 還建立了幾個主要的特徵 [註57]、[註58]：

1 上個月是否購買各商品的二元變數 (排除所有使用者使用頻率都非常低的 4 個商品)。

2 將上述二元變數視為文字來串連。

3 是否購買各個商品的二元變數中，如 0→0、0→1、1→0、1→1 的轉變次數。

4 連續多少個月某位使用者都沒有購買某個商品。

5 上個月購買的商品數量。

第 1 項為是否購買各商品的二元變數所提取的 lag 特徵。第 2 項為這些二元變數串連後產生的類別變數，接著使用 Target encoding。由於我們可以根據上個月購買商品的情況來看出新購買的商品趨勢，因此這些特徵的作用十分明顯。

第 3 項的特徵群是為了取得二元變數轉變的頻繁程度。由於此競賽的任務為預測購買的商品，最直接的方法就是統計商品購買的次數和比例。然而，這個競賽想要預測的是顧客在上個月未購買，而在最近一個月購買的商品。此競賽的本質為預測 0→1 的轉變機率。筆者以此邏輯來思考，因此不單純統計二元變數為 1 之值或比率，而是關注在二元變數的變化，並依此建立特徵。

第 4 項特徵的想法是：當使用者維持了一段時間沒有購買時，下次就更不可能購買，或是相反的更有可能購買。以此想法所提取的特徵也確實提升了精

註57：「Santander Product Recommendation Competition: 3rd Place Winner's Interview, Ryuji Sakata」
https://medium.com/kaggle-blog/santander-product-recommendation-competition-3rd-place-winners-interview-ryuji-sakata-ef0d929d3df

註58：「Santander Product Recommendation 方法和 XGBoost 的訣竅」
https://speakerdeck.com/rsakata/santander-product-recommendationfalseapurotitoxgboostfalsexiao-neta

準度。第 5 項特徵的想法為：上個月購買越多的商品，最近一個月就更有可能購買該商品，或是與此相反，更不可能購買該商品。

筆者 (J) 使用上述的方法提取特徵、並在設定訓練用的資料範圍及驗證上運用了一些技巧，最後獲得了第 3 名的成績。關於此競賽的驗證方法會在之後的第 5 章中說明。

3.13.3 Kaggle 的「Instacart Market Basket Analysis」

在此競賽中，參賽者必須從過去的訂購記錄中預測使用者曾購買的商品中哪一個會在他下次訂購時回購。若沒有回購的商品時，以 None 作為預測值提交。

獲得此競賽第 2 名的 ONODERA 提出的解決方法是由以下列舉的項目，分別以使用者相關、商品相關、使用者 X 商品相關、時間相關來提取特徵 註59、註60：

● **使用者的相關特徵**

- 再次訂購的頻率/每次訂購間隔

- 下訂單的時間

- 過去是否曾訂購有機、無麩質、亞洲商品

- 同一次訂購的商品數量

- 訂單中有多少第一次購買的商品

註59：「Instacart Market Basket Analysis, 2nd place solution」
　　　https://medium.com/kaggle-blog/instacart-market-basket-analysis-feda2700cded
註60：「2nd place solution」
　　　https://github.com/KazukiOnodera/Instacart

- **商品的相關特徵**

  - 被購買頻率

  - 購物車中的位置

  - 有多常不被回購

  - 同時購買商品個數的統計量

  - 不同訂單之間的商品關聯性 (例：上次買香蕉，下次是否會買草莓)

  - 連續訂購 (無間斷連續訂購) 的統計量

  - 訂購 N 次之後回購的機率

  - 訂購時間點為星期幾的分布

  - 第一次訂購之後回購的機率

  - 每次訂購的間隔統計量

- **使用者×商品相關的特徵**

  - 使用者購買該商品次數

  - 使用者最後一次購買該商品之後經過的時間

  - 連續訂購

  - 商品在購物車中的位置

  - 使用者是否在當天已訂購該商品

  - 同時被購買的商品統計量

  - 被作為其他商品替代品購買的商品
    (=觀察不同訂單之間的商品關聯性而未購買的商品)

- **日期/時間特徵**

  - 星期中每一天的訂單筆數、訂購的商品數量

  - 每段時間的訂單筆數、訂購的商品數量

  以下列出幾個重要的發現：

- 有些類似「12 罐裝的可樂」的商品被作為可樂的替代品。

- 「該使用者訂購該商品間隔的最大值」和「該使用者最後訂購該商品後經過的時間」之差顯示了該商品是否有可能再被購買。

- 有些商品會頻繁被回購，有些商品則沒有這種狀況。

3.13.4 KDD Cup 2015

在這一小節中，將介紹在 KDD Cup 2015 中獲得第 2 名的隊伍 FEG&NSSOL@Data Varaci 使用的分析手法 [註61]。

KDD Cup 2015 是一個預測中國免費線上課程 (MOOC) 網站裡學員是否會停止修課的競賽。競賽提供了該網站學員的存取日誌 (Access Log)，參賽者必須以該資料來預測申請修課的每位學員是否會中斷課程。

模型沒辦法直接使用存取日誌，因此我們必須先統計存取日誌並提取特徵，再將特徵輸入至模型中進行預測。這個隊伍主要使用了兩個方法來提取特徵，其中一個方法是以資料屬性為考量，另一個方法是以學員活動為考量。

註61：「資料科學家的思考法 ～ 剖析 KDD Cup 世界第二都如何思考 ～ 翻譯資訊讓電腦理解」第 3 集

　　　https://it.impressbm.co.jp/articles/-/13148

提取方法1：以資料屬性來大量提取特徵

這個方法是根據資料屬性來提取大量的特徵：

● **對象範圍**：所有期間、星期幾、時段、某段時間、特定的事件等。

● **統計方法**：以申請修課、使用者或課程等為單位。

● **指標**：登錄次數、造訪天數等。

結合上述的對象範圍、統計方法、指標來提取像是「週末登錄上課的造訪天數」、「每個使用者進入 problem 的次數」等等各種特徵。

提取方法2：以學員活動來探索有用的特徵

這個方法主要是以學員活動來提取特徵。只要發揮想像力，這個方法可以提取非常有用的特徵。下列為這個競賽中提取的特徵：

● **呈現學員「認真程度」**：造訪天數或影片閱覽次數等，可以代表學員「認真程度」的特徵。

● **呈現學員學習進度**：以存取日誌的資料計算學員的學習進度和平均學習進度之間的差異，並以此作為特徵。

● **以未來的記錄作為特徵**：我們可以從競賽提供的資料觀察到無資料的未來某段期間中，學員是否會參加其他課程，並以此資訊來提取特徵 (這種資訊可算是資料外洩，在實務上本來是不能用於預測，在此可算是利用了資料外洩來提取特徵)。

3.13.5 數據分析競賽中的其他技巧的案例

到目前為止仍有一些還未提到的用於數據分析競賽的技巧，將一併在這個小節中介紹。

恢復條碼 (barcode) 資訊

Kaggle 上的「Walmart Recruiting: Trip Type Classification」競賽雖然提供了含有數字的條碼資料，但卻沒有相對應的商品存在。其實這是因為校驗碼被刪除，只要將其復原就可以比對出實際商品。由於無法使用外部資料，因此我們不能使用這個方法取得資訊，但我們可以使用條碼資訊的結構 (每一碼代表不同資訊) 來提取特徵。即便沒有還原校驗碼，單純依條碼的位數分割為前後兩段，提取的特徵也可能是有用的 [註62]。

壓縮資料並以壓縮率提取特徵

由於 Kaggle 上的「Microsoft Malware Classification Challenge (BIG 2015)」競賽中提供了惡意軟體的檔案，因此這個競賽的分析方法，就是將壓縮檔案或一部份檔案的壓縮率作為特徵 [註63]。

另外也可以利用上述的概念，分別算出檔案 A 與 B 各自壓縮時的壓縮率，以及將檔案 A 與 B 合併後的壓縮率，比較兩者或許就可以知道檔案 A 和 B 之間是否有共通點 [註64]。

預測曲線配適 (curve fitting) 的差值

Kaggle 上的「Walmart Recruiting II: Sales in Stormy Weather」競賽中，參賽者必須預測店鋪中缺貨商品的銷售量。由於營業額的走向會因為店鋪/商品而有所不同，筆者 (T) 使用曲線配適 (curve fitting) 來建立基準線，再以標籤和基準線的差值來進行訓練和預測 [註65]。

註62：「Decoding UPC (Walmart Recruiting: Trip Type Classification)」
https://www.kaggle.com/c/walmart-recruiting-trip-type-classification/discussion/18158

註63：「Microsoft Malware Winners' Interview: 2nd place, Gert & Marios (aka KazAnova)」
https://medium.com/kaggle-blog/microsoft-malware-winners-interview-2nd-place-gert-marios-aka-kazanova-e342635440da

註64：「Microsoft Malware Classification Challenge 獲勝者手法介紹」
https://www.slideshare.net/shotarosano5/microsoft-malware-classification-challenge-in-kaggle-study-meetup

註65：「First Place Entry (Walmart Recruiting II: Sales in Stormy Weather)」
https://www.kaggle.com/c/walmart-recruiting-sales-in-stormy-weather/discussion/14452

推測 Ridge 迴歸趨勢

Kaggle 上的「Rossmann Store Sales」競賽中使用的方法是在假設資料含有重要特徵的前提下進行 Ridge 迴歸，並以此作為特徵 [註66]。

由歷史戰績計算 rating 並提取特徵

Kaggle 上的「Google Cloud & NCAA ML Competition 2018-Men's」競賽的任務為預測籃球錦標賽的勝負 (註：這是例行性比賽，比賽的籤運很重要，其實預測勝負的意義不大)。用 Elo rating (Elo 等級分) 方法，以歷史戰績資料來計算每一隊的實力強弱，並將此資訊提取為特徵 [註67]。

注意是否有相同值

在 Kaggle 上舉辦的「Home Credit Default Risk」競賽提供的資料有外洩，也就是訓練資料和測試資料存在相同使用者。雖然兩筆相異的資料是不同的時間點，但是透過回推兩筆資料的生日、雇用日、或註冊日，也許可以得到一樣的結果。代表說這兩筆資料可能只是記錄的時間不同，但其實是代表同一個使用者 [註68]。

註66：「Model documentation 1st place (Rossmann Store Sales)」
https://www.kaggle.com/c/rossmann-store-sales/discussion/18024

註67：「Five Thirty Eight_Elo_ratings」
https://www.kaggle.com/lpkirwin/fivethirtyeight-elo-ratings

註68：「Home Credit Default Risk - 2nd place solutions -」
https://speakerdeck.com/hoxomaxwell/home-credit-default-risk-2nd-place-solutions

建立模型

4.1 什麼是模型？

4.1.1 什麼是模型？

本書所說的模型是指可以將特徵轉換為預測值的工具。像是隨機森林 (Random Forest) 或類神經網路 (Artificial Neural Network) 都是很好的例子。

Kaggle 數據分析競賽主要是監督式學習 [註1]。我們給模型訓練資料裡的特徵與標籤，並且訓練它使其能夠精準的預測標籤。訓練完模型後，我們就可以給它測試資料，讓它輸出預測值。

在訓練之前，我們會指定模型的超參數。超參數不僅決定了訓練方法、速度以及模型的複雜程度，也會影響模型的準確度。在第 6 章會繼續談到如何調整超參數。

4.1.2 建立模型的步驟

本節會說明模型的建立、訓練、評價、以及改善的方法，這些方法在數據分析競賽跟實務上都適用。

註1：以下簡單說明監督式學習、半監督式學習及非監督式學習。
- **監督式學習**：使用有標籤的資料訓練模型，並以此模型預測沒有標籤的資料。
- **半監督式學習**：除了有標籤的資料，還會使用沒有標籤的資料來訓練模型。
- **非監督式學習**：以無標籤的資料來推測資料的性質。例如：進行資料的分群 (Clustering)。

模型的訓練與預測

模型的訓練與預測流程如下:

1 指定模型種類與超參數 (假設已決定好合適的超參數)。

2 餵入訓練資料 (包含特徵跟標籤) 給模型使其進行訓練。

3 餵入測試資料 (只含有特徵) 給模型使其進行預測。

程式碼如下:

■ **ch04-01-introduction.py 模型的訓練及預測**

```python
# 指定模型的超參數 (最大深度、學習率)
params = {'max_depth': 10, 'learning_rate': 0.5}

# 建立模型物件 (指定超參數)
model = Model(params)

# 透過訓練資料的特徵與標籤來訓練模型
model.fit(train_x, train_y)

# 對測試資料進行預測
pred = model.predict(test_x)
```

以下使用 n_{tr} 代表訓練資料筆數,n_{te} 代表測試資料筆數,n_f 代表特徵的個數:

● 訓練資料的特徵為 $n_{tr} \times n_f$ 的矩陣

● 訓練資料的標籤為 n_{tr} 的陣列

● 測試資料為 $n_{te} \times n_f$ 的矩陣

● 預測值為 n_{te} 的陣列

　　圖 4.1 和圖 4.2 為訓練資料和測試資料以及模型建立流程的示意圖。假設我們如圖 4.1 已經準備好訓練資料和測試資料，我們可以如圖 4.2 一樣，餵訓練資料給模型進行訓練，之後餵測試資料給模型使其進行預測。

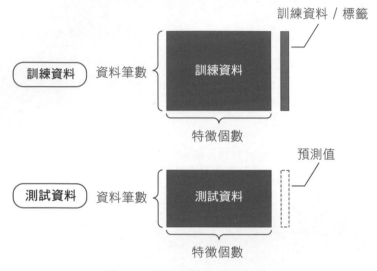

圖 4.1　訓練資料和預測資料

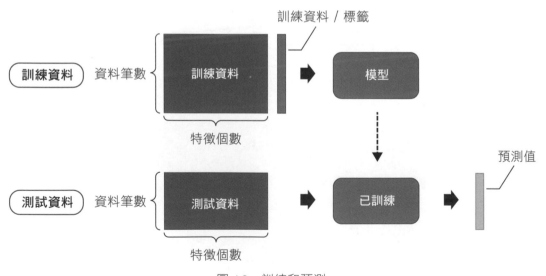

圖 4.2　訓練和預測

驗證模型

模型建立之後，為了判斷該模型的好壞，我們必須對模型進行評價 (使用評價指標)。由於模型在訓練過程中已經看過訓練資料中的標籤，因此評價模型對訓練資料做出預測的好壞，並無法呈現模型對未知標籤資料 (如測試資料) 的預測能力。

為了能夠用模型尚未看過的資料來了解模型的能力，我們可以分出部分訓練資料做為評價用的驗證資料。我們將評價模型好壞的流程稱為驗證 (validation)，第 5 章會針對驗證進行詳細的說明。以下為驗證流程的示範程式碼：

■ **ch04-01-introduction.py** 訓練與驗證

```
from sklearn.metrics import log_loss
from sklearn.model_selection import KFold

# 將訓練資料分為 4 份，並將其中 1 份作為驗證資料
kf = KFold(n_splits=4, shuffle=True, random_state=71)
tr_idx, va_idx = list(kf.split(train_x))[0]   ← 根據資料的索引來
                                                  分割訓練/驗證資料
# 將資料分為訓練資料和驗證資料
tr_x, va_x = train_x.iloc[tr_idx], train_x.iloc[va_idx]
tr_y, va_y = train_y.iloc[tr_idx], train_y.iloc[va_idx]
print('總資料筆數:', len(train_x))
print('訓練資料筆數:', len(tr_x))
print('驗證資料筆數:', len(va_x))


# 定義模型
model = Model(params)

# 使用訓練資料訓練模型
model.fit(tr_x, tr_y)

# 以驗證資料進行預測並進行評價 (以 logloss 做為評價函數)
va_pred = model.predict(va_x)
score = log_loss(va_y, va_pred)
print(f'logloss: {score:.4f}')
```

> **編註**：有些模型如類神經網路可以在訓練的同時進行驗證。也就是說可以同時餵訓練和驗證資料給模型，模型會同時產生訓練及驗證資料的分數，隨著訓練的進度，分數也會隨之變化。

這種將一部份資料作為驗證使用的方法我們稱為 hold-out，使用這個方法有一個缺點，就是不論在訓練或驗證時可以使用的資料都會變少。為了更充分地使用資料，通常我們會用另一種驗證方法：交叉驗證 (Cross-validation) (圖 4.3)。

下列為執行交叉驗證的步驟：

1 分割訓練資料，由訓練資料分割而成的每一小部分資料我們稱之為一個 fold。

2 使用一個 fold 的資料作為用於交叉驗證用的驗證資料，剩下的則作為訓練資料，並使用評價指標來得知驗證資料的分數。

3 重覆步驟 **2** 並輪替不同的 fold 作為驗證資料，重覆的次數為分割後的 fold 個數。

4 將計算的分數進行平均後做為評價模型的好壞。

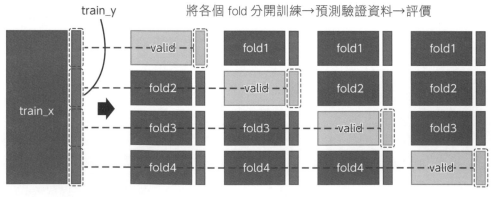

圖 4.3　交叉驗證

■ **ch04-01-introduction.py 交叉驗證**

```python
from sklearn.metrics import log_loss
from sklearn.model_selection import KFold

# 將訓練資料分為 4 等分，其中 1 份為驗證資料
# 不斷輪替驗證資料，進行4次的訓練和評價
scores = []
kf = KFold(n_splits=4, shuffle=True, random_state=71)
for tr_idx, va_idx in kf.split(train_x):
    tr_x, va_x = train_x.iloc[tr_idx], train_x.iloc[va_idx]
    tr_y, va_y = train_y.iloc[tr_idx], train_y.iloc[va_idx]
    model = Model(params)
    model.fit(tr_x, tr_y)
    va_pred = model.predict(va_x)
    score = log_loss(va_y, va_pred)
    scores.append(score)

# 輸出交叉驗證的平均分數
print(f'logloss: {np.mean(scores):.4f}')
```

數據分析競賽的訓練/評價/預測流程

　　在競賽中我們會建立評價模型的驗證流程，並使用評價結果來選擇/改善模型。下列為建立、評價模型的循環流程：

1 設定模型的種類和超參數並建立模型。

2 在餵給模型訓練資料來訓練模型的同時，也進行驗證來評價模型。

3 使用訓練後的模型來對測試資料進行預測並提交預測值 (若驗證的分數不佳，則不一定需要提交該預測值)。

　　我們可以透過以下修改，並參考驗證資料的評價結果來找到效果較好的模型。

- 增加/改變特徵 (增加或重新調整訓練資料/測試資料的欄位)

- 變更超參數

- 變更模型的種類

AUTHOR'S OPINION

筆者 (T) 對於上述的流程有以下的心得，讀者可以根據實際情況做調整：

- 提取特徵是最重要的步驟，建議投入 50%~80% 的時間來提取特徵。

- 不時觀察超參數的變化對模型的影響程度，確定模型和特徵之後，再對超參數 (尤其是影響較大的超參數) 做大規模的調整。

- 優先考慮 GBDT 模型，可以根據任務的性質改使用類神經網路 (比如影像處理)，有使用集成 (Ensemble Learning) 時可以再考慮其他模型 (如線性迴歸)。

- 在我們對資料及任務的了解越來越深的同時，有時也需要變更驗證的機制。比如發現訓練資料中含有時間序列資料，則隨機分割訓練資料來進行交叉驗證可能無法得到合理的評價，這個問題會在下一章仔細討論。

考慮到分析過程中會不斷重覆地建立及評價模型，可以使用一個資料結構來蒐集「模型種類、超參數、特徵」，以便之後修改、分析。此外，我們所撰寫的程式碼靈活度要高，可以彈性的置換不同組合，方便我們不斷進行實驗。

我們不僅可以依靠驗證流程得到的分數來評價模型，我們也可以提交預測值，並參考 Public Leaderboard 的分數 (看排名有沒有進步)。不過，特別要注意一點，若我們過於依賴 Public Leaderboard 的分數，可能會因為過度配適反而造成在 Private Leaderboard 的排名下降。

數據分析競賽的流程如圖 4.4 所示。

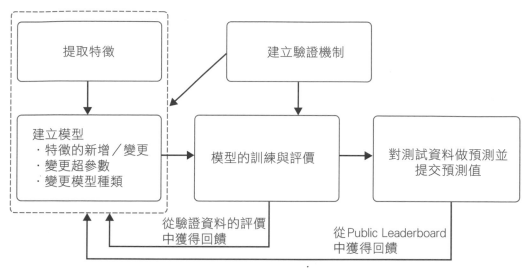

圖 4.4　數據分析競賽的流程

當資料的筆數足夠時，我們可以將一部份的資料作為驗證資料，使用 hold-out 法進行驗證，然而交叉驗證還是比較常用的方法。此外，如果考慮到模型堆疊 (stacking)，由於我們會將第一層模型的預測值，視為特徵來訓練第二層模型，因此依舊需要使用交叉驗證，來確保第一層模型的預測值 (同時也是第二層模型的特徵)，是在沒有看到標籤的前提下所產生，這個手法我們會在第七章詳細介紹。

交叉驗證過程中會訓練多個模型，那我們要用哪一個模型來對測試資料做預測呢？以下列舉兩種方法：

1 保存以各 fold 訓練好的模型，取這些模型的預測值平均 (圖 4.5 左)。

2 重新以所有訓練資料來訓練模型，並以這個模型進行預測 (圖 4.5 右)。

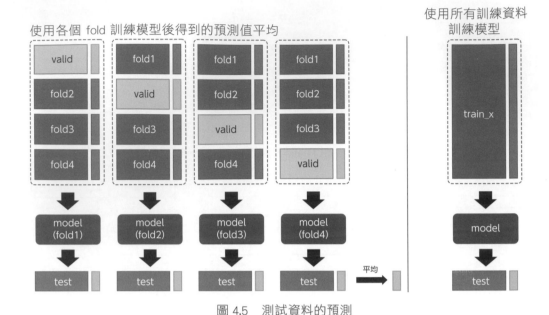

圖 4.5 測試資料的預測

AUTHOR'S OPINION

　　兩種方法都有其優劣，首先討論方法 1 的優缺點：

- 可以直接透過驗證得知分數，不需要再訓練模型。

- 以各 fold 來進行訓練模型，並且最後合併使用，這樣就等同於以所有訓練資料來訓練模型，可以得到相同的準確度。

- 集成的效果顯著 (不過，若參與集成的模型只是變更超參數或特徵，那麼會漸漸沒有效果)。

- 由於重覆預測次數和 fold 個數相等，當測試資料較多時，預測時間也會變長。

　　接下來討論方法 2 的優缺點：

- 有些人認為使用所有訓練資料來訓練模型可以稍微增加準確度。

- 必須再次以所有訓練資料來進行訓練。

- 訓練資料的數量不同卻使用相同的超參數，訓練結果可能會受到影響。舉例來說，使用類神經網路時，會比較難決定 epoch，因為各 fold 和整體資料數量不同，若都使用相同的 epoch 來訓練模型的話，可能會有不同訓練結果。 (T)

4.1.3　模型相關用語及要點

在說明個別的模型之前必須先介紹一些訓練模型中常見的相關用語。

過度配適 (Overfitting)

所謂過度配適是指在訓練模型時，模型學習到訓練資料中的隨機雜訊，以致模型雖然可以在預測訓練資料時得到高分，但在預測其他資料 (編註：比如測試資料) 時分數卻很低。相反的，若模型無法學習到訓練資料的性質，以致於不論在預測訓練資料或其他資料時都無法獲得高分時，我們稱之為低度配適 (Underfitting)。

對數據分析競賽來說，模型的準確度十分重要，不過訓練資料的分數和驗證資料的分數不同是有可能會發生。我們可以透過分析兩者之間的差異來檢查模型是否有過度配適或是低度配適的狀況，再依情況調整超參數。

我們必須特別注意的是出現驗證資料和測試資料的分數不同的情況。若是由於兩者資料的分布不同或是測試資料的筆數太少而造成兩者分數不同，則沒有辦法補救。不過，若非上述特殊的原因則很有可能是因為驗證流程不正確 (比如時間序列資料的驗證過程中，可能需要考慮驗證資料的時間點都要比訓練資料還晚，若隨機分割資料會造成驗證流程無法正確反映模型準確度)。

常規化 (Regularization)

在訓練過程中，對複雜的模型施加額外的限制，我們就稱之為常規化，比如常使用於類神經網路的丟棄法，即是在訓練過程中隨機丟棄一些 unit 的輸出，限制模型只能使用部分 unit。常規化能夠讓模型的複雜度剛好可用於預測，也可以抑制過度配適。大多的模型都含有常規化的機制，並透過設定超參數來讓使用者控制常規化的程度。

監控訓練資料和驗證資料的分數

　　針對 GBDT 或類神經網路等依序進行訓練的模型，除了訓練資料的分數之外，我們也可以透過加入驗證資料並監控評價指標的變化，來了解訓練資料和驗證資料各自的分數趨勢。另外，我們也可以使用之後會提到的提前中止 (Early stopping) 來找出結束訓練的最佳時機點。

　　由於在數據分析競賽中，GBDT 或類神經網路為主要會使用的模型，若在訓練模型的同時餵給模型驗證資料，將有利於分析及改善模型。

提前中止 (Early stopping)

　　GBDT 或類神經網路的套件具有提前中止 (Early stopping) 的功能。在訓練模型的過程中，若驗證資料分數已有一段時間仍未提升，這個功能可以自行中斷訓練。模型對訓練資料進行預測的評價分數會隨著訓練的進行而越來越好，但若訓練過度就有可能因為過度配適造成普適性下降 (編註：驗證資料的評價分數可能會越低)。這時我們就可以使用提前中止的功能來避免這種狀況發生。

　　一般來說，訓練次數 (epoch) 會隨著特徵和其他超參數的差異而有所改變，因此需要不斷的修改，才能找到最合適的訓練次數。此時只要使用提前中止，就可以讓模型自動在達到最合適訓練次數時停止，非常方便。

　　另外要注意一點，一般來說，為了在驗證時得到適當的評價，我們在訓練模型時不會使用驗證資料中的資訊，但若執行提前中止時，會參考驗證資料來決定訓練次數，因此最後得到的評價分數可能會比原本的分數來的更好。

　　驗證資料分數的改善效果會隨著訓練資料的分數越來越好而逐漸轉弱，在圖 4.6 中的曲線代表了一般情況下訓練次數與訓練資料的分數、驗證資料的分數之間的關係 (圖中以 logloss 做為評價指標，分數越低，代表指標越好)。

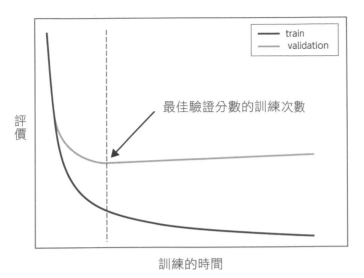

圖 4.6　訓練資料、驗證資料的分數示意圖

袋裝法 (Bagging)

　　透過組合多個模型來達到集成學習的方法之　是袋裝法 (Bagging)。袋裝法是將多個相同種類的模型**並排**後，再取這些模型的平均來進行預測。為了提高模型的普適性，通常各個模型不會都使用所有的資料或特徵，而是隨機抽樣選出部分資料或特徵來訓練，再算出所有模型對測試資料做出預測的平均分數，其他也有像是僅改變訓練用亂數種子來訓練各個模型，再算出平均的方法。

　　袋裝法 (Bagging) 全名為 bootstrap aggregating 。狹義來說是指允許對訓練資料重覆抽樣產生新資料集的抽樣方法 (編註：以取後放回的方式對資料隨機抽樣，獲得一個新的資料集)。也有比較廣義的定義：各模型隨機抽樣部分資料或特徵，像是隨機森林的模型就使用了 Bagging。

提升法 (Boosting)

　　提升法 (Boosting) 也是藉著組合多個模型來達到集成學習的另一種方法。做法是將同類型的模型**縱向**排列 (編註：前後串聯) 組合起來，一邊修正前一個模型所得的預測值一邊訓練新的模型。GBDT (梯度提升決策樹) 模型就使用了這個方法。

4.2 常用於數據分析競賽的模型

本章將介紹常用於數據分析競賽中的各種模型。

- 梯度提升決策樹 (GBDT)

- 類神經網路

- 線性模型

- 其他模型

  - K-近鄰演算法 (K-nearest neighbor algorithm, KNN)

  - 隨機森林 (Random Forest, RF)

  - Extremely Randomized Trees (ERT)

  - Regularized Greedy Forest (RGF)

  - Field-aware Factorization Machines (FFM)

  通常我們會從以下幾個角度來選擇模型。

- 準確度

- 運算速度

- 操作便利性

- 可透過集成提升準確度

我們最優先考慮的就是模型的準確度,再來由於建立模型必須進行許多測試,運算速度和操作便利性也十分重要。另外,若我們想要從不同的角度進行預測,那麼即使該模型的準確度不高,我們可以從該模型是否可以透過集成提高準確度來判斷是否要使用。

GBDT 在準確度、運算速度和操作便利性這三方面表現都十分優秀，所以是最常被使用的模型。類神經網路在操作上較困難，但在部分類型的任務上是非常好的選擇 (例如影像辨識)。線性模型則有較易產生過度配適的問題，一些特殊的競賽才會選用這類的模型。另外，上述「其他模型」項目中列舉的都是可以透過集成提升準確度的模型。

GBDT、隨機森林、Extremely Randomized Trees、Regularized Greedy Forest 都是以決策樹為基礎的模型。通常只用一棵決策樹來做預測，能得到的效果很有限，因此建議透過組合多棵決策樹來提升準確度。

此外，在監督式學習的模型中，支援向量機 (Support Vector Machine, SVM) 的準確度和運算速度皆不理想，因此較少使用。

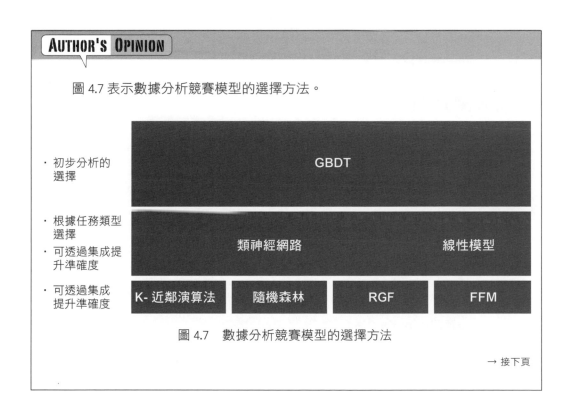

圖 4.7　數據分析競賽模型的選擇方法

→ 接下頁

　　scikit-learn 官網中有一張關於「如何選擇模型」的圖（cheet sheet），如圖 4.8。然而無論是迴歸或分類任務，如果有足夠的表格資料訓練模型，使用 GBDT 通常會有好的表現，基本上不用以圖中這麼瑣碎的條件來分類。（T）

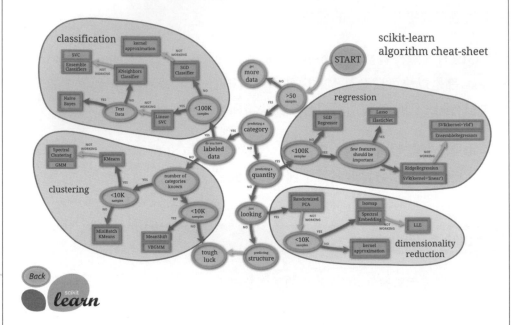

圖 4.8　scikit-learn algorithm cheet sheet [註 2]

註2：https://scikit-learn.org/stable/tutorial/machine_learning_map/index.html

4.3 梯度提升決策樹 (Gradient Boosting Decision Tree, GBDT)

4.3.1 GBDT 概述

GBDT 有良好的操作便利性以及準確度，因此在數據分析競賽中很常使用。許多資料科學家一開始分析資料時，都是先使用 GBDT 模型，甚至有人只用 GBDT 就得到優勝。

GBDT 為決策樹的集合。基本上以下列步驟進行訓練，並在每個步驟中設定決策樹的分支及權重 (編註：本書稱葉子的輸出值為權重) (圖 4.9)。

1 增加一棵決策樹至模型中，藉此改善標籤和預測值之間的差。

2 使用超參數來決定決策樹的數量，將其作為重覆步驟 1 的次數。

當我們訓練完第一棵決策樹，可以算出標籤跟目前預測值的差異，也就是殘差。接著我們會訓練第二棵決策樹來預測殘差。隨著決策樹的增加，模型的預測值也會越來越接近標籤，決策樹的權重也會越來越小。

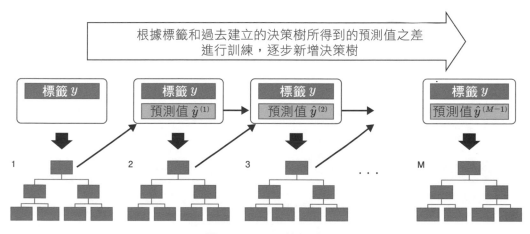

圖 4.9　GBDT 的訓練

　　最後根據決策樹的分支規則，決定預測資料會落在各個決策樹中的哪一片葉子，將各個葉子的權重加總後得到預測值 (圖 4.10)。

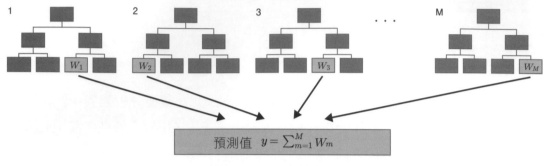

$$預測值 \quad y = \sum_{m=1}^{M} W_m$$

圖 4.10　GBDT 的預測

　　圖 4.11 中，以二元分類任務「是否喜歡電腦遊戲？」為例，建立了兩棵決策樹。在這個案例中，針對未滿 15 歲且日常生活中會使用電腦的女性得到的預測值為 0.1 + 0.5＝0.6 (由於此任務為分類任務，必須將 0.6 轉換為機率才能作為預測機率輸出)。

　　我們可以看第一棵樹的第一條分支，未滿 15 歲往左，15 歲以上或存在缺失值的話則往右。這種分支方法，不僅可以看出模型是根據什麼數值來分類，也可以看出模型如何處理缺失值。

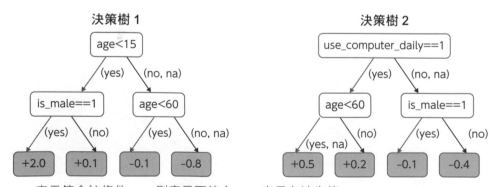

yes 表示符合該條件，no 則表示不符合，na 表示有缺失值

圖 4.11　GBDT 的預測範例

隨機森林是由平行排列的決策樹所建立，預測值為所有決策樹的平均。但在 GBDT 中，所有決策樹是以縱列建立而成：新的決策樹是根據上一個決策樹輸出的預測值之上，逐漸修正現有預測值。

4.3.2 GBDT 的特性

GBDT 及其套件的特性如下：

● **特徵為數值**

GBDT 中，決策樹分支是以特徵的數值大小來進行分類，因此特徵必須是數值 [註3]。

● **能夠處理缺失值**

從圖 4.11 的範例可以知道，GBDT 可以透過決策樹的分支來判斷缺失值的分類，因此不需要特別對缺失值進行預處理。

● **能夠反映特徵之間交互作用的關係**

可以透過不斷的分支來反映特徵之間交互作用的關係。

此外，筆者 (T) 根據自己的經驗，與其他模型比較後，列舉出下列對 GBDT 的心得。

● 高準確度

● 即使沒有特別調整模型超參數也能有好的準確度

● 準確度不太會受到無效特徵的影響

註3：有些套件也接受文字的類別變數。

從操作便利的角度來看，GBDT 有以下幾個特性：

● **不需要對特徵做比例縮放**

決策樹的分支判斷方式，只會考慮特徵值之間的大小關係，特徵的比例縮放並不會改變大小關係 (編註：假設原本判斷 x > 5，把 x 縮小 10 倍後可以改成判斷 x > 0.5)。因此可以省略標準化等比例縮放的步驟。

● **不需要對類別變數進行 One-hot encoding**

雖然在 GBDT 中必須對類別變數進行 Label encoding 將變數內容轉換成數值，但在多數情況下不需要使用 One-hot encoding。例如有一個類別變數的值為 1 到 10 的數字，假設想要抓出變數值等於 5 的資料，這時我們只要設定決策樹的分支為 5 <= c 加上 5 < c，或用 c <= 5 加上 c < 5。

> **★小編補充** 不管是使用 One-hot encoding 或 Label encoding 來轉換類別變數，都可以透過 GBDT 的分支判斷來抓到某一筆資料。以上述的例子來看，假設有 1 個類別變數含有 10 個項目，當使用 One-hot encoding 產生 10 個二元變數後，只要判斷第 5 個二元變數是否大於 0 即可抓到我們要的資料。如果是用 Label encoding，我們可以先找出大於等於 5 的資料，接著把大於 5 的資料放一群，另一群即是等於 5 的資料。而使用 Label encoding 可以將類別變數轉換成數量較少的特徵，因此建議使用 Label encoding 即可。

● **可以協助處理稀疏矩陣**

GBDT 可以支援稀疏矩陣，因此我們可以將資料輸入到 scipy.sparse 套件的 csr_matrix() 或 csc_matrix() 等方法中，產生稀疏矩陣給 GBDT，以節省記憶體空間。

4.3.3 主要的 GBDT 套件

下列為經常在 GBDT 中使用的套件 [註4]：

● **xgboost** [註5]

xgboost 公開於 2014 年，由於易於操作且準確度高，數據分析競賽中參賽者很快就普遍開始使用此套件。

● **lightgbm** [註6]

lightgbm 公開於 2016 年。lightgbm 受到 xgboost 的影響，使兩者不論在模型的訓練和預測演算法都十分接近。它因為分析速度較快而開始受到使用者青睞，到了 2019 年 8 月，lightgbm 受歡迎程度已超越 xgboost。

● **catboost** [註7]

catboost 公開於 2017 年。使用 catboost 處理類別變數時需要一些技巧，所以和 xgboost 或 lightgbm 使用起來稍微不太一樣。

因為 xgboost 套件長期以來很多人使用且相關資料較多，本書會以此套件為主，並且稍微比較 xgboost 與 lightgbm 和 catboost 的差異。另外，scikit-learn 的 ensemble 套件中提供了 GradientBoostingRegressor、GradientBoostingClassifier 這兩種模型，它們都是屬於梯度提升決策樹的模型。然而，這兩種模型不論是分支、權重的算法或是常規化方法都和 xgboost 等套件提供的模型不一樣，準確度和計算速度也都比較差，因此我們比較少使用這兩種模型來進行分析。

註4：基本上以英文字母小寫來表示套件名稱。

註5：https://xgboost.readthedocs.io/en/latest/

註6：https://lightgbm.readthedocs.io/en/latest/

註7：https://catboost.ai/docs/

4.3.4　使用 xgboost

接下來，我們試著使用 xgboost 來建立一個範例資料的模型。

■ **ch04-02-run_xgb.py 使用 xgboost**

```python
import xgboost as xgb
from sklearn.metrics import log_loss

# 將特徵和標籤轉換為 xgboost 的資料結構
dtrain = xgb.DMatrix(tr_x, label=tr_y)
dvalid = xgb.DMatrix(va_x, label=va_y)
dtest = xgb.DMatrix(test_x)

# 設定超參數
params = {'objective': 'binary:logistic', 'silent': 1, 'random_state':
71}
num_round = 50

# 在 watchlist 中組合訓練資料與驗證資料
watchlist = [(dtrain, 'train'), (dvalid, 'eval')]

# 進行訓練，將驗證資料代入模型中，一面訓練模型，一面監控分數的變化
model = xgb.train(params, dtrain, num_round, evals=watchlist)

# 計算驗證資料的 logloss 分數
va_pred = model.predict(dvalid)
score = log_loss(va_y, va_pred)
print(f'logloss: {score:.4f}')

# 對測試資料進行預測 (輸出的預測值為資料是正例的機率，而非輸出正例或負例)
pred = model.predict(dtest)
```

4.3.5　使用 xgboost 的要點

booster

我們可以使用 booster 預設的引數 gbtree 來建立 GBDT 模型。若引數設定為 gblinear 則會以線性模型進行提升計算，若引數設定為 dart 則會用 DART 演算法來建模。

編註：更多超參數可參考：https://xgboost.readthedocs.io/en/latest/parameter.html

AUTHOR'S OPINION

我們較少使用 gblinear，因為用這個引數所建立的模型與線性模型的效能幾乎相同。此外，dart 在數據分析競賽的效果也滿好，所以有時候也會看到一些參賽者使用。（T）

⚬ DART

在建立 GBDT 時，最初建立的決策樹所產生的預測值會很接近標籤，其餘瑣碎的殘差會由較晚建立的決策樹來修正，因此可能造成過度配適。所謂 DART，就是將原本使用於類神經網路的 Drop out (丟棄法) 運用在 GBDT 中，藉此抑制決策樹過度配適[註8、註9]。

DART 和 Drop out 一樣，在建立每一棵決策樹時會隨機選擇丟棄一些決策樹。作法是把隨機選擇丟棄的決策樹和新建立的決策樹的權重相加並調低，再和保留下來的決策樹的權重相加，產生預測值。

目標函數

我們透過訓練模型來讓目標函數最小化，不同的任務可以藉由設定超參數 objective 來選擇合適的目標函數，以下是一些常用的引數：

● **若為迴歸任務時，引數設定 reg：**squarederror (舊版為 reg: linear) 可使模型訓練過程中最小化均方誤差 (MSE)。

● **若為二元分類任務時，引數設定 binary：**logistic 可使模型訓練過程中最小化 logloss。

註8：「DART booster (xgboost 套件)」
https://xgboost.readthedocs.io/en/latest/tutorials/dart.html

註9：Rashmi, Korlakai Vinayak, and Ran Gilad-Bachrach. "DART: Dropouts meet Multiple Additive Regression Trees." AISTATS. 2015.

● **若為多元分類任務時，引數設定 multi**：softprob 可使模型訓練過程中最小化 multi-class logloss。

超參數

學習率、決策樹的深度、常規化的強度等都是可以調整的超參數。在第六章會更進一步說明。

監控訓練資料和驗證資料的分數

只要將訓練資料和驗證資料餵給 train 方法的超參數 evals，就可以在每次新增一棵決策樹時，輸出訓練資料和驗證資料的分數。模型會根據目標函數預設一個合適的評價指標，使用者也可以透過設定 eval_metric 來更改評價指標，或是同時使用多個評價指標。

另外，我們也可以設定 train 方法的 early_stopping_rounds 超參數來提前中止 (early stopping) 訓練。使用提前中止時必須注意，若預測的時候沒有設定 ntree_limit 超參數，預測值會以訓練中止時的決策樹數量來計算，而非以最佳數量的決策樹來計算 (編註：如果 early_stopping_rounds=n，則當訓練過程發現連續 n 次的訓練結果都沒有獲得更好的驗證資料分數，訓練就會自動停止，因此訓練中止時不一定是最佳的模型)。

■ **ch04-02-run_xgb.py 提前中止**

```
# 以 logloss 來進行監控，執行提前中止的 round 設定為 20
params = {'objective': 'binary:logistic', 'verbosity': 1, 'random_
state': 71,
          'eval_metric': 'logloss'}
num_round = 500
watchlist = [(dtrain, 'train'), (dvalid, 'eval')]
model = xgb.train(params, dtrain, num_round, evals=watchlist,
                  early_stopping_rounds=20)

# 以最佳決策樹的數量來進行預測
pred = model.predict(dtest, ntree_limit=model.best_ntree_limit)
```

使用 Learning API 和 Scikit-Learn API 的時機

除了使用 xgboost 套件提供的 Learning API 之外，Scikit-Learn 套件也有將 xgboost 包裝起來後提供 API [註10]。但由於 Scikit-Learn API 多包裝了一層，需要多一次轉換，因此本書主要以 Learning API 為主。

4.3.6 lightgbm

lightgbm 是根據 xgboost 而改良的 GBDT 套件。2019 年 8 月時，因為其卓越的處理速度，使得在數據分析競賽中使用 lightgbm 的參賽者已經比 xgboost 更多。

AUTHOR'S OPINION

和 xgboost 相比，lightgbm 的運算速度明顯比較快且能達到相同水準的準確度。(T)

---

lightgbm 所做的改良如下 [註11]、[註12]、[註13]：

● **使用直方圖來決定分支**

透過將相似的資料放在同一組，把資料分為好幾組後建立直方圖。判斷分支的時候只考慮直方圖裡的各組，而非考慮所有資料。在 xgboost 中設定 tree_method=hist，可以得到一樣的效果。

註10：https://xgboost.readthedocs.io/en/latest/python/python_api.html

註11：「Features（lightgbm 套件）」
https://lightgbm.readthedocs.io/en/latest/Features.html

註12：「NIPS2017 論文紹介 LightGBM: A Highly Efficient Gradient Boosting Decision Tree」
https://www.slideshare.net/tkm2261/nips2017-lightgbm-a-highly-efficient-gradient-boosting-decision-tree

註13：Ke, Guolin, et al. "Lightgbm: A highly efficient gradient boosting decision tree." Advances in Neural Information Processing Systems. 2017.

● **為了提升準確度，新增分支的單位不以深度而是以葉片為單位**

在新增決策樹分支的方法上，xgboost 是以深度為單位新增分支 (如圖 4.12)，而 lightgbm 則是以葉片為單位來新增分支 (如圖 4.13)。因為 lightgbm 演算法中不會把每一層都填滿葉片，這樣一來可以減少分支。

● **透過最佳化類別變數分割來提升準確度**

在 xgboost 通常會以 Label encoding 單純將類別視為數值進行類別變數的分支。而在 lightgbm 中，當使用超參數來指定類別變數時，模型會根據目標函數的一階及二階微分值的大小，在類別變數中找到最好的方式將資料分為最佳的 2 個集合。有些人會認為這個功能會使模型過度配適[14]，若有疑慮的話可以不要使用這個功能，而使用和 xgboost 一樣的方法來處理類別變數。

★小編補充 假設現在有一個迴歸問題，使用的目標函數是均方誤差，並且有以下 8 筆資料，特徵為類別變數經過 Label encoding 的結果。通常我們會依照特徵值從小到大 (或是從大到小) 找一個最佳的分支判斷，然而以下的範例卻沒辦法找到最佳的分支判斷。如果我們依照微分值從小到大 (或相反) 找分支判斷，就可以找到最佳的答案。

編號	特徵	標籤	預測值	一階微分	二階微分
1	1	100	70	-30	1
2	1	101	70	-31	1
3	2	50	30	-20	1
4	2	51	30	-21	1
5	3	53	30	-23	1
6	3	52	30	-22	1
7	4	102	70	-32	1
8	4	101	70	-31	1

註14：出處：「Features（Lightgbm 套件）level-wise.png
　　　　https://lightgbm.readthedocs.io/en/latest/Features.html

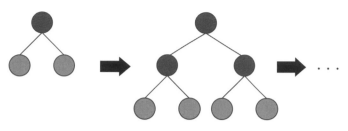

Level-wise tree growth

圖 4.12 以深度為單位成長的決策樹 [註15]

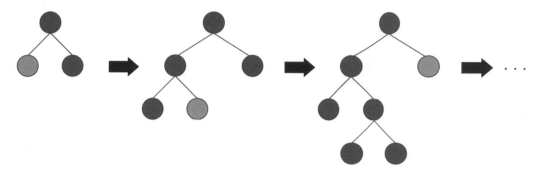

Leaf-wise tree growth

圖 4.13 以葉片為單為成長的決策樹 [註16]

使用 lightgbm 來建立模型的程式碼如下所示 (使用範例資料)：

■ **ch04-03-run_lgb.py lightgbm**

```
import lightgbm as lgb
from sklearn.metrics import log_loss

# 將特徵和標籤轉換成 lightgbm 的資料結構
lgb_train = lgb.Dataset(tr_x, tr_y)
lgb_eval = lgb.Dataset(va_x, va_y)
```

→ 接下頁

註15：「Features（Lightgbm 套件）
　　　 leaf-wise.png https://lightgbm.readthedocs.io/en/latest/Features.html
註16：[Enhancement] Better Regularization for Categorical features」
　　　 https://github.com/Microsoft/LightGBM/issues/1934

```
# 設定超參數
params = {'objective': 'binary', 'seed': 71, 'verbose': 0, 'metrics':
'binary_logloss'}
num_round = 100

# 進行訓練
# 以超參數設定類別變數
# 將驗證資料餵給模型，一面進行訓練一面監控分數變化
categorical_features = ['product', 'medical_info_b2', 'medical_info_b3']
model = lgb.train(params, lgb_train, num_boost_round=num_round,
                  categorical_feature=categorical_features,
                  valid_names=['train', 'valid'], valid_sets=[lgb_ 接下行
                  train, lgb_eval])

# 計算驗證資料的 logloss 分數
va_pred = model.predict(va_x)
score = log_loss(va_y, va_pred)
print(f'logloss: {score:.4f}')

# 進行預測
pred = model.predict(test_x)
```

4.3.7 catboost

　　catboost 套件的 GBDT 具有特別的技巧處理類別變數 [註17]、[註18]、[註19]。如下列所示：

● **類別變數的 Target encoding**

　　在 catboost 套件處理類別變數時，模型可以自動執行 Target encoding，將其轉換為數值。由於 Target encoding 可能會造成資料外洩，因此在使

註17：「CatBoost How training is performed（catboost套件）」
　　　https://tech.yandex.com/catboost/doc/dg/concepts/algorithm-main-stages-docpage/

註18：Prokhorenkova, Liudmila, et al. "CatBoost: unbiased boosting with categorical features." Advances in Neural Information Processing Systems. 2018.

註19：Dorogush, Anna Veronika, Vasily Ershov, and Andrey Gulin. "CatBoost: gradient boosting with categorical features support." arXiv preprint arXiv:1810.11363 (2018).

用前會先隨機打亂資料。另外，在建立決策樹時也會動態組合類別變數並進行 Target encoding。也就是說，當我們在某個分支上使用類別變數時，針對該類別變數和其他類別變數的組合進行 Target encoding 的計算，並將計算結果運用在更深層的分支上。

● **oblivious decision tree (對稱決策樹)**

在 oblivious decision tree 中，分支後產生的兩棵子樹會用相同的條件判斷式。圖 4.14 為針對「是否喜歡電腦遊戲？」的二元分類任務繪製而成的 oblivious decision tree 範例。

● **ordered boosting**

資料筆數較少時，會使用 ordered boosting 演算法。雖然計算速度較慢，但具有良好的準確度。

★ **小編補充** 計算某筆資料的梯度，需要知道這筆資料的目前預測值與標籤的差，即為殘差。為了避免過度配適，ordered boosting 會再訓練另一棵不含有這筆資料的樹，得到預測值並計算殘差。

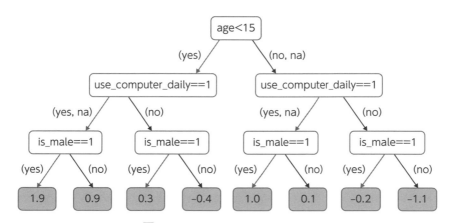

圖 4.14 oblivious decision tree

AUTHOR'S OPINION

　　相較於 xgboost 和 lightgbm，catboost 的處理速度較慢，因此使用的人並不多。但若特徵之間交互作用的關係非常重要，試著使用 catboost 會讓模型有良好的準確度。Kaggle 上的「PLAsTiCC Astronomical Classification」競賽和「BNP Paribas Cardif Claims Management」競賽中都有參賽者使用了 catboost 而具有良好的效果[20]、[21]。雖然 BNP Paribas 是在 catboost 公開之前舉辦的競賽，但在官方程式碼中使用了 catboost 進行分析，該案例的分數相當於當時獲得第 9 名的參賽者[22]。（T）

xgboost 演算法說明

　　這個專欄中作者將講解 xgboost 的演算法[23]。一般使用的目標函數，迴歸任務通常會使用均方誤差；二元分類任務會使用 logloss；多分類則會使用 multiclass logloss 作為目標函數。在下列的說明中，我們以 N 表示資料筆數，以 M 表示決策樹的棵數。另外，以 $i(1 \leq i \leq N)$ 來表示資料的索引，以 $m(1 \leq m \leq M)$ 表示決策樹的索引。

a. 以決策樹進行 boosting

　　我們是在決策樹上使用提升法 (boosting) 來建立模型，若是分類任務，我們會對預測機率使用提升法。

→ 接下頁

註20：「3rd Place Part II（PLAsTiCC Astronomical Classification）」

https://www.kaggle.com/c/PLAsTiCC-2018/discussion/75131#441520

註21：「Lightning Talks」

https://speakerdeck.com/rsakata/kaggle-meetup-number-4-lightning-talks

註22：「Tutorial for Paribas kaggle competition」

https://github.com/catboost/tutorials/blob/master/competition_examples/kaggle_paribas.ipynb

註23：Chen, Tianqi, and Carlos Guestrin. "Xgboost: A scalable tree boosting system." Proceedings of the 22nd acm sigkdd international conference on knowledge discovery and data mining. ACM, 2016.

我們會依序訓練決策樹，當我們在訓練第 m 棵決策樹時，會以校正第 m-1 棵決策樹的預測誤差來決定第 m 棵決策樹的分支。需要校正的程度會隨著訓練的進行越來越小，決策樹的權重也會逐漸縮小。

GBDT 模型作出的預測值為每筆資料在各個決策樹中所屬葉片權重的總和。舉例來說，若資料 i 的特徵為 x_i，該資料在決策樹 m 中所屬的葉片權重為 $w_m(x_i)$，那麼預測值就為 $\sum_{m=1}^{M} w_m(x_i)$（若為二元分類任務，則會將 $\sum_{m=1}^{M} w_m(x_i)$ 輸入到 Sigmoid 函數求得預測機率）。

流程如下：

1. 設定超參數 M 決定要建立多少決策樹。

2. 從所有特徵中找一個數值作為分支判斷，計算目標函數降低多少。

3. 基本上我們會調查所有可能的特徵，看看使用哪一個特徵的哪一個值來設定葉片權重時，可以最小化目標函數。

4. 使用新建立好的決策樹更新預測值。舉例來說，建立新的決策樹之前，某筆資料的輸出是 y。建立新的決策樹後，此資料在新的決策樹的葉片權重為 w，則新的預測值為 $y + w \times \eta$（η 為學習率）。

5. 重覆步驟 **2 ~ 4** 建立決策樹，直到決策樹的數量為 M 。

b. 常規化的目標函數

- 以 y_i 代表標籤，並以 $\hat{y}_i$ 表示預測值，此時，目標函數則為 $l(y_i, \hat{y}_i)$。

- 若以 f_m 代表每一棵決策樹，那麼計算決策樹懲罰的常規化項就為 $\Omega(f_m)$。

- 以 T 代表決策樹的葉片數，以 j 代表葉片的索引，並以 w_j 代表葉片的權重，那麼常規化項就為 $\Omega(f_m) = \gamma T + \frac{1}{2}\lambda \sum_j w_j^2 + \alpha \sum_j |w_j|$（有些文章省略 $\alpha \sum_j |w_j|$，但在實務上仍會使用。另外有些文章使用 gamma、lambda、alpha 取代 γ、λ、α）。

xgboost 的目標函數可以用以下公式表示：

$$L = \sum_{i=1}^{N} l(y_i, \hat{y}_i) + \sum_{m=1}^{M} \Omega(f_m)$$

→ 接下頁

xgboost 在建立決策樹時會考慮常規化，避免模型太複雜而產生過度配適。為了簡化說明，以下的內容皆不考慮常規化。

c. 建立決策樹

xgboost 會使用梯度來決定決策樹分支行進的方向。在使用梯度來進行最佳化時，常用的梯度下降法只考慮一階微分，但在 xgboost 中，也會加上二階微分，這種方法有點像牛頓法 (Newton's Method)。

c-1. 計算可以減少目標函數的最佳葉片權重及分支路徑

只要決定用哪個特徵的哪個數值作為分支判斷，即可將訓練資料分成兩群 (放在兩片葉子上)，接著計算目標函數的變化、以及兩片葉子分別要給予什麼權重值。

我們以 $\hat{y}_i$ 來表示第 i 筆資料目前的預測值，以 I_j 表示資料屬於新的決策樹中第 j 片葉子所成的集合，以 w_j 表示第 j 片葉子的權重 (編註：做這些定義後，接下來是找一個分支判斷使新的決策樹中葉片權重 w_j 為最佳值，來最小化目標函數)。那麼這些資料集合的目標函數總和可以用下列公式表示：

$$\mathrm{L}_j = \sum\nolimits_{i \in I_j} l(y_i, \hat{y}_i + w_j)$$

由於我們很難輕易找到最佳的 w_j，因此會使用二次逼近法：用二次函數逼近的目標函數，並最佳化其總和。若以 $\hat{y}_i$ 表示第 i 筆資料目前的預測值，以 $g_i = \frac{\partial l}{\partial \hat{y}_i}$ 表示梯度，並以 $h_i = \frac{\partial^2 l}{\partial \hat{y}_i^2}$ 代表二階微分值，則可以用以下公式來逼近目標函數 (在此使用 $\tilde{\mathrm{L}}_j$ 來區別原始的目標函數)：

$$\tilde{\mathrm{L}}_j = \sum\nolimits_{i \in I_j} (l(y_i, \hat{y}_i) + g_i w_j + \frac{1}{2} h_i w_j^2)$$

我們要找最佳的 w_j，而尋找的過程中 $l(y_i, \hat{y}_i)$ 只是一個常數，因此我們可以捨棄這項得到以下公式：

$$\tilde{\mathrm{L}}'_j = \sum\nolimits_{i \in I_j} (g_i w_j + \frac{1}{2} h_i w_j^2)$$

→ 接下頁

將上述公式對 w_j 做微分，並取微分值為 0，可以解出最佳的目標函數以及 w_j：

$$w_j = -\frac{\sum_{i \in I_j} g_i}{\sum_{i \in I_j} h_i}$$

$$\widetilde{L}'_j = -\frac{(\sum_{i \in I_j} g_i)^2}{2\sum_{i \in I_j} h_i}$$

因此，只要求得 g_i 和 h_i 就可以利用這個公式求得某個葉子的目標函數值。由此，我們也可以計算出進行分支時目標函數會減少多少，我們以 $\widetilde{L}'_j$ 表示分支前葉子的目標函數，並以 $\widetilde{L}'_{jL}$ 和 $\widetilde{L}'_{jR}$ 表示分支後左、右葉子的目標函數，那麼就可以使用公式 $\widetilde{L}'_j - (\widetilde{L}'_{jL} + \widetilde{L}'_{jR})$ 算出分支前後，目標函數改變多少。

計算平方差的目標函數的減少量

目標函數為 $l(y_i, \hat{y}_i) = \frac{1}{2}(\hat{y}_i - y_i)^2$ 時，梯度或二階微分值如下：

- **梯度**：$g_i = \frac{\partial l}{\partial \hat{y}_i} = (\hat{y}_i - y_i)$

- **二階微分值**：$h_i = \frac{\partial^2 l}{\partial \hat{y}_i^2} = 1$

將上述梯度跟二階微分值帶入二次逼近的目標函數：

$$L_j = \sum_{i \in I_j} (\frac{1}{2}(\hat{y}_i - y_i)^2 + (\hat{y}_i - y_i)w_j + \frac{1}{2}w_j^2) = \sum_{i \in I_j} (\frac{1}{2}((\hat{y}_i + w_j) - y_i)^2)$$

可以發現二次逼近的目標函數，跟平方誤差目標函數 $l(y_i, \hat{y}_i + w_j)$ 都是二次方程式，因此二次逼近是滿嚴謹 (編註：不會因為使用逼近而產生大量誤差) 的方法。

→ 接下頁

最佳的權重 w_j 如下：

$$w_j = -\frac{\sum_{i \in I_j} g_i}{\sum_{i \in I_j} h_i} = -\frac{\sum_{i \in I_j} (\hat{y}_i - y_i)}{\sum_{i \in I_j} 1}$$

> **★ 小編補充** 可以發現只要計算標籤及目前預測值的差異，再取平均，就可以得到最佳的葉片權重。此外，提醒讀者實際操作上要考慮常規化 (Regularization)。

c-2. 決定分支的特徵及其基準值

基本上，我們必須嘗試所有可能的選項，確認使用哪個特徵的哪個值才能讓分支後目標函數會最小。但是，如果資料量很大，我們可能要使用分位數來決定分支 (編註：比如只考慮 1/4、2/4、3/4 三個點做分支)。此外，對於稀疏資料，可能需要考慮其他較有效率的計算方式。

d. 防止過度配適的技巧

除了常規化以外下列還有一些可以防止過度配適的技巧：

- **學習率 (eta)**

  我們現在知道怎麼計算新的決策樹中每個葉片的最佳權重，但是如果直接把新的葉子權重，加到目前的預測值，很可能會導致過度配適。因此，可以把新的葉子權重乘上學習率，才加上原本的預測值。我們可以使用超參數 eta 來調整學習率。

- **抽樣**

  在建立每棵決策樹時，我們會對特徵進行抽樣 (編註：隨機選取部分特徵)，我們可以設定超參數 colsample_bytree 來指定抽樣比例。另外，在建立每一棵決策樹時，我們也會抽樣訓練資料，其抽樣比例則由超參數 subsample 來設定。

→ 接下頁

- **構成資料的葉子不能太少**

  透過 min_child_weight 超參數,可以設定每一個葉片所含的最少資料數。如果執行分支後,屬於某一個葉片的資料數小於 min_child_weight,則會放棄分支 (編註:比如 min_child_weight=2 時,某一次分支後只有一筆資料會被分到左邊的葉子,那就不會有這個分支)。從上述的公式可以發現,當目標函數為平方誤差時,葉子的二階微分值的總和剛好等於所含的資料總個數,因此只要比較二階微分值的總和跟 min_child_weight,即可知道要不要進行分支。

- **限制決策樹深度**

  使用超參數 max_depth 就可限制決策樹的深度,深度的預設最大值為 6。深度越深模型就越複雜,雖然這樣可以精準擬合訓練資料,但另一方面又會很容易導致過度配適。

4

4.4 類神經網路

4.4.1 類神經網路概要

　　數據分析競賽也常出現類神經網路,而常用的架構是約 2~4 層的全連接隱藏層 (又稱為多層感知器,Multi Layer Perceptron, MLP),較少使用超過 10 層的隱藏層 (屬於深度學習)。圖 4.15 為具有 2 層隱藏層的類神經網路。

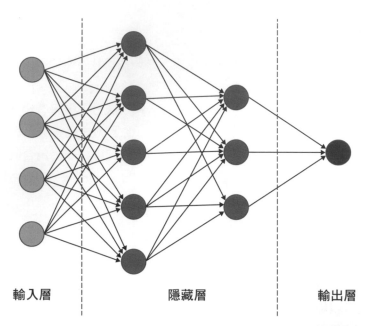

圖 4.15　類神經網路（由左至右為 輸入層、隱藏層、輸出層）

類神經網路的運算性質如下：

● 輸入層代表輸入的特徵。

● 隱藏層會將前一層的輸出值乘以權重 (weight) 再加上偏值 (bias) 後送入此層的激活函數 (激活函數經常使用 ReLU (Rectified Linear Unit))。

● 輸出層會將前一層的輸出值乘以權重再加上偏值後，送入此層的激活函數來得到最終的預設值 (迴歸任務不會特別在輸出層使用激活函數，二元分類任務通常會使用 Sigmoid 函數，多分類任務通常會使用 Softmax 函數)。

　每一層的各個元素我們稱為 unit，輸入層的 unit 數即是單一筆資料的特徵個數，隱藏層的 unit 數則使用超參數來設定，輸出層的 unit 數在迴歸任務和二元分類任務為 1，多分類任務則等同於分類數。

類神經網路的運算方式如下：

● 先將上一層各 unit 的輸出值 (上一層的 unit j 的輸出為 z'_j) 乘上 unit j 到 unit i 之間的權重 $w_{i,j}$，再加總 (在此省略偏差 bias)。

$$u_i = \sum_j z_j w_{i,j}$$

● 將 u_i 送入激活函數 ReLU，輸出值為 $z_i = Max(u_i,0)$，我們稱 $f(x) = Max(x,0)$ 為 ReLU。

ReLU 函數計算簡單 (編註：只是比大小) 且可以讓多個隱藏層的模型有能力對特徵作非線性轉換。輸出層使用 Sigmoid 函數或 Softmax 函數就能輸出資料屬於每個類別的機率。以下為 Sigmoid 函數，此函數可將輸出值限制在 (0, 1)。

$$f(x) = \frac{1}{1+\exp(-x)}$$

以下為 Softmax 函數，此函數可將輸出值限制在 (0, 1)，且每一筆資料在各類別的機率和為 1 (在下列函數中 K 代表類別總個數)。

$$f_i(x_1, x_2, ..., x_k) = \frac{\exp(x_i)}{\sum_{k=1}^{K} \exp(-x_k)}$$

我們使用梯度下降法 (Gradient Descent) 以及反向傳播法 (Backpropagation) 來訓練類神經網路中各層的權重跟偏值。執行訓練的演算法 (又稱 optimizer) 有好幾種，可以使用超參數來設定要用哪一種演算法 (編註：像是 SGD、Adam 等)。

為了提高效率，我們會使用隨機梯度下降法 (Stochastic gradient descent, SGD)。首先將訓練資料分成較小的資料集，我們稱之為小批次，而後我們一次拿一小批次來訓練模型、更新一次每層的權重跟偏值。每一個批次都使用過一次稱為 1 epoch，因此 1 epoch 也是指完整使用一次訓練資料。這個方法不僅比直接運算所有訓練資料來得快，也比較不容易陷入局部最佳解。

4.4.2 類神經網路的特色

類神經網路的特色如下：

● 特徵需為數值

● 無法處理缺失值

類神經網路的計算方式無法處理缺失值。

● 能處理非線性關係

類神經網路能反映特徵之間交互作用或非線性關係。

● 基本上必須進行特徵的標準化等尺度縮放作業

若無法掌握特徵的大小可能在訓練上會有困難。

● 可能會因為調整超參數而降低準確度

類神經網路的超參數調整較困難，即使只是調整一個超參數，就可能從過度配適變成低度配適，甚至無法訓練。

● 較擅長處理多分類任務

類神經網路在結構上可以更自然的建立多分類模型，模型的準確度相較於 GBDT 絲毫不遜色。

● 以 GPU 進行高速運算

類神經網路需要 GPU 來進行高速的矩陣運算。

從以上幾點可以發現，跟 GBDT 比較起來，類神經網路可能需要投入較多時間處理缺失值、進行特徵標準化、調整超參數等等事情。因此建立類神經網路模型，通常比 GBDT 還耗時。

4.4.3 類神經網路的主要套件

下列為類神經網路的主要套件：

● Keras [註24]

● PyTorch [註25]

● Chainer [註26]

● Tensorflow [註27]

本書以介紹 Keras 為主。Keras 通常以 Tensorflow 做為後端引擎來進行類神經網路的訓練、優化，因為 Keras 有簡單使用的 API，讓開發類神經網路模型較容易，因此經常用於數據分析競賽中。

> **★ 小編補充** 關於 Keras 的使用，可以參考旗標出版的「**Deep learning 深度學習必讀 - Keras 大神帶你用 Python 實作**」

註24：https://keras.io/

註25：https://pytorch.org/

註26：https://docs.chainer.org/en/stable/

註27：https://www.tensorflow.org/

4.4.4 建立類神經網路模型

我們可以試著使用範例資料來建立 Keras 模型。另外，訓練類神經網路的類別標籤不使用 Label encoding 而是使用 One-hot encoding。

■ **ch04-04-run_nn.py** 建立、訓練類神經網路模型

```python
from keras.layers import Dense, Dropout
from keras.models import Sequential
from sklearn.metrics import log_loss
from sklearn.preprocessing import StandardScaler

# 資料的縮放
scaler = StandardScaler()
tr_x = scaler.fit_transform(tr_x)
va_x = scaler.transform(va_x)
test_x = scaler.transform(test_x)

# 建立類神經網路模型
model = Sequential()
model.add(Dense(256, activation='relu', input_shape=(train_
x.shape[1],)))
model.add(Dropout(0.2))
model.add(Dense(256, activation='relu'))
model.add(Dropout(0.2))
model.add(Dense(1, activation='sigmoid'))

# 編譯模型
model.compile(loss='binary_crossentropy',
              optimizer='adam', metrics=['accuracy'])

# 執行訓練
# 將驗證資料給模型，隨著訓練進度，觀察驗證分數的變化
batch_size = 128
epochs = 10
history = model.fit(tr_x, tr_y,
                    batch_size=batch_size, epochs=epochs,
                    verbose=1, validation_data=(va_x, va_y))
```

→ 接下頁

```
# 確認驗證分數
va_pred = model.predict(va_x)
score = log_loss(va_y, va_pred, eps=1e-7)
print(f'logloss: {score:.4f}')

# 預測
pred = model.predict(test_x)
```

編註：執行前記得安裝 Tensorflow 及 Keras：

- pip install tensorflow

- pip install keras

4.4.5 Keras 使用方法及要點

目標函數

編譯模型時，我們用超參數 loss 來設定目標函數，藉此訓練模型讓目標函數最小化。

- 迴歸任務時為了讓均方誤差最小，我們將引數設定為 mean_squared_error 來訓練模型。

- 二元分類任務時，為了讓 logloss 最小，我們將引數設定為 binary_crossentropy 來訓練模型。

- 多分類任務時，為了讓 multi-class logloss 最小，我們將引數設定為 categorical_crossentropy 來訓練模型。

超參數

類神經網路之外的模型，通常只要設定幾個超參數即可。然而，類神經網路中使用很多超參數來決定網路架構、訓練演算法、常規化等等。通常訓練一個類神經網路模型，需要不斷調整超參數才能完成，因此建立模型的過程中要考慮到程式的彈性，以便之後方便調整超參數。在第 6 章有更多超參數調整的說明。

Drop out

訓練模型時，若該層執行 Drop out，則該層的部分 unit 的輸出會設定為 0，並忽略反向傳播法 (Backpropagation) 維持權重，以避免過度配適。我們可以使用超參數來設定要忽略多少比例的 unit (也可以訓練多個類神經網路，並且將輸出取平均，來防止過度配適)。

訓練資料和驗證資料的分數監控

我們可以用 epoch 為單位輸出訓練資料和驗證資料的分數，另外我們也可以透過 Keras 提供的回呼 (Callback) 來執行提前中止 (Early stopping)。

回呼 (Callback)

這個功能可以讓使用者在訓練模型時以小批次或以 epoch 為單位執行預定的工作(例如提前中止)。使用回呼主要有下列幾個目的：

● 執行提前中止

● 定期儲存模型 (可以只保存驗證資料評價最好的模型)

● 學習率的排程 (根據計算進度調整學習率)

● 記錄檔/視覺化

下列程式碼是以回呼來執行提前中止的範例。

■ **ch04-04-run_nn.py 提前中止**

```python
from keras.callbacks import EarlyStopping

# 設定提前中止的監測為 round 20
# 透過設定 restore_best_weights 來使用最佳的 epoch 模型
epochs = 50
early_stopping = EarlyStopping(monitor='val_loss', patience=20,
restore_best_weights=True)

history = model.fit(tr_x, tr_y,
                    batch_size=batch_size, epochs=epochs,
                    verbose=1, validation_data=(va_x, va_y),
callbacks=[early_stopping])
pred = model.predict(test_x)
```

嵌入層 (Embedding layer)

初始化模型時，我們可以設定一層嵌入層。在嵌入層中，我們可以將正整數轉換成密集向量。當我們需要輸入類別變數時，就可以使用嵌入層。一般來說，若類別變數非二元變數，進行預處理時會使用 One-hot encoding，不過也越來越多人使用 Label encoding 和 Embedding layer。處理自然語言時，我們也可以將類神經網路中的參數 (如權重跟偏值) 設定為 Word2Vec 或 Glove 等已訓練完成的 Embedding (以數值向量表現的單字)。

批次正規化 (Batch normalization)

為了要減少每一層輸出值的差異，我們可以在 Batch normalization 層 (以下簡稱 BN 層) 將每一個小批次的訓練結果在每一層都作正規化。這個方法因為效果顯著已被廣泛使用)[註28]、[註29]。

註28：offe, Sergey, and Christian Szegedy. "Batch normalization: Accelerating deep network training by reducing internal covariate shift." arXiv preprint arXiv: 1502.03167 (2015).

註29：可以參考以下文章與論文來了解為什麼 Batch Normalization 在訓練上有顯著的效果。

  ・「介紹論文 Understanding Batch Normalization」

  https://jinbeizame.hateblo.jp/entry/understanding_batchnorm

  ・Bjorck, Nils, et al. "Understanding batch normalization." Advances in Neural Information Processing Systems. 2018.

批次正規化的運算中，首先必須將每個小批次進行正規化 (資料正規化後的平均為 0，標準差為 1)。接著，將正規化後的數值代入公式 $\gamma\hat{x}+\beta$，$\hat{x}$ 為正規化後的資料值。γ 和 β 為 BN 層的參數。針對每個數值輸入激活函數之前進行上述計算，而 γ 和 β 的數量也等同於輸入值的數量。

訓練中輸入至 BN 層的資料有固定的平均和標準差。而預測時，我們會使用訓練過程中求得的平均和標準差執行正規化，因此預測結果不會因為選擇小批次資料的方法而改變。

4.4.6 類神經網路的參考架構

大部分的人在建構類神經網路模型時可能會猶豫究竟要怎麼建構模型的每一層、要使用什麼做為優化器。這時候我們可以參考 Kaggle 過去的解題手法，必要時做一些改良，以此來建構模型。以下提供幾個使用了類神經網路模型的案例。

- 在 Kaggle「Recruit Restaurant Visitor Forecasting」獲得第 5 名的 Danijel Kivaranovic 的解題手法 [30]。

- 在 Kaggle 「Corporacin Favorita Grocery Sales Forecasting」中獲得第 1 名的 weiwei 等人的方法 [31]。

- 在 Kaggle「Otto Group Product Classification Challenge」競賽結束後，由 puyokw 參考第 1 名解法後建立的方法 (得到的分數與第 9 名相當) [32]。

- 在 Kaggle「Home Depot Product Search Relevance」中獲得第 3 名的 Chenglong Chen 等人的方法 [33]。此方法可以使用 hyperopt 自動調整超

註30：https://github.com/dkivaranovic/kaggledays-recruit

註31：https://www.kaggle.com/shixw125/1st-place-nn-model-public-0-507-private-0-513

註32：https://github.com/puyokw/kaggle_Otto

註33：https://github.com/ChenglongChen/Kaggle_HomeDepot

參數。超參數可以參考 Chenglong/model_param_space.py、類神經網路的建構可以參考 Chenglong/utils/keras_utils.py。

● Kaggle「Mercari Price Suggestion Challenge」中獲得第 1 名的 Pawe 等人的方法 [註34]。這個競賽中，參賽者必須使用商品名稱和商品說明等自然語言的資料來預測商品的價格，並將程式碼提交到 Kaggle Kernel 上。參賽者主要都是以輸入少量資料的類神經網路來解題。

4.4.7 解法案例 – 類神經網路的新發展

過去參賽者使用的類神經網路，主要是 2~4 層全連接類神經網路。但最近越來越多在競賽獲得領先名次的參賽者使用了 RNN (循環神經網路，Recurrent neural network, RNN) 來解題。在某些案例中使用不太需要提取特徵的類神經網路模型，其準確度並不會比需要人工提取特徵的 GBDT 模型來得差，十分值得我們參考。以下介紹幾個案例：

● 在 Kaggle「Instacart Market Basket Analysis」中獲得第 3 名的 sjv 提出的解決方案 [註35]。

這個競賽的主要任務為使用顧客的時間序列訂單資料來預測下次顧客會購買的商品。在這個解決方案中使用了 RNN 以及 CNN (卷積神經網路) 來建立模型，並使模型能夠預測顧客是否會購買某個商品、是否會購買其中某個種類的商品、訂單的商品數量等項目。最後再集成這些預測結果。

● Kaggle「Web Traffic Time Series Forecasting」中獲得第 6 名的解決方案，同樣是 sjv 所提出 [註36]。

註34：https://www.kaggle.com/c/mercari-price-suggestion-challenge/discussion/50256
註35：https://www.kaggle.com/shixw125/1st-place-nn-model-public-0-507-private-0-513
註36：https://github.com/sjvasquez/web-traffic-forecasting

這個競賽主要的任務為預測 Wikipedia 每篇文章每天的點閱數，sjv 所提出的解決方案主要以 WaveNet 建構而成，WaveNet 是一套能夠產生聲音波形的類神經網路 [註37]。

- Kaggle「Mercari Price Suggestion Challenge」獲得第 4 名的解決方案，由 Chenglong Chen 所提出 [註38]。

  這個解決方案的類神經網路模型主要是用 DeepFM、Factorization Machine 網路架構 [註39]。

4-5 線性模型

4.5.1 線性模型概要

　　線性模型通常使用於簡單的任務，由於單純使用線性模型的準確度不高，幾乎不可能贏過 GBDT 或類神經網路，因此參賽者比較常將線性模型使用於集成中的其中一個模型或使用於堆疊模型的最後一層。只有在某些特定的競賽中線性模型才會特別活躍。

AUTHOR'S OPINION

　　線性模型擅於分析不充足、雜訊多（量測而得的訓練資料跟真實值差距較大）等可能造成過度配適的資料。在 Kaggle 上「Two Sigma Financial Modeling Challenge」或「Walmart Recruiting II：Sales in Stormy Weather」競賽中得獎者主要都使用了線性模型。(T)

註37：Oord, Aaron van den, et al. "Wavenet: A generative model for raw audio." arXiv preprint arXiv:1609.03499 (2016).

註38：https://github.com/ChenglongChen/tensorflow-XNN

註39：Guo, Huifeng, et al. "DeepFM: a factorization-machine based neural network for CTR prediction." arXiv preprint arXiv:1703.04247 (2017).

　　在競賽中較常出現的線性迴歸模型：具有 L1 常規化的 Lasso 線性迴歸模型，以及具有 L2 常規化的 Ridge 線性迴歸模型。線性迴歸模型的基本公式如下：

$$y = b_0 + b_1 x_1 + b_2 x_2 + ...$$

　　公式中，y 代表預測值，x_1、x_2、…則代表特徵，我們要訓練的是各特徵中的係數 b_0、b_1、b_2、…。

　　針對分類任務我們會使用邏輯斯迴歸模型。所謂邏輯斯迴歸模型就是在線性模型中使用 Sigmoid 函數，將預測值的範圍限制在 (0,1) 之間，藉此讓模型輸出預測機率 (下列公式以 y 表示預測機率)。

$$y' = b_0 + b_1 x_1 + b_2 x_2 + ...$$

$$y = \frac{1}{1 + \exp(-y')}$$

　　線性模型中，我們可以透過限制係數值來避免因為係數太大所造成的過度配適。按比例施予係數絕對值懲罰的我們稱之為 L1 常規化，按比例施予係數平方懲罰的則稱之為 L2 常規化。

4.5.2　線性模型的特徵

　　線性模型的特徵如下：

● 特徵需為數值。

● 無法處理缺失值。

● 準確度較 GBDT 和類神經網路來得低。

- 必須提取明確的特徵來處理非線性關係。

  舉例來說，為了要表示預測值會受 $\log(x_f)$ 影響，就必須建立特徵 $\log(x_f)$。

- 必須提取明顯的特徵來表示變數之間交互作用的關係。

  例如：若想表現變數 1 和變數 2 之間的關連性，就必須提取「變數 1 為真且變數 2 為真」這樣的特徵。

- 基本上特徵都必須經過標準化。

  特徵大小不一時，常規化就會因為特徵的不同而產生不同作用，進而阻礙模型的訓練。

- 在提取特徵時必須小心處理。

  基於上述原因，為了要表現非線性及相互作用，我們會限制特徵的最大、最小，或是執行 binning、組合、轉換或其他各式各樣的處理。

- 由於執行 L1 常規化時未用於預測的特徵其係數為 0。這個性質讓我們可以使用線性模型來選擇特徵。

4.5.3 線性模型的主要套件

下列為建構線性模型的主要套件：

- scikit-learn 的 linear_model 套件

- vowpal wabbit [註40]，使用此套件需要一點時間習慣，但這個套件的訓練速度較快。

註40：https://github.com/VowpalWabbit/vowpal_wabbit/wiki

　　本書主要使用 scikit-learn 的 linear_model 套件。scikit-learn 的 linear_model 中有許多種類，選擇方式如下：

● **迴歸任務使用 Ridge**

Ridge 具有 L2 常規化。當然也可以選擇具有 L1 常規化的 Lasso，或選擇同時具有 L1 常規化及 L2 常規化的 ElasticNet。

● **分類任務使用 LogisticRegression**

LogisticRegression 具有 L2 常規化。

4.5.4　建立線性模型

　　我們試著使用 scikit-learn 的 LogisticRegression 模型來進行建模，並使用 One-hot encoding 來轉換訓練資料的類別變數。

■ **ch04-05-run_linear.py**

```python
from sklearn.linear_model import LogisticRegression
from sklearn.metrics import log_loss
from sklearn.preprocessing import StandardScaler

# 資料縮放
scaler = StandardScaler()
tr_x = scaler.fit_transform(tr_x)
va_x = scaler.transform(va_x)
test_x = scaler.transform(test_x)

# 線性模型的建立/訓練
model = LogisticRegression(C=1.0)        ← 編註：C 為常規化強度的倒數
                                              （值越小，強度越高）
model.fit(tr_x, tr_y)

# 使用驗證資料確認分數
# 使用 predict_proba 輸出機率 (predict中可以輸出二元分類的預測值)
va_pred = model.predict_proba(va_x)
score = log_loss(va_y, va_pred)
print(f'logloss: {score:.4f}')

# 預測
pred = model.predict(test_x)
```

4.5.5 使用線性模型的方法和要點

目標函數

基本上我們會根據模型來決定要進行最小化的目標函數。

● **Ridge 等模型 (使用於迴歸任務)**

訓練模型以達到均方誤差最小化。

● **邏輯斯迴歸等模型 (使用於分類任務)**

若為二元分類任務，我們會訓練模型以達到 logloss 最小化。若為多分類任務，我們會使用 one-vs-rest 來訓練模型，這個方法會不斷進行某一個類別和其他類別的二元分類；另外也可以使用最小化 multi-class logloss 的方法來訓練模型。

超參數

基本上，需要調整的超參數只有常規化的強度。

4.6 其他模型

除了我們上述介紹的模型外，還有其他各式各樣的模型，這些模型大多是集成學習使用。

4.6.1 K- 近鄰演算法 (K-Nearest Neighbor algorithm, KNN)

K-近鄰演算法是以資料特徵值之間的差去定義資料間的距離，並根據距離最近的 k 個資料點的標籤來計算預測值。

我們可以使用 scikit-learn 的 neighbors 套件的 KneighborsClassifier 和 KNeighborsRegressor 來執行 KNN。

其預設會將距離定義為歐幾里得距離 (特徵的差，平方後加總，再取平方根)。進行迴歸時的預測值為距離最近的 k 筆資料的資料平均，進行分類時的預測值為距離最近的 k 筆資料中最多的分類。為了避免特徵的數值範圍過大而影響距離的計算，通常會先進行特徵的正規化或比例縮放。

4.6.2 隨機森林 (Random Forest, RF)

隨機森林模型也是透過決策樹的集合來進行預測，但這些決策樹的排列方式與 GBDT 不同 (圖 4.16)。在隨機森林中，我們會從資料或特徵中抽樣，並以抽樣結果來訓練每一顆決策樹，最後再將這些決策樹集成，以提高模型普適性。模型建立的步驟如下：

1 從訓練資料中抽樣資料。

2 以步驟 **1** 抽樣出來的資料訓練來建立決策樹。選擇分支條件時，會抽樣一部份的特徵，再從這些特徵中選擇最佳的特徵和閾值來作為分支。

3 使用平行運算來重覆步驟 **1** 跟 **2**。

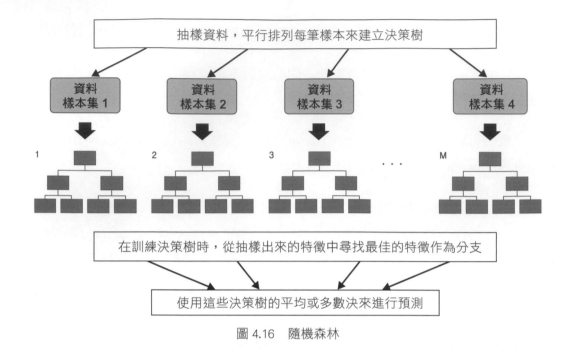

圖 4.16 　隨機森林

　　以下為使用 scikit-learn 的 ensemble 套件中的 RandomForestClassifier、RandomForestRegressor 建立隨機森林時需注意的幾個要點。

● 迴歸任務以最小化均方誤差來進行分支，分類任務則以最小化基尼不純度 (Gini Impurity) 來進行分支。

★ 小編補充　計算基尼不純度，需知每個類別的資料在葉子中所佔比例的平方。以二元分類為例，若分支後左邊葉子的類別 A 有 1 筆資料、類別 B 有 3 筆資料，基尼不純度為 1-0.25x0.25-0.75x0.75=0.375；右邊葉子的類別 A 跟類別 B 都有 3 筆資料，基尼不純度為 1-0.5x0.5-0.5x0.5=0.5。分支後基尼不純度總合為個別葉子的計算結果，再根據資料數比例做加權平均，上述範例為 0.4x0.375+0.6x0.5=0.45。

● 訓練每棵決策樹的資料是透過自助抽樣法 (Bootstrapping) 所產生，這是一種取後放回的抽樣方式。原始資料集裡大約會有 2/3 的資料存在於自助抽樣法所產生的資料集，因為自助抽樣法允許同一筆資料被選中兩次以上。

● 每個分支中會抽取一部份的特徵,再從中選取分支的特徵。

迴歸任務不會進行抽樣,而是會考慮所有特徵。分類任務則會進行抽樣,特徵個數平方根後則為抽樣個數。

以下說明隨機森林的幾個其他特點:

● 決策樹數量與準確度的關係

由於決策樹是平行建立,所以不會像 GBDT 一樣決策樹越多,準確度越高 (編註:但也有可能過度配適)。使用隨機森林建模時,建立多一點決策樹還是對提升準確度有一些幫助,但要考慮模型訓練時間是否過長。

● out-of-bag

使用自助抽樣法時,原始資料集裡大約會有 2/3 的資料存在於自助抽樣法所產生的資料集,沒有被抽出的資料 (稱為 out-of-bag) 即可作為驗證資料,評價模型的普適性。

● 預測機率的有效性

分類任務中,隨機森林是計算可以讓基尼不純度最小的分支條件,而非最小化 logloss,因此可能無法產生可靠的預測機率 (參考「2.5.4 針對預測機率的調整」)。

4.6.3 Extremely Randomized Trees (ERT)

以 Extremely Randomized Trees 建立模型的方法幾乎和隨機森林相同。主要的差異是 ERT 會隨機設定分支條件,而非選擇最佳的分支條件。比起隨機森林,ERT 可能更不容易過度配適。我們可以使用 sklearn.ensemble 套件的 ExtraTreesClassifier、ExtraTreesRegressor 方法來建立 ERT。

4.6.4 Regularized Greedy Forest (RGF)

和 GBDT 一樣，Regularized Greedy Forest 的目標函數會包含常規化項。它們的不同點在於建立/訓練決策樹的方法。RGF 為了讓目標函數變小，會重複下述步驟來建立決策樹的集合 [註41]。

● 在現有的所有決策樹中找一片葉子作分支，或建立新的決策樹。

● 針對現有的所有決策樹修正葉子的權重。由於此操作的運算成本較高，因此會以定期的方式執行。

4.6.5 Field-aware Factorization Machines (FFM)

Field-aware Factorization Machines 是由 Factorization Machines (FM) 發展而來的模型。非常適合用在推薦型任務。它是 Kaggle 的「Display Advertising Challenge」、「Outbrain Click Prediction」等競賽中得獎參賽者主要使用的模型。我們可以使用 libffm 套件 [註42] 或 xlearn 套件 [註43] 來建立 FFM。

◉ Field-aware Factorization Machines (FFM) 說明

若想要組合使用者、商品、種類這些類別變數，並將商品推薦等級 (編註：幾顆星) 做為標籤。我們可以對使用者/商品/種類進行 One-hot encoding，並以稀疏矩陣來表示特徵，特徵的數量為「使用者數量＋商品數量＋種類數量」，如 (圖 4.17)。

→ 接下頁

註41：要建立 RGF 可透過 pip insatll rgf_python 來安裝 Regularized Greedy Forest 套件 (https://github.com/RGF-team/rgf)。

註42：https://github.com/ycjuan/libffm

註43：https://github.com/aksnzhy/xlearn

使用者	商品	種類	推薦等級
A	c	y	4
A	a	x	3
B	c	y	3
C	b	x	1

合併使用者 / 商品 / 種類後，
將其商品推薦等級作為標籤

使用者			商品			種類		推薦等級
A	B	C	a	b	c	x	y	
1	0	0	0	0	1	0	1	4
1	0	0	1	0	0	1	0	3
0	1	0	0	0	1	0	1	3
0	0	1	0	1	0	1	0	1

在 FM 和 FFM 中，將使用者 /
商品 / 種類分別以 one-hot 特
徵來表示

圖 4.17　Factorization Machines 中資料的表示方式

Factorization Machines (FM) 可以説是一種線性模型 (的變形)，它透過特徵間的向量內積來表現特徵之間較互作用的關係。

每個特徵都有一個向量，向量內的元素代表特徵的屬性，使用者可以用超參數設定向量的元素個數。這些向量是模型訓練的對象。以下我們使用 v_i 來表示第 i 個特徵的向量，w_0 代表偏值，w_i 代表權重，n_f 代表特徵的數量。建模時，以 $w_i \times$ 特徵 i 的值 x_i 來表示特徵 x_i 對預測值的影響，以 v_i、v_j 的內積 $\times$ 特徵 i 的值 $x_i \times$ 特徵 j 的值 x_j 來表示特徵 x_i 跟特徵 x_j 交互作用後對預測值的影響。

$$y = w_0 + \sum_{i=1}^{n_f} w_i x_i + \sum_{i=1}^{n_f} \sum_{j=i+1}^{n_f} \left\langle v_i v_j \right\rangle x_i x_j$$

另外，我們也可以使用數值變數作為特徵而非類別變數，例如使用者花多少時間完成推薦評分。

→ 接下頁

Field-aware Factorization Machines (FFM) 更能抓出特徵之間交互作用的關係：同一個特徵可以依組合對象來自不同的領域 (field) 而有不同的向量。在這個例子中使用者、商品和種類為三個不同的領域。在下述公式中，以 f_j 表示領域，並以 v_{i,f_j} 來表示第 i 個特徵對的 j 個特徵所屬領域的向量。

$$y = w_0 + \sum_{i=1}^{n_f} w_i x_i + \sum_{i=1}^{n_f} \sum_{j=i+1}^{n_f} \left\langle v_{i,f_j} v_{j,f_i} \right\rangle x_i x_j$$

FM 訓練的向量個數為特徵數量，而 FFM 則是特徵數量 x 領域數量。由於 FFM 只要考慮到與特定領域之間的關係，因此每一個向量所需的元素數量較少。

4.7 模型的其他要點與技巧

這個小節中，我們將介紹訓練模型時一些排除困難的技巧。

4.7.1 資料含有缺失值

GBDT 模型可以處理含有缺失值的資料，但若使用的是無法處理含有缺失值資料的模型，我們就必須想辦法填補缺失值。若遇到這種狀況，可以參考「3.3 缺失值的處理」中提到的方法。

4.7.2 特徵數量太多

若特徵過多不僅會讓訓練遲遲無法結束，也可能會因為記憶體不足造成無法順利訓練模型。另外，多餘的特徵也可能無法提升模型的準確度。

GBDT 模型只要能夠順利進行訓練就可以看到成果，因此使用這類模型，只要一邊訓練模型一邊試著慢慢增加特徵的數量即可 (編註：相較起來類神經網路訓練結果可能突然變很差)。即便是有幾千個特徵，若部分特徵為稀疏矩陣或只有二元值，就比較不需要優先考慮作為分支。

不過，由於保留無效的特徵並沒有好處，我們可以參考「6.2 選擇特徵與特徵的重要性」中介紹的方法來選擇特徵，藉此排除對準確度沒有幫助的特徵。

4.7.3 表格資料中的標籤沒有 1 對 1 時

進行監督式學習時，必須滿足下列的形式（以 n_{tr} 代表資料筆數，以 n_f 代表特徵個數）：

● 訓練資料為 $n_{tr} \times n_f$ 的矩陣

● 標籤為 n_f 的陣列

一開始資料就是這種形式當然很好，但有些競賽所提供的資料形態可能會是一個標籤對應多筆資料的形式。

例如 Kaggle 的「Walmart Recruiting: Trip Type Classification」競賽中，標籤所對應的資料為很多列的購買商品履歷。我們無法使用這種形態的資料進行預測，因此我們必須轉換這些資料，例如：合計列數或購買數量、資料中是否含有某個商品等，讓 1 個標籤只對應 1 組特徵。

我們可以參考「3.8 結合其他表格資料」和「3.9 使用統計量」中對於如何提取特徵的說明。

4.7.4 pseudo labeling

在使用無標籤資料來訓練模型時，我們會使用半監督訓練的技巧，pseudo labeling 就是其中一種[註44]。這個技巧是將測試資料輸出的預測值，結合測試資料的特徵，整合為訓練資料後再進行訓練。在圖像資料競賽中比較常用到這種技巧，但從一些例子顯示，在表格資料競賽使用這種技巧也能發揮效果。當測試資料的數量比訓練資料多，或是當測試資料內含有需要的訊息時，就可以使用這個技巧。下列為此技巧的執行步驟：

1 用訓練資料建立模型 (訓練資料的量可能不多)。

2 使用步驟 **1** 建立的模型對測試資料進行預測。

3 將步驟 **2** 產生的測試資料預測值 (稱為 pseudo label，偽標籤) 加上測試資料的特徵，視為訓練資料。

4 將步驟 **3** 產生的訓練資料 (具有偽標籤)，跟原始的訓練資料合併起來，再訓練模型。

5 使用步驟 **4** 建立的模型對測試資料進行預測，得到最終預測值。

請注意，使用 pseudo labeling 時，有些細節技巧可能對預測結果產生差異[註45]、[註46]、[註47]，以下列舉出幾個可能產生差異的技巧。

註44：「Introduction to Pseudo-Labelling: A Semi-Supervised learning technique (Analytics Vidhya)」
https://www.analyticsvidhya.com/blog/2017/09/pseudo-labelling-semi-supervised-learning-technique/

註45：「Kaggle State Farm Distracted Driver Detection」
https://speakerdeck.com/iwiwi/kaggle-state-farm-distracted-driver-detection

註46：「1st place solution overview（Toxic Comment Classification Challenge）」
https://www.kaggle.com/c/jigsaw-toxic-comment-classification-challenge/discussion/52557

註47：「An overview of proxy-label approaches for semi-supervised learning (Sebastian Ruder)」
http://ruder.io/semi-supervised/

● 只選一些預測機率很高的測試資料作為訓練資料，以提高偽標籤的品質。

● 將由多個模型的集成的預測值作為 pseudo label 使用。

● 先將測試資料分成好幾組，將其中一組挑出後其餘組用來訓練、建立的模型，再使用該模型來預測被挑出的那組資料，以得到該組的最終預測值。

○ 用於競賽的 Class 和專案目錄結構

　　在數據分析競賽中，每位參賽者都會有自己使用 Class 和目錄的方式（編註：本書以英文 Class 表示物件導向程式設計中的類別，而非分類任務中的輸出結果。在物件導向程式設計中，一個 Class 定義了一個物件的屬性。詳細請參閱旗標出版的「**Python 技術者們-練功！老手帶路教你精通正宗 Python 程式**」）。在此專欄內，筆者 (T) 將介紹自己在數據分析競賽使用的 Class 跟目錄結構供讀者參考。有興趣的讀者也可以在 Gibhub 中找到公開的程式碼範例。

　　數據分析競賽中，coding 有時不需要太過嚴謹，或者必須混雜一些比賽專用的程式。在某些情況下，太過嚴謹的 coding 可能會有反效果。以下列舉幾個 coding 風格：

● 檔案名稱以 a01_run_xgb.py、a02_run_nn.py 這種連號作為開頭。

● 不進行檔案分割，且修改檔案時，為了保留過去的程式碼，會複製檔案後進行修改。這樣過去的預測結果就很容易再現。

　　筆者在建模之前，會先整理 Class，除了建立 Model Class、Runner Class，另外也會建立 Util Class 和 Logger Class。以下會介紹筆者如何維護 Class 及目錄。

Model Class

　　所謂 Model Class，就是將 xgboost 或 scikit-learn 的各種模型封裝之後的 Class，可以執行訓練或預測。

　　我們可以繼承 Model Class 來建立 ModelXgb (xgboost) 或 ModelNN (類神經網路)。其使用介面 (interface) 會因為模型是來自 xgboost 或 scikit-learn 而有所差異，我們必須在這個時候吸收這些差異，並讓它便於進行其他處理。

→ 接下頁

雖然就規則上來說，繼承 scikit-learn 的 BaseEstimator 比較合理。但筆者習慣在訓練 GBDT 或類神經網路模型時輸入驗證資料，所以會使用自己客製化寫成的 Class（類似 GridSearchCV 的 Class），因此並不一定要遵循 scikit-learn。

編註：可以參考 https://github.com/ghmagazine/kagglebook/tree/master/ch04-model-interface/ 中的 model.py、model_nn.py、model_xgb.py。

Runner Class

這個 Class 是用來連續執行如交叉驗證等訓練或預測、讀取資料、用於支援 Model Class 並在 Model Class 中執行訓練/預測。雖說使用這個 Class 不需要繼承，但若想要變更資料的讀取處理流程時，必須以繼承的方式進行部分修改才可以使用（編註：Overriding）。

編註：可以參考 https://github.com/ghmagazine/kagglebook/tree/master/ch04-model-interface/ 中的 runner.py。

Util Class、Logger Class

下列為 Util Class 或 Logger Class 所提供的的 method（方法）：

- **Utility method**

  描述檔案輸出、輸入的 Utility method。

- **輸出/顯示 log**

  在檔案和 console 中輸出處理流程的 log。在 log 中保存執行時間就可以更容易了解異常終止的原因或是想要知道處理所需時間。

- **輸出/顯示計算結果**

  可以在檔案和 console 中輸出、統計各模型的驗證分數。

編註：可以參考 https://github.com/ghmagazine/kagglebook/tree/master/ch04-model-interface/ 中的 util.py。

→ 接下頁

專案目錄結構

表 4.1 為專案目錄結構。程式碼僅保存於 code 和 code-analysis 目錄 (directory)[註48]。

▼ **表 4.1　專案目錄結構**

資料夾名稱	說明
input	放置 train.csv、test.csv 等輸入檔
code	運算用程式碼的資料夾
code-analysis	分析用程式碼及 Jupyter Notebook 的資料夾
model	保存模型或特徵的資料夾
submission	保存提交用檔案的資料夾

編註：也可以參考 https://github.com/ghmagazine/kagglebook/tree/master/ch04-model-interface/

a. Model Class

Model Class 主要有訓練、預測、保存/讀取模型等功能。一般會繼承 Model Class 建立並使用 ModelXgb (xgboost) 或 ModelNN (類神經網路)。每個 run 的交叉驗證都有一個 fold，每一個 fold 都會建立一個介面。在生成 Class 時，會給予 Class 一個名稱，該名稱是由 run 的名稱和 fold 名稱所組成 (例如：xgb-param1-fold1)。我們透過這個目標路徑來保存/讀取模型。另外，我們也可以將驗證資料做為引數傳入 train 方法，但若使用所有訓練資料來訓練模型時，則會避免這麼做。在這個 Class 中也可以使用 Bagging (使用不同亂數種子的多個模型的平均來輸出預測值) 等方法來建立模型。

→ 接下頁

註48：專案目錄結構可以參考以下文章-
　　　「資料科學家如何規劃其專案目錄？(データサイエンスプロジェクトのディレクトリ構成どうするか問題)」
　　　https://takuti.me/note/data-science-project-structure/
　　　「Patterns for Research in Machine Learning」
　　　http://arkitus.com/patterns-for-research-in-machine-learning/

表 4.2 中表示了各方法 (method) 的定義 (以下的引數皆省略 self)。

▼ 表 4.2　Model Class 方法 (method)

參數	說明
__init (run_fold_name, prms)__	建構子 (Constructor)。賦予 run 和配對的 fold 組合名稱及參數。
train(tr_x, tr_y, va_x, va_y)	輸入訓練資料和驗證資料的標籤,訓練並保存模型
predict(te_x)	輸入驗證資料或測試資料並以訓練後的模型回傳預測值
save_model()	保存模型
load_model()	讀取模型

b. Runner Class

Runner Class 的主要作用在於進行含有交叉驗證的訓練/評價/預測。因此,它也可以管理資料、交叉驗證 fold 目錄的讀取。使用 Class 生成時,會設定進行運行的名稱 (run_name) 和使用的 Model Class 名稱、特徵清單及超參數。交叉驗證 fold 的目錄會以亂數種子來命名或是以保存的資料夾來命名。若使用各 fold 的模型平均來進行預測時,不使用 run_train_all、run_predict_all 方法。

▼ 表 4.3　從 Class 外部使用的 method

參數	說明
__init__(run_name, model_cls,features, prms)	建構子 (Constructor)。設定運行的名稱、模型類別、特徵量名稱清單、參數 (dict 型)
run_train_fold(i_fold)	可以指定交叉驗證時的 fold 進行訓練與評價。另外也用於叫出其他方法、確認單體或調整超參數
run_train_cv()	執行交叉驗證中的訓練/評價。保存各 fold 的模型和輸出準確度的 log 資料
run_predict_cv()	根據在交叉驗證訓練的各 fold 模型平均來對測試資料執行預測。必須重新執行 run_train_cv
run_train_all()	以所有訓練資料來訓練並保存模型
run_predict_all()	根據以所有訓練資料訓練的模型來對測試資料進行預測。必須重新執行 run_train_all

→ 接下頁

編註：所謂的外部使用指的是，建立 Runner Class的物件 (runner) 後，在程式碼運行過程中，透過例如 runner.run_train_cv()，在外部執行 run_train_cv() 方法。

▼ 表 4.4　在 Class 內部使用的 method

參數	說明
build_model(i_fold)	指定 fold 並建立模型
load_x_train()	讀取訓練資料
load_y_train()	讀取訓練資料的標籤
load_x_test()	讀取測試資料
load_index_fold(i_fold)	指定 fold 並回傳相對應的目錄

編註：所謂的內部使用指的是，方法的執行是在 Class 內部發生，例如在內部執行了 self.build_model(i_fold) 這個方法。

MEMO

chapter

5

模型評價

5.1　什麼是模型評價？

建立模型的主要目的在於對未知標籤的資料進行高準確度的預測。實務上，除了預測準確度之外，模型的輕量化 (例如程式執行時間) 及解釋性也很重要，但這個部分不在本書的範疇，本書僅針對預測的準確度進行討論。

我們將模型預測未知標籤資料的能力稱為普適性，透過一些方法了解模型的普適性之後可以藉此改善模型。本書將評價模型普適性的流程稱為驗證 (Validation)：先將具有標籤的資料分割為訓練用和驗證用兩部分，並且讓模型對驗證資料做預測，接著透過一些評價指標的分數來評價此模型的預測準確度。分割出驗證資料的方法很多，必須考慮訓練資料和測試資料的性質後選擇最合適的方法。

本章中會於「5.2 一般資料的驗證手法」和「5.3 時間序列資料的驗證手法」中說明驗證手法。接著在「5.4 驗證的要點與技巧」中針對在「進行驗證時，我們應該如何思考才能進行適當的驗證」，而這種思考方式可以廣泛適用於各種案例。

5.2　一般資料的驗證手法

本節主要針對一般資料的驗證手法進行說明。

5.2.1 hold-out 法

驗證模型最簡單的方法就是從所有已知標籤的資料中，取一部分用於訓練模型，另一部分用於驗證模型。也就是在使用部分資料訓練完模型後，使用驗證資料來評價模型。藉由這種方式來模擬模型預測未知標籤的測試資料，我們稱為 hold-out 法。

使用 train 來訓練模型，再以此模型來預測 valid，並以該分數來評價模型

- **train**：所有已知標籤的資料中，取一部分用來訓練模型的資料
- **valid**：所有已知標籤的資料中，另一部分用來驗證模型的資料

圖 5.1　hold-out 法

hold-out 法會以隨機的方式劃分訓練和驗證資料，但若是要處理時間序列的資料，大多會根據時間序列來劃分而非隨機劃分，這時就需要使用 hold-out 以外的方法來進行驗證。這個部分我們會在下個小節中說明。

如下列程式碼，我們可以使用 scikit-learn.model_selection 套件中的 train_test_split() 來執行 hold-out 法 (以下提到 scikit-learn 的 model_selection 套件中之函式/方法時將省略套件名稱)。

■ **ch05-01-validation.py hold-out 法**

```
from sklearn.model_selection import train_test_split


print('劃分前資料總數: ', len(train_x))

# 使用 train_test_split() 劃分訓練、驗證資料
# 訓練資料佔 75%，驗證資料佔 25%
# 劃分之前先隨機打亂資料                              → 接下頁
```

```
tr_x, va_x, tr_y, va_y = train_test_split(train_x, train_y, test_
size=0.25,
random_state=71, shuffle=True)

print('訓練資料數量:', len(tr_x))
print('驗證資料數量:', len(va_x))
```

　　劃分資料後，執行下列程式碼，用訓練資料來訓練模型，接著使用訓練完成的模型對驗證資料做預測，最後計算模型的預測分數。

■ **ch05-01-validation.py 訓練、驗證模型**

```
from sklearn.metrics import log_loss
from sklearn.model_selection import train_test_split


model = Model()                           ←── 透過 Model 類別來建立模型
model.fit(tr_x, tr_y, va_x, va_y)         ←── 使用 fit() 進行訓練
va_pred = model.predict(va_x)             ←── 使用 predict() 預測驗證資料
score = log_loss(va_y, va_pred)           ←── 計算 logloss 分數
print('logloss:', score)
```

　　除了 train_test_split()，我們也可以使用 Kfold() 來進行 hold-out 法的資料劃分，這個函式也會用在劃分交叉驗證的資料。只要使用此函式做一次劃分，就可以將資料分成訓練和驗證資料。

■ **ch05-01-validation.py 使用 Kfold() 進行 hold-out 法**

```
from sklearn.model_selection import KFold

print('劃分前資料總數: ', len(train_x))   ←── 10000

# 以 Kfold() 來進行 hold-out 法的資料劃分
kf = KFold(n_splits=4, shuffle=True, random_state=71)
tr_idx, va_idx = list(kf.split(train_x))[0]
tr_x, va_x = train_x.iloc[tr_idx], train_x.iloc[va_idx]
tr_y, va_y = train_y.iloc[tr_idx], train_y.iloc[va_idx]

print('訓練資料數量:', len(tr_x))   ←── 7500
print('驗證資料數量:', len(va_x))   ←── 2500
```

另外，當資料的排序具有規則性時，必須特別注意一定要進行 shuffle 來打亂資料的排序，使資料呈現隨機排序。像是多分類任務的資料會以類別的順序排列 (例如：貓貓貓貓狗狗狗狗…)，這時若我們直接從最前面按比例將部分的資料用於訓練模型，並將剩下的資料用於測試，就無法正確訓練及評價模型。

其他的驗證方法也一樣，為了確保資料真的是隨機排列，即便資料看上去像是隨機排列，最好還是執行 shuffle 打亂排序。在 train_test_split() 中將引數 shuffle 設定為 True，就會在劃分資料前進行 shuffle。和下一節將提及的交叉驗證相比，hold-out 法較無法有效的運用資料，若驗證資料太少會降低評價的可信度，但若增加驗證資料，又會減少訓練用資料，降低模型的準確度。雖然對測試資料進行預測時，我們可以使用所有資料重新建立模型，但最合適的超參數和特徵會隨著資料筆數的不同而改變。因此即便是要進行驗證，我們仍然希望可以保有足夠的訓練資料。

5.2.2 交叉驗證

重覆數次 hold-out 法來劃分資料，不僅能夠維持用於訓練的資料量，還可以使用所有資料來評價模型。在圖 5.2 中，我們可以看到資料被分為 4 份，也就是說我們只要重覆 hold-out 法 4 次，驗證流程中就會對所有的資料做出預測。這種方法我們稱之為交叉驗證 (cross-validation)，有時也可以簡稱為 CV (在 Kaggle 的 Discussion 等討論區中，CV 這個簡稱不僅表示交叉驗證還包含了其他驗證方法)。

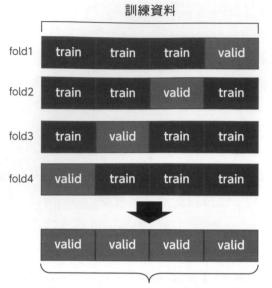

綜合對各 fold 驗證資料的預測分數來進行評價

圖 5.2　交叉驗證 (4-fold)

我們可以使用 Kfold() 來進行交叉驗證中的資料劃分，程式碼如下：

■ **ch05-01-validation.py 使用 Kfold() 來進行交叉驗證中的資料劃分**

```
from sklearn.model_selection import KFold

print('劃分前資料總數: ', len(train_x))   ◄── 10000

# 使用 Kfold() 來進行交叉驗證的資料劃分 (進行 4 Fold 劃分)
kf = KFold(n_splits=4, shuffle=True, random_state=71)
for tr_idx, va_idx in kf.split(train_x):
    tr_x, va_x = train_x.iloc[tr_idx], train_x.iloc[va_idx]
    tr_y, va_y = train_y.iloc[tr_idx], train_y.iloc[va_idx]
    print('訓練資料數量:', len(tr_x))     ◄── 7500
    print('驗證資料數量:', len(va_x))     ◄── 2500
```

我們會使用由交叉驗證劃分出來的資料來進行模型的訓練，接著使用驗證資料來進行預測並計算分數。如下程式碼：

■ **ch05-01-validation.py 交叉驗證**

```python
from sklearn.metrics import log_loss
from sklearn.model_selection import KFold

scores = []  ← 用來儲存各 fold 的分數

# 使用 Kfold() 以交叉驗證來進行劃分資料
kf = KFold(n_splits=4, shuffle=True, random_state=71)
for tr_idx, va_idx in kf.split(train_x):
    tr_x, va_x = train_x.iloc[tr_idx], train_x.iloc[va_idx]
    tr_y, va_y = train_y.iloc[tr_idx], train_y.iloc[va_idx]


    model = Model()  ← 透過 Model 類別建立模型
    model.fit(tr_x, tr_y, va_x, va_y)  ← 訓練模型
    va_pred = model.predict(va_x)         ← 預測驗證資料
    score = log_loss(va_y, va_pred)     ← 計算 logloss 分數
    scores.append(score)                ← 儲存此 fold 分數

# 各 fold 的平均 logloss 分數
print('avg_logloss:', np.mean(scores))
```

　　分割後的一組資料稱為一個 fold，總共分割的組數稱為 fold number [註1]。

　　我們可以使用 Kfold() 的 n_splits 引數來設定交叉驗證的 fold 數 (fold number)。由於 fold 數越多可以讓每一個 fold 的訓練資料量越多，模型的準確度也會越接近使用所有資料進行訓練的結果，但程式執行的時間也會隨之增加。因此，我們必須取得一個平衡。假設我們將 fold 數從 2 增加到 4，計算的次數就會是原來的 2 倍，但訓練資料會從全部的 50% 增加到全部的 75%，也就是原來的 1.5 倍。這樣一來就可以提升模型準確度。

　　但是，即使我們將 fold 數從原本的 4 增加到 8，訓練資料也只不過從全部的 75% 增加到 87.5%，也就是原來的 1.17 倍。簡而言之，不斷增加交叉驗證的 fold 數，會增加計算時間，但卻無法得到更顯著的效果。所以，通常建議使用的交叉驗證 fold 數為 4 或 5。我們可以從程式執行時間、訓練資料的比例、以及驗證資料的分數三者之間的關係來判斷要如何設定 fold 數。

註1：分割後，某一組資料會作為驗證資料，其餘的資料會作為訓練資料。驗證流程便是不斷輪替取其中一個 fold 作為驗證資料，有些人會稱一個 fold 為一個 split。

另外,當我們有足夠多的資料時,也許訓練資料和驗證資料的比例改變了,模型的準確度卻幾乎沒有變化。再加上由於資料量龐大時,計算時間也較長,這時我們可以將 fold 數設定為 2 或是使用 hold-out 法即可。

在使用交叉驗證來評價模型的普適性時,通常會去計算每個 fold 的分數總和平均。另外還有一種方法,是先將每一個 fold 的標籤和預測值整合起來,接著用整合好的標籤和預測值算出一個分數。特別要注意的是上述 2 種方法計算出來的結果,不一定會相同。舉例來說,這兩個方法的 MAE 和 logloss 分數是相等的,但在 RMSE 中,各 fold 的分數平均會比使用所有資料計算的分數來的低。

5.2.3 stratified k-fold

分類任務中有時會讓每個 fold 當中,各個類別的資料比例一致,我們稱此作法為分層抽樣 (stratified sampling)。

我們假定測試資料與訓練資料當中所含各個類別的資料比例幾乎相同,那麼使用這個方法就可以得到可信的驗證分數。特別當多分類任務中存在頻率較少、較極端的分類時,使用隨機劃分的話可能會使每個 fold 當中,各個類別的資料比例不一致造成評價大幅度的偏移。此時,就必須使用分層抽樣。相反的,若為資料為二元分類的資料,且資料均勻分布在正負兩者之間,就不需要特別使用分層抽樣。

就像下列的程式碼範例。我們可以使用 StratifiedKFold 類別的 split 函式來進行分層抽樣的交叉驗證。不同於 Kfold,由於採取分層抽樣,我們必須輸入標籤的值來作為 split 函式的引數。

■ **ch05-01-validation.py Stratified K-Fold**

```python
from sklearn.model_selection import StratifiedKFold

# 使用 StratifiedKFold 方法來進行分層抽樣的劃分
kf = StratifiedKFold(n_splits=4, shuffle=True, random_state=71)
for tr_idx, va_idx in kf.split(train_x, train_y):
    tr_x, va_x = train_x.iloc[tr_idx], train_x.iloc[va_idx]
    tr_y, va_y = train_y.iloc[tr_idx], train_y.iloc[va_idx]
```

> **編註**：另外，在使用 hold-out 法並希望進行分層抽樣時，我們必須將 train_test_split 函式的引數 stratify 設定成資料的標籤。

5.2.4 group k-fold

有些 Kaggle 數據分析競賽中的訓練資料和測試資料不是隨機劃分。舉例來說，若任務是要使用每位顧客的多筆活動記錄來預測其消費行為時，通常資料都是以顧客為單位進行劃分。也就是說，訓練資料和測試資料中，不會混雜著同一位顧客的資料。我們可以將這種狀況想成是：只能以其他顧客的資料來預測新顧客資料。

此時，若我們直接使用隨機劃分的資料來進行驗證，就可能讓模型有性能過高的評價。這是因為當訓練資料和驗證資料中含有相同顧客的資料時，模型會學習到該名顧客的特徵和標籤之間的關係，預測就會變得更加容易。因此，在處理這類任務時，劃分驗證資料也必須以顧客為單位。

以下列程式碼為例，我們可以使用 Kfold 方法來依照顧客 ID 將資料分成訓練跟驗證兩群，再使用劃分好的顧客 ID 來反查原始資料。scikit-learn 中備有 GroupKFold 函式，但由於此函式中並沒有 shuffle 劃分的功能，也不能設定劃分時的亂數種子，所以較難使用。

■ ch05-01-validation.py GroupKFold

```python
# 假設每 4 筆數據有一個相同的 user_id
train_x['user_id'] = np.arange(0, len(train_x)) // 4

from sklearn.model_selection import KFold, GroupKFold

# 以 user_id 欄的顧客 ID 為單位進行劃分
user_id = train_x['user_id']
unique_user_ids = user_id.unique()  # [   0    1    2 ... 2497 2498 2499]

# 使用 Kfold (以 user_id 為單位進行劃分)
scores = []
kf = KFold(n_splits=4, shuffle=True, random_state=71)
for tr_group_idx, va_group_idx in kf.split(unique_user_ids):
    # 將 user_id 劃分為 train/valid (使用於訓練的資料、驗證資料)
    tr_groups, va_groups = unique_user_ids[tr_group_idx], unique__接下行_
user_ids[va_group_idx]

    # 根據各筆資料的 user_id 是屬於 train 或 valid 來進行劃分
    is_tr = user_id.isin(tr_groups)
    is_va = user_id.isin(va_groups)
    tr_x, va_x = train_x[is_tr], train_x[is_va]
    tr_y, va_y = train_y[is_tr], train_y[is_va]

# (參考) GroupKFold 類別中不能設定 shuffle、亂數種子因此較難使用
kf = GroupKFold(n_splits=4)
for tr_idx, va_idx in kf.split(train_x, train_y, user_id):
    tr_x, va_x = train_x.iloc[tr_idx], train_x.iloc[va_idx]
    tr_y, va_y = train_y.iloc[tr_idx], train_y.iloc[va_idx]
```

5.2.5　leave-one-out

　　當訓練資料的資料筆數非常少的時候，我們會使用接下來要介紹的方法，不過這種狀況在數據分析競賽中並不常見。當訓練資料的筆數較少，訓練的時間較短，且我們又希望可以使用到越多資料越好，此時我們就會考慮增加 fold 數。最極端的例子是將 fold 數設定成和訓練資料的筆數相等，那麼每個 fold 都會有一筆驗證資料。我們稱這個方法為 leave-one-out (LOO)。

■ **ch05-01-validation.py leave-one-out (LOO)**

```python
# 假設只有 100 筆數據
train_x = train_x.iloc[:100, :].copy()
# ----------------------------------
from sklearn.model_selection import LeaveOneOut

fold_num = 1
loo = LeaveOneOut()
for tr_idx, va_idx in loo.split(train_x):
    tr_x, va_x = train_x.iloc[tr_idx], train_x.iloc[va_idx]
    tr_y, va_y = train_y.iloc[tr_idx], train_y.iloc[va_idx]
    print('fold 數:', fold_num)
    print('訓練資料筆數:', len(tr_x))
    print('驗證資料筆數:', len(va_x))
    fold_num += 1
```

編註：執行上面的程式後，從輸出可以看到共有 100 個 fold，每個 fold 中有 99 筆訓練資料、1 筆驗證資料：

⋮

fold 數: 99
訓練資料筆數: 99
驗證資料筆數: 1

fold 數: 100
訓練資料筆數: 99
驗證資料筆數: 1

若將 leave-one-out 使用於梯度提升決策樹 (GBDT) 或類神經網路等這種漸進式訓練的模型上，同時也使用提前中止 (Early stopping) 的話，當模型對驗證資料做出的預測可以得到最好的評價分數時，訓練即停止，那麼模型的準確度有可能會出現過高的評價。

不只是 leave-out-out 方法，只要是 fold 數較大的時候都很有可能產生這個問題。其中一個對策是：先在各個 fold 中啟用提前中止，並使用迭代次數的平均值來找到最佳的迭代次數，將迭代次數固定後再次進行交叉驗證。

5.3 時間序列資料的驗證手法

大多數的時間序列資料任務會希望模型可以對具時序性的新資料進行預測。所以，此類任務也經常會根據時間序列來劃分訓練資料及測試資料。也就是說，訓練資料的時間通常不會與測試資料的時間相同。在處理這種類型的任務時，必須更謹慎的進行驗證。

如果直接將資料進行隨機劃分，那在訓練模型時就會使用到和驗證資料相似時間的資料。而時間序列資料的特性為「時間越接近的資料就越相似」，所以若是訓練資料與驗證資料的時間相似，模型的預測就會變得十分容易，也更容易導致驗證時得到過高的評價。

由於時間序列資料具有上述的特性，所以我們必須以此特性為前提，使用合適的方法來對時間序列資料進行驗證。

5.3.1 時間序列資料的 hold-out 法

考慮到資料的時序性，最單純的驗證方法就是從訓練資料中找出最接近測試資料時間的資料來作為驗證資料，如圖 5.3。我們可以稱這種方法為時間序列資料的 hold-out 法。

使用 train 來訓練模型，再以此模型來預測 valid，並以該分數來評價模型

- **train**：所有已知標籤的資料中，取一部分用來訓練模型的資料
- **valid**：所有已知標籤的資料中，另一部分用來驗證模型的資料

圖 5.3　時間序列資料的 hold-out 法

將在時間上距離測試資料最近的資料作為驗證資料，有機會讓模型對測試資料作出預測時得到更高的準確度。不過，這個作法是假設「時間越接近的資料，其趨勢會越相似」的情況下才成立。因此，當資料具有週期性，譬如說資料的趨勢是以一年作為一個週期時，使用過去一年間的資料作為驗證資料會比使用接近測試資料期間的資料更好。

不論如何，建立一個模型時，我們用來訓練模型的資料，其趨勢要盡量接近測試資料。因此，我們最後會直接使用經由驗證流程得到的最佳特徵組合及超參數重新訓練模型。由於重新訓練模型使用的資料，只是稍微改變了訓練資料的期間，其他像是特徵組合或超參數都是由驗證流程獲得，因此即使不重新評價問題也不大。

由於這個方法是衍生自 hold-out 法，也有無法有效運用資料的缺點。使用這個方法時，我們的驗證資料僅限定於某段時間，所以也很難去確認用其他時間資料建立的模型是否能夠有效的預測。有時可能也會因為驗證資料的筆數不足造成預測的結果不穩定。

時間序列資料的 hold-out 法沒有內建的函式可以使用，所以我們必須自己撰寫劃分資料的程式碼，範例如下：

■ **ch05-02-timeseries.py 時間序列資料的 hold-out 法**

```
# 以變數 period 作為劃分的基準 (從 0 到 3 為訓練資料，4 為測試資料)
# 從訓練資料中將變數 period 為 3 的資料做為驗證資料，0 到 2 的資料做為訓練用的資料
is_tr = train_x['period'] < 3
is_va = train_x['period'] == 3
tr_x, va_x = train_x[is_tr], train_x[is_va]
tr_y, va_y = train_y[is_tr], train_y[is_va]

print('訓練資料筆數:', len(tr_x))  ←—— 7500
print('驗證資料筆數:', len(va_x))  ←—— 2500
```

5.3.2 時間序列資料的交叉驗證 (依時序進行驗證)

為了解決時間序列資料 hold-out 法的缺點，我們可以採用交叉驗證的概念。如圖 5.4，使用這個方法，我們會將資料根據時序劃分後，一邊維持訓練和驗證資料的時序關係性，一邊反覆進行評價。

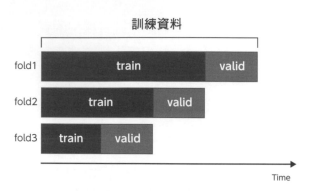

圖 5.4　時間序列資料的交叉驗證（根據時序進行驗證的方法）

使用這個方法時我們不僅要注意到時間是否相近，還必須去注意時間上的順序。當訓練資料與測試資料是根據一個時間點來劃分，且用於訓練模型的資料時間點都比測試資料來得早，則在執行驗證時，我們也必須遵守這個規則：以過去資料預測將來資料的標籤。

我們使用的訓練資料可以是從起始時間到驗證資料之前的全部，或者是驗證資料之前一小段時間的資料。若我們使用的是前者，就必須注意每個 fold 中的訓練資料筆數會不同 (圖 5.5)。

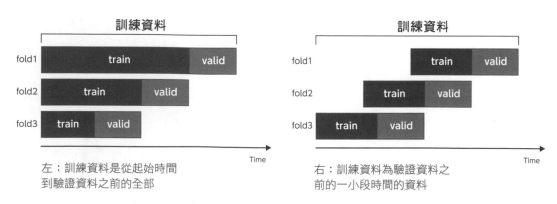

圖 5.5　時間序列資料的交叉驗證

　　這個方法有一個問題就是當驗證資料已經是很舊的資料，訓練資料又只能使用比驗證資料更舊的資料，這樣可以用於訓練的資料就會很少。當使用的訓練資料較少時，其驗證得到的分數就不具有參考價值，此時我們必須設定一個停損點。

　　因為太過老舊的資料和測試資料在性質上會有所差異，可能根本無法作為參考。我們可以思考資料的性質以及程式執行時間來判斷要使用多久以前的資料來進行驗證、決定訓練資料或驗證資料的時段長短。

　　如同上一小節，以下的程式碼是使用自己設定的劃分方法來切割資料，我們可以根據資料屬性來定義劃分方法，像是以月為單位來劃分驗證資料等。

■ **ch05-02-timeseries.py** 時間序列資料的交叉驗證 (依時序進行驗證)

```
# 以變數 period 為基準進行劃分（從 0 到 3 為訓練資料，4 為測試資料）
# 將變數 period 為 1, 2, 3 的資料作為驗證資料，比驗證資料更早以前的資料則作為訓練資料

va_period_list = [1, 2, 3]
for va_period in va_period_list:
    is_tr = train_x['period'] < va_period
    is_va = train_x['period'] == va_period
    tr_x, va_x = train_x[is_tr], train_x[is_va]
    tr_y, va_y = train_y[is_tr], train_y[is_va]

# (參考) 也可使用 TimeSeriesSplit，但只能依據資料的排序劃分，使用上較為不便
from sklearn.model_selection import TimeSeriesSplit

tss = TimeSeriesSplit(n_splits=4)
for tr_idx, va_idx in tss.split(train_x):
    tr_x, va_x = train_x.iloc[tr_idx], train_x.iloc[va_idx]
    tr_y, va_y = train_y.iloc[tr_idx], train_y.iloc[va_idx]
```

編註：雖然 scikit-learn 中提供 TimeSeriesSplit 方法，但其可以使用的情況有限，因為它只能以資料的排序方向進行劃分，而非使用時間資訊來進行劃分，以至於限制較多。

5.3.3 時間序列資料的交叉驗證 (不管時序直接劃分資料的方法)

在某些任務中，我們不需要過度關注資料間時序上的先後關係，反而只要關心資料間的時間是否相近即可。遇到這種情況時，即使訓練資料所包含的時段比驗證資料還要晚也不會產生問題。那麼我們就可以使用如圖 5.6 所示的方法，不管時序直接劃分資料的方法。

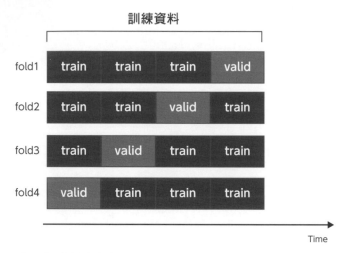

圖 5.6　時間序列資料中的交叉驗證（不管時序直接劃分資料的方法）

我們可以使用下列程式碼來執行不管時序直接劃分資料的方法。與根據時序進行切割的方法不同點在於，用於訓練的資料只要其時間區間和驗證資料不同即可，不一定要比驗證資料早。

■ **ch05-02-timeseries.py (不管時序直接劃分資料的方法)**

```
# 以變數 period 為基準劃分資料 (0 到 3 為訓練資料，4 為測試資料)
# 將變數 period 為 0, 1, 2, 3 的資料作為驗證資料，其他的訓練資料則用於訓練模型

va_period_list = [0, 1, 2, 3]
for va_period in va_period_list:
    is_tr = train_x['period'] != va_period
    is_va = train_x['period'] == va_period
    tr_x, va_x = train_x[is_tr], train_x[is_va]
    tr_y, va_y = train_y[is_tr], train_y[is_va]
```

5.3.4 驗證時間序列資料的注意事項

驗證時間序列資料的方法會根據任務設計、資料性質及劃分對象而有所不同。有些任務可能會需要一些特殊的驗證方法才能有效進行驗證。在之後的小節會舉幾個實際數據分析競賽的案例。

另外，如「3.10.5 將資料與時間做連結的方法」及「5.4.6 重新提取交叉驗證中每個 fold 的特徵」中所提到的，除了驗證方法，提取特徵也是驗證的一個要點。我們必須思考對測試資料來說，什麼資訊可以使用，並且用相同的想法建立一個與測試資料類似的驗證環境，經過這些考量來提取特徵，驗證後得到的評價會比較可信。

AUTHOR'S OPINION

- 究竟要「依時序進行驗證」還是「不管時序直接劃分資料的方法」呢？

在時間序列資料中，標籤的時間大多都比當前時間點更早，此時若訓練資料中含有未來的資料，很有可能造成資料外洩。如果我們採取的是「不管時序直接劃分資料的方法」這個方法，我們會很難區分模型是純粹使用過去資訊來預測未來趨勢而獲得較好的準確度，還是因為混雜了過去資料的標籤和未來資料的標籤的緣故。

因此「依時序進行驗證」會是比較安全的作法。只有在標籤中沒有含太多過去的標籤資訊，或者想要「依時序進行驗證」時卻沒有足夠的資料來訓練模型的情況下，才會考慮「不管時序直接劃分資料的方法」。

- 驗證時間序列資料的大方向

當我們有足夠的資料時，建議使用「依時序進行驗證」的交叉驗證。至於如何劃分驗證資料的時間區間，我們可以根據資料的時間粒度去選擇要以週或月為單位來劃分。特別要注意的是，當時間區間單位過大，評價分數產生偏差時，就比較難去判斷究竟是驗證資料的問題還是訓練資料時間區間不同的問題。另一方面，若時間區間過小，就必須花費較多時間計算。

→ 接下頁

我們可以將預測值和實際值繪製成圖表，藉此觀察預測準確度是否穩定。也可以一邊觀察驗證分數和 Public Leaderboard 之間的關係，一邊思考該使用哪個區間做為驗證資料或訓練資料。另外，我們也可以將用於驗證資料的時間區間與訓練資料的時間區間稍微錯開，觀察預測的結果及分數的變動。

若資料不足時，可能會很難進行驗證。資料不足代表著數據筆數較少且較不穩定。除了因為資料區間較短而不容易捕捉到週期性趨勢之外，也容易受到短期趨勢或一些偶發事件的干擾而影響結果。在這樣的狀況下要進行驗證就會非常棘手，只能以個案的方式來處理。除了「不管時序直接劃分資料的方法」的交叉驗證手法之外，我們也可以根據資料的背景知識來提取一些好的特徵，讓模型能精準的預測測試資料。(T)

編註：時間粒度 (time granularity) 指的是某事件或要觀測的情況發生的時間間隔。

5.3.5 Kaggle 的「Recruit Restaurant Visitor Forecasting」

接下來將介紹幾個數據分析競賽的實際案例。在第 3 章我們曾介紹過 Kaggle 的「Recruit Restaurant Visitor Forecasting」 競賽。這個競賽的任務是預測餐廳未來的來客數。訓練資料的區間為 2016/1/1 到 2017/4/22，測試資料的區間則為 2017/4/23 到 2017/5/31。由於每筆測試資料的日期都不同，造成訓練資料距離每筆測試資料的時間間距也不同，筆者 (J) 根據不同的日期建立了 39 個模型，這個小節將說明筆者驗證這些模型的方法。

基本上，筆者僅從最後 4 週的訓練資料中，找出和預測日期相同星期的資料作為驗證資料。例如，若建立的模型是用來預測 2017/4/23 的標籤，驗證資料就會使用 3/26、4/2、4/9、4/16 的資料，並以此評價模型。那麼驗證資料就會有與測試資料相同的星期，而將多個相同星期的日子作為驗證對象還可以降低以日期來評價的偏差。

不過，針對時間趨勢變化較大的資料，若使用的驗證資料中含有太多太舊的資料時，會造成對過去資料的評價比重過大，降低模型普適性，而使測試資料的預測結果偏離。這時我們必須透過不斷的嘗試來決定驗證資料。筆者就是透過多次的嘗試才決定要使用最後 4 個禮拜的資料做為驗證資料。

最後要建立測試資料的預測模型時，筆者將距離預測對象日期較近的資料也納入訓練資料中，其中含有原本驗證資料內的時段。並以這些訓練資料重新訓練並建立模型。雖然無法再次進行驗證，但模型的超參數已透過驗證進行過最佳化，因此直接拿來使用也不會有太大的問題。

5.3.6 Kaggle 的 「Santander Product Recommendation」

另一個數據分析競賽的實際案例也是在第 3 章就介紹過 Kaggle 的「Santander Product Recommendation」。這個競賽的任務是要預測 Santander Bank 的每位顧客會購買的金融商品。訓練資料的區間為 2015 年 2 月～ 2016 年 5 月，而要預測的月份則是 2016 年的 6 月。

那麼我們就要使用 6 月前一個月份 (或更前) 的資料來進行訓練。基本的策略是使用到 2016 年 4 月的資料來進行訓練，並使用 2016 年 5 月的資料來進行驗證。若一個月份的資料不夠，那也可以再使用 2016 年 3 月的資料來進行訓練，並用 2016 年 4 月的資料進行驗證，如此以逐月循環的方式進行訓練與驗證，就可以增加評價的信賴度。

不過筆者 (J) 使用的策略與上述策略不同。這個競賽每月的資料量較大，即使只使用單月的資料來進行訓練，模型也能充分的發揮其性能。由於筆者的開發環境限制較多，無法一次使用所有資料來訓練模型，因此只針對 2016 年 3 月以及 4 月的資料建立多個模型，再將這些集成起來，用最接近預測對象的 2016 年 5 月的資料作為驗證資料來進行評價。

　　很自然的，筆者這時就想，2016 年 5 月的資料和預測對象最接近，如果可以使用這些資料來建立模型，再將它和其他的模型進行集成，也許可以提升預測的準確度。於是，筆者使用 2016 年 4 月的資料作為驗證資料，並使用 2016 年 5 月的資料來訓練模型，最後再進行集成將它們合併。**由於此方法在時間上是顛倒的**，因此看起來具有一定的風險，不過只要注意不要發生資料外洩，這個方法其實是可行的。

　　這個數據分析競賽最大的重點在於我們必須對多個金融商品進行預測，在這之中有些商品還具有強烈的週期性。實際觀察過去的購買資料會發現，過去顧客會集中在 6 月購買某些商品。從 Public Leaderboard 我們可以輕易推測，作為預測對象月的 2016 年 6 月也同樣存在類似的高峰。以這種情況來說，使用最近的資料作為訓練及驗證資料並不是非常恰當的策略。

　　依照這種情形，一般都會希望可以使用預測對象月份前 1 年的資料來訓練模型，也就是使用 2015 年 6 月的資料，這樣就可以建立有效的模型。問題在於，這樣一來就沒有合適的驗證資料可以使用了。若有更早之前的資料，也就是 2014 年 6 月的資料的話，就可以將其作為訓練資料來建立模型，並使用 2015 年 6 月的資料來進行驗證。但沒辦法得到資料就無濟於事。

　　基於上述的狀況，筆者下了一個艱難的決定，也就是使用 2015 年 6 月的資料作為訓練資料，並使用 2015 年 7 月的資料來進行驗證。雖然這個方法很有可能根本無法正確評量模型的準確度。但筆者判斷這可以作為特徵選擇及超參數調整上的參考，還是決定採用這個策略。雖然這樣做有其風險，但我們也可以參考 Public Leaderboard 的分數來判斷最後得到的準確度分數究竟恰不恰當。在此競賽中可以觀察到，良好的訓練和驗證設計，對模型最終的表現產生了深刻的影響。

5.4 驗證的要點與技巧

在本節中將介紹進行驗證時的一些想法與觀點，可以幫助你找到更合適的驗證方法。此外，也會說明一些驗證的技巧。

5.4.1 進行驗證的目的

在數據分析競賽中進行驗證主要有以下兩個目的：

● 驗證的分數可以指引我們改善模型的方向

● 可以了解模型對測試資料進行預測時可能得到的分數與其離散程度

進行驗證的第一個目的就是我們可以參考驗證所得的分數來改善模型。在數據分析競賽中，我們會一邊取捨特徵，一邊調整超參數，藉此逐步的建立模型。若能夠透過分數比較這些模型，就可以知道如何修正才能提升模型的分數，並藉此提升模型的普適性。因此，當驗證不正確時，很有可能會誤導模型往錯誤的方向修正。但即便驗證是正確的，若資料筆數太少，可能也會產生較大的偏差，那麼能夠提升的普適性的也會越來越小，甚至看不到任何改變。

若驗證的目的為前者，那麼我們也可以使用和競賽不同的評價指標來評價我們的模型。在「2.6.5 MCC 的近似值：PR-AUC 及模型的選擇」中也提到過，若使用的評價指標得到的分數並不穩定，最好可以改用其他的較穩定的指標。例如，二元分類任務中，不論競賽的評價指標為何，都建議可以參考 logloss 或 AUC 這兩個評價指標的結果。

驗證的第二目的是我們可以從驗證的分數來推測模型對測試資料預測後，使用數據分析競賽指定的評價指標可能得到的分數。也就是說，我們可以透過預測自己的分數，在 Public Leaderboard 上與自己或其他參賽者做比較，藉

此獲得其他參賽者的資訊然後應用在自己的分析策略上。關於這一點，會在「5.4.4 利用 Leaderboard 的資訊」中更深入說明。

這些想法不僅可以用在數據分析競賽上，在實務上也十分有幫助。

5.4.2 模擬劃分訓練資料和測試資料來建立驗證資料

雖然在以上的小節裡我們說明了一些主要的驗證手法，但對某些任務或某些性質的資料，我們仍然會不知如何進行驗證。此時，可以使用「模擬劃分訓練資料和測試資料來建立驗證資料」的方法：先找出劃分訓練資料和測試資料的方法，再用此方法來劃分訓練資料以建立驗證資料。

這個方法為什麼有用呢？這是因為找到相同資料劃分的方法後，驗證資料跟測試資料的資料性質相似，模型預測驗證資料所得到的評價就比較恰當。相反的，如果驗證資料跟測試資料的性質差距較大，模型很可能就會以較有利的狀況進行預測，最後可能無法得到適當的評價。這個想法不僅適用於典型的資料劃分，也適用於較難驗證、劃分資料較複雜的的情況。

若使用這個想法，典型的資料劃分正好和我們在「5.2 一般資料的驗證手法」、「5.3 時間序列資料的驗證手法」所說明的這些主要的驗證手法相符。而在資料較複雜的情況下，有時我們也無法完全找出測試資料怎麼劃分，不過還是盡可能使用相似的劃分方法來進行驗證。

以預測使用者是否解約的任務為例，以下兩個範例，劃分驗證資料的方法為因為問題不同而改變 (圖 5.7)。

● 範例 1：要預測 2018 年 12 月底使用者會不會在一個月之內解約。從所有使用者資料當中隨機抽樣一半出來作為測試資料，剩下的另一半作為訓練資料提供給參賽者。

● 範例 2：要預測 2018 年 12 月底使用者會不會在一個月之內解約。當時所有的使用者都作為測試資料，訓練資料則是過去各個月底的使用者資料以及這些使用者是否在下個月解約。

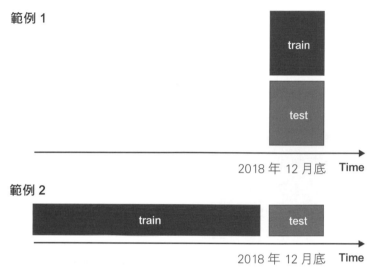

圖 5.7　訓練資料和測試資料的劃分及驗證

圖 5.8 為以「模擬劃分訓練資料和測試資料來建立驗證資料」的示意圖。以下將說明此方法的思考方式。

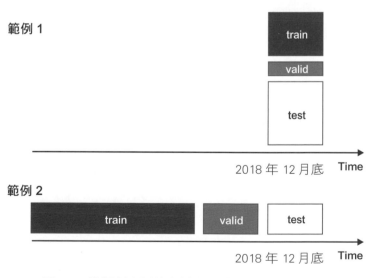

圖 5.8　模擬劃分訓練資料和測試資料來建立驗證資料

在範例 1 中，在建立驗證資料時只要隨機劃分訓練資料，進行一般的交叉驗證即可。

這裡最重要的就是我們必須去**判斷是否要隨機抽樣**。舉例來說，若我們以地區劃分訓練資料和測試資料，我們就應該要考慮在驗證時以區域來進行 group k-fold。要這麼做的原因是，若各個地區和標籤有一些相關屬性，如果我們是使用隨機分割所得到的驗證資料，那我們的評價結果可能無法反映模型是否可以正確找到資料的區域性，而使得評價不公平。

在範例 2 中，將月底仍存在的使用者及各月的解約記錄以時間排序，並在某個時間點切割這筆資料，一邊作為訓練資料，另一邊為測試資料。這個範例中，最基本的就是如上述劃分資料，並「依據時序進行驗證」的方法進行時間序列交叉驗證。舉例來說，以 10 月底的使用者為訓練資料，而 11 月底的使用者則作為驗證資料。以 9 月底的資料作為訓練資料，並以 10 月底的資料來進行驗證。

若隨機劃分驗證資料，那麼訓練資料和驗證資料就會全混在一起，時間順序也會被打亂，訓練資料可能會包含時間點比驗證資料還要晚的資料。這就好像使用 12 月跟 1 月的資料訓練模型，並且預測 12 月底的使用者。如果比驗證資料的時間點還晚的訓練資料中，剛好包含對預測很有用的資訊，這樣的驗證可能無法正確評價模型。

另外，我們要怎麼去判斷實務在建立預測模型時會不會發生資料外洩呢？關於這個問題，我們可以去思考，用於評價的資料和訓練資料之間的關係是否等同於我們的預測標的資料和可取得的訓練資料之間的關係。這樣一想，就會很容易發現要進行預測時卻無法獲得有效特徵之類的狀況。

AUTHOR'S OPINION

「模擬劃分訓練資料和測試資料來建立驗證資料」是一個可以廣泛使用非常有效的觀點，在進行資料分析感到迷惑時，可以趕快以此觀點進行思考。(T)

5.4.3 當訓練資料和測試資料的分布不同

某些情況下，訓練資料和測試資料會有「相同」或「不同」的分布。

所謂「相同」的分布，意思就是說從相同的分布中取樣，將其作為訓練資練和測試資料。例如以隨機的方式劃分一份資料，劃分的其中一部份作為訓練資料，另一部份則將標籤隱藏並作為測試資料使用，就可以說它們具有相同的分布。

所謂不同的分布，就是以時間或地區等條件來劃分訓練資料和測試資料，因此這兩份資料就可能會有不同的分布。較典型的例子就是以時間來劃分時間序列資料。若預測對象是商品銷售或門市營業額，包括人氣、新使用者流量等特徵多多少少都會隨著時間的流逝而改變。因此，若我們想要建立特徵或標籤的分布，不同的時間點其分布會略有差異。

在機器學習的問題當中，分布相同算是較容易處理的情況。我們只要在有適當驗證的前提下找到可以最精確預測資料的模型即可。不過，如果訓練資料跟測試資料的分布相異時，模型不能只具備預測相同分布的資料，而是要能預測不同分布的測試資料。但僅使用手邊的資料比較難達到這個目標。這時我們可能就要參考 Public Leaderboard 上的分數再配合測試資料來建立模型。

當分布不同時，我們可以使用下列對策：

● 以資料的製作過程或探索式資料分析 (Exploratory Data Analysis, EDA) 來分析訓練資料和測試資料趨勢的不同點。

● 參考 adversarial validation 的結果或 Public Leaderboard 分數來建立與 Leaderboard 分數相關的驗證方法。

● 使用不會使模型過於複雜或能夠解釋其預測原理的特徵來對不同分布進行可靠的預測。

● 從不同的模型中取平均和進行集成，透過這個方法來使預測更加穩定 (較不容易取到極端的預測值)，藉此對不同的分布的預測可以更加可靠。

● 變換特徵來降低 adversarial validation 分數，這樣模型就比較不會受到不同分布影響其預測結果 [註2]。

adversarial validation

有一個判斷訓練資料和測試資料分布是否相同的方法，就是將訓練資料和測試資料整合之後，以「是否為測試資料」做為標籤進行二元分類。若分布相同，那會很難分辨某一筆資料到底是來自訓練資料還是測試資料，此時二元分類的 AUC 就會趨近 0.5。相反的，若 AUC 趨近 1 時，就可以知道我們可以確實的區分訓練資料和測試資料，也就代表了兩者分布不同。

若我們在上述的二元分類中得到的 AUC 值遠高於 0.5，也就是訓練資料和測試資料的分布不同時，就可以使用「和測試資料相似」的訓練資料作為驗證資料來評價模型，我們稱此方法為 adversarial validation。進行的步驟如下 [註3]、[註4]：

註2：「3 place solution (Avito Demand Prediction Challenge)」https://www.kaggle.com/c/avito-demand-prediction/discussion/59885#349713

註3：「Adversarial validation, part one (FastML)」http://fastml.com/adversarial-validation-part-one/

註4：「Adversarial validation, part two (FastML)」http://fastml.com/adversarial-validation-part-two/

1 合併訓練資料和測試資料，以是否為測試資料作為標籤建立模型進行二元分類。

2 使用步驟 **1** 建立的二元分類模型，輸出每一筆資料為測試資料的機率。

3 根據預測結果，選出一些機率較高的訓練資料來進行驗證。

4 使用步驟 **3** 建立的資料來驗證原本的任務。

AUTHOR'S OPINION

　　當訓練資料和測試資料有很大的不同時，如果可以找到造成差異的原因，就有機會設計比 adversarial validation 更好的驗證機制，並且勝過其他參賽者。如果一開始沒有發覺資料的不同，也建議用 adversarial validation 來檢查特徵是否可以區別訓練資料跟測試資料，並且根據這些特徵以及其他假設後再進行 EDA。

　　此外，如果有資料外洩的可能，或是某些特徵在訓練資料和測試資料有不同的性質，也許可以使用 adversarial validation 來檢查。因此，建議可以將訓練資料和測試資料合併起來做一次 adversarial validation。另外，如果驗證分數跟 Leaderboard 分數有比較大的差異，也可以用 adversarial validation 來看看我們使用的特徵是否有問題。

5.4.4 利用 Leaderboard 的資訊

　　在 Kaggle 上，「trust your CV」是一句著名的台詞。這句話直譯的意思就是：「相信交叉驗證吧！」。建立模型很重要的一點就是我們必須透過驗證來對模型進行適當的評價，藉此得到一個普適性較佳的模型。就像這句話所說的，要相信自己的分數，不要受到 Public Leaderboard 上的分數影響。不過，如果可以適當的參考、善用 Public Leaderboard 中的資訊將有助於建立模型。

檢查驗證和 Leaderboard 的分數差異

只要驗證分數和 Public Leaderboard 分數的水準和趨勢相似，而訓練資料和測試資料的屬性相近，驗證就能夠順利進行。這時我們可以安心的繼續進行驗證。

如果兩者有較大差異，則需要進一步檢查。可能的原因有以下幾個：

1 分數差異純屬偶然。

2 驗證資料和測試資料的分布差異。

3 驗證設計不佳，無法正確評價。

首先，我們要判斷差異是不是屬於第 1 個原因。以不同的劃分來評價與 Public 測試資料相同筆數的驗證資料，藉此掌握驗證資料分數的波動程度。這樣我們就可以判斷分數的差異究竟是不是純粹的偶然。若判斷為偶然，就不需要受到 Public Leaderboard 分數的影響。

了解驗證資料的分數波動範圍，可以判斷某一次的驗證分數是否在合理的範圍內。若在波動範圍內，就算名次較低也不用太過在意，只要繼續改善模型即可。

若是第二個原因，我們就應該先思考資料的性質及劃分方法。像是依據時間劃分時間序列資料，資料的分布就比較可能有差異。譬如以月為單位進行驗證，就可以預期可能發生以月為單位的分數波動。

我們可以在 Kaggle 的 Discussion 中查看其他參賽者是不是也有發生一樣的狀況，通常若發生驗證分數和 Leaderboard 分數有較大差異的狀況，在 Discussion 上通常都會成為話題。相反的，若討論區上沒有相關的話題，那可能就要重新檢視自己的解法。

若原因為 2 可以參考上一節我們提到的解法。而不論原因是 1 或 2，都很有可能是造成第 3 點的原因，此時當然就要重新設計適當的驗證方法了。

驗證的劃分與 Leaderboard 分數處理

圖 5.9 是從 Kaggle Grandmaster - Owen 所作的投影片擷取下來的圖 [註5]。我們可以從這張圖得到一些如何劃分資料以及如何使用 Leaderboard 資訊的建議。筆者 (T) 的解釋如下：

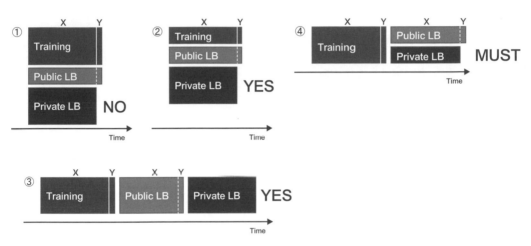

圖 5.9　資料的劃分與 Leaderboard 分數處理

① 資料為隨機劃分。與 Public 測試資料相比，訓練資料十分足夠 (編註：圖中方塊的面積代表資料量的多寡，可以發現訓練資料的面積最大，因此資料量相對較多)。在此情況下，驗證分數會比 Public Leaderboard (以下稱為 Public LB) 來得可信。因此不需要太過在意 Public LB 的分數。

② 資料為隨機劃分。但相較於 Public 的測試資料，訓練資料並沒有這麼多。在這樣的情況下，我們除了驗證之外還需要參考 Public LB 的分數，才能使評價的可信度更高。

註5：「Tips for data science competitions」(P12,Owen Zhang,2015)。
　　　https://www.slideshare.net/OwenZhang2/tips-for-data-science-competitions

③ 資料根據時間劃分，依序為訓練資料、Public 測試資料、Private 測試資料。在此情況下，和訓練資料相比，Public 測試資料的時間更接近 Private 測試資料，那麼只要 Public LB 能夠得到好的分數，那麼模型也很有可能能夠準確的預測 Private 測試資料。不過，也有可能發生模型單方面的過度配適 Public 的測試資料。

④ 資料根據時間劃分，依序為訓練資料和測試資料，而 Public 和 Private 測試資料則為隨機劃分。在這種情況下，我們可以判斷 Public 和 Private 測試資料的分布相似。只要模型能夠準確的預測 Public 測試資料，那麼預測 Private 測試資料時也很有可能可以得到相同的準確度，因此強烈建議可以參考 Public LB 的分數。

shake up

先前提過，Public Leaderboard 的名次和競賽結束後所公開的 Private Leaderboard 名次很有可能會有大幅度的變動。我們稱此現象為 shake up。

shake up 經常會發生在當 Public 測試資料筆數較少造成 Public Leaderboard 的名次或分數不可信，或是 Public 和 Private 測試資料的分布不同的情況下。此外，也有可能會發生，明明分數不錯，只因與 Public 測試資料過度配適，而導致悲慘的結果發生。

Kaggle 的「Santander Customer Satisfaction」或「Mercedes-Benz Greener Manufacturing」競賽中，Public Leaderboard 和 Private 之間發生了 2,000 名以上的名次變動。為了避免因過度相信 Public Leaderboard，造成名次在 Private 中大幅下降的情況發生，判斷分數的差異是否為偶然就非常重要。

5.4.5 驗證資料或 Public Leaderboard 的過度配適

測試過度造成的過度配適

若為了調整模型，不斷參考驗證資料的分數來調校超參數，此時就很有可能會過度配適驗證資料。也就是說，多次的測試所得到的分數，可能會因為其隨機性而獲得比較好的分數，而我們卻將這個分數誤以為是模型的實力。提交太多次預測值也會發生類似的問題。因隨機性的關係，可能會出現和 Public 的測試資料相符的預測值，進而讓 Public Leaderboard 的分數高出模型實際的實力許多。

為了要解決這種狀況，我們可以將每個驗證資料分數及 Public Leaderboard 分數繪製成圖表來觀察它們的波動，了解它們的影響。

改變交叉驗證的劃分

為了防止過度的超參數調校造成模型過度配適驗證資料，模型超參數調整用的交叉驗證劃分以及評價模型好壞的交叉驗證劃分要不同，做法是改變 KFold 的亂數種子。方法如下：

1 使用交叉驗證來進行超參數校調，並選擇最合適的超參數。

2 使用與步驟 1 不同的交叉驗證劃分，並使用從步驟 1 選取的超參數來評價模型。

有些人可能會擔心，即使劃分的方式不同，這些資料的來源仍然都是整體資料。不過，即使驗證資料的分數並未使用 Public Leaderboard 分數來驗證，仍可以作為評價的參考資料，因此這個方法其實已經十分足夠了。

另外一個更保守的作法就是事先劃分好 hold-out 資料，將剩下的訓練資料以交叉驗證的方式來調整超參數，最後以 hold-out 資料來進行評價。不過，此方法的缺點是會讓訓練或驗證的資料會變少。因此，這方法在數據分析競賽中不常使用。

5.4.6 重新提取交叉驗證中每個 fold 的特徵

下列舉幾個例子來說明什麼時候我們會需要重新提取交叉驗證中每個 fold 的特徵。

非時間序列資料

若資料不是時間序列資料，在進行一般交叉驗證時，需要重新提取每個 fold 的特徵最典型的例子就是 Target encoding。在進行訓練資料的 encoding 時本來是不會使用測試資料的標籤。為了讓相同的想法應用在驗證資料上，交叉驗證的每一輪只能使用當時訓練資料的標籤重新進行 Target encoding (圖5.10)。於是，特徵的提取就會受到標籤的影響，因此就必須重新提取每筆 fold 的特徵。

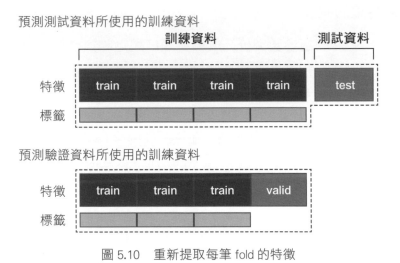

圖 5.10　重新提取每筆 fold 的特徵

時間序列資料

如 3.10.5 小節所提到，將資料與時間點連結，會以時間做為鍵 (key) 來與訓練資料結合。然而，和時間點連結的值可能會比較難處理或者其計算量可能會造成負擔。這時也可以重新提取每個 fold 的特徵：根據每一輪的資料提取特徵，如統計紀錄資料，再進行模型訓練。

圖 5.11 左側所表示的就是使用以下方法來提取驗證資料和測試資料的特徵。

- 用於預測測試資料的特徵是經統計測試資料最後一段時間的記錄資料後，提取而來。

- 用於驗證資料的特徵是經統計驗證資料最後一段時間的記錄資料後，提取而來。

雖然我們不一定能夠遵守僅使用預測每筆資料時手邊可知的資訊，但透過上述方法，我們可以確保評價的一致性。因此，我們在提取特徵時，應該要變更每個 fold 所提取的特徵。

相較之下，圖 5.11 的右側為比較不好的例子。驗證用的特徵是由統計測試資料最後一段時間的記錄所提取而來。這樣一來，就不用提取每 fold 中的特徵。由於使用了比評價對象時間點晚的記錄資料，那麼就很有可能會出現比預測測試資料還要有利的狀況來進行模型的驗證。

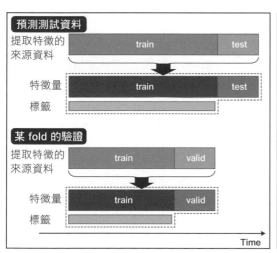
維持評價整合性的範例

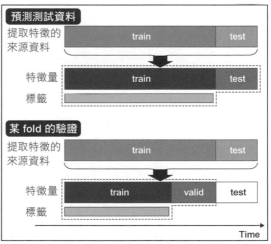
不良範例

圖 5.11　時間序列資料中重新提取每 fold 的特徵

5.4.7 增加可使用的訓練資料

　　某些情況下，我們可以餵給模型特定的資料，讓模型產生新的資料，而這些新資料可以做為訓練資料使用。這種技巧我們稱之為資料擴增 (data augmentation)。若從驗證的架構上來看的話可能稍微有點離題，但為了要深入了解資料的屬性，本章仍會對此方法進行介紹。

　　例如，在處理圖像任務時，我們會透過圖像的翻轉、旋轉、傾斜來製作一個新的圖像，並將其新增到訓練資料中。而表格資料的情況下，一般來說沒有簡單的方法，因此要像圖像那樣產生資料是比較困難的。不過，根據任務或資料的不同，仍然有可能使用這個方法。以下介紹幾個實際案例：

Kaggle 的「Instacart Market Basket Analysis」

　　在第 3 章中介紹過 Kaggle 的「Instacart Market Basket Analysis」競賽中，主辦單位為線上食品宅配業者，該競賽的任務為預測顧客上次購買的商品是否會繼續下單。

　　訂單資料如圖 5.12 分為 train、test、prior 三種。將各使用者最新的訂單劃分為 train 和 test，而之前的訂單就被劃分為 prior，然而，此任務中不一定只能以最新的訂單作為訓練資料，也可以使用 prior，也就是過去的訂單也能夠作為訓練資料。

　　若使用了沒有記錄完整期間的使用者資料或是太老舊的訂單資料，很有可能會因為該筆資料的狀況和測試資料的差異造成模型的準確度下降。考慮到這一點，我們必須決定使用的訓練資料的區間應該要回溯到多久以前。

　　第 2 名 ONODERA 的解決策略是增加訓練資料，他將每位使用者最近的 3 筆訂單 (圖灰色的部分) 新增到訓練資料中 [註6]。

註6：「Instacart Market Basket Analysis, Winner's Interview: 2nd place, Kazuki Onodera」
　　　https://medium.com/kaggle-blog/instacart-market-basket-analysis-feda2700cded

window1	1	2	3	4	5	6	7	8	9	10	11
						order_number					
userA	p	p	p	p	p	tr					
userB	p	p	p	p	p	p	p	p	p	tr	
userC	p	p	p	p	p	p	p	te			
userD	p	p	p	p	p	p	p	p	p	p	tr

window2	1	2	3	4	5	6	7	8	9	10	11
						order_number					
userA	p	p	p	p	p	tr					
userB	p	p	p	p	p	p	p	p	p	tr	
userC	p	p	p	p	p	p	te				
userD	p	p	p	p	p	p	p	p	p	p	tr

window3	1	2	3	4	5	6	7	8	9	10	11
						order_number					
userA	p	p	p	p	p	tr					
userB	p	p	p	p	p	p	p	p	tr		
userC	p	p	p	p	p	p	p	te			
userD	p	p	p	p	p	p	p	p	p	tr	

圖 5.12　Instacart Market Basket Analysis － 追加訓練資料

如果要用 prior 做為驗證資料，須注意提取特徵時要用比 prior 還更舊的資料，避免發生資料外洩的問題。

Kaggle 的「Recruit Restaurant Visitor Forecasting」

YuyaYamamoto 在 Kaggle 的「Recruit Restaurant Visitor Forecasting」中得到第 20 名的成績。他提出的解決方案是隨機的將部分資料刪除後提取特徵得到新的訓練資料 [註7]。

註7：「20th place solution based on custom sample_weight and data augmentation（Recruit Restaurant Visitor Forecasting）」
https://www.kaggle.com/c/recruit-restaurant-visitor-forecasting/discussion/49328

　　YuyaYamamoto 先假設每間餐廳最開始的資料日期不是開店日而是服務登錄日。因此，來客數就不會因為店面的服務登錄日的日期較晚有所改變。如圖 5.13 所示，他根據這個狀況隨機刪除一部分餐廳最開始的數據。

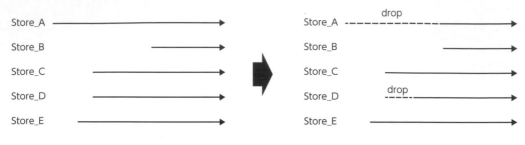

圖 5.13　Recruit Restaurant Visitor Forecasting － 刪除一部份的資料

　　隨機刪除一部分資料後，使用 Target encoding 會得到新的特徵。但這些增加的資料並不是要加在原本的訓練資料中訓練模型，而是要用來訓練另一個模型，並集成由這些模型得到的預測結果。

　　另外，YuyaYamamoto 也將上述流程用於測試資料。這個方法類似影像處理的 test-time augmentation：先透過旋轉、縮放等方法來增加測試圖像，接著預測這些圖像，最後取預測的平均值。

模型調整

本章我們將介紹一些技巧，讓讀者可以透過**選擇特徵**以及**調整模型的超參數**來提升模型的準確度。另外，本章也會說明如何處理類別數量不平衡的分類任務。

> **★小編補充** 一般來說，模型的「參數」是模型訓練過程時從資料集學習而來，比如線性模型中每個特徵對應的係數。「超參數」則是用來控制模型的訓練過程、機制，例如模型的學習率。考慮到閱讀流暢性，本章內文用「參數」代表模型的「超參數」。

6.1 超參數調整

6.1.1 探索超參數的技巧

首先在這個小節中，我們會說明如何調整超參數。下列為探索超參數的技巧：

手動調整超參數

我們可以透過手動調整超參數來加深對參數的理解，另外我們可以一邊改變參數，一邊觀察分數的變化，這些都是提升模型準確度的方法。舉例來說，當我們發現使用了過多無意義的特徵，我們可以透過調整參數來加強常規化 (Regularization)，或者發現模型未能完整反映特徵之間交互作用的關係，此時我們可以增加決策樹的分支數量。

這個方法不太會需要大量的程式執行時間，比較難的地方反而是使用者要怎麼調整參數比較好。

Grid search (格點搜索) / Random search (隨機搜索)

Grid search 會先擬定候選的參數以及參數的數值範圍，並使用這些參數的所有組合來進行搜索。雖然設定候選的參數以及參數的數值範圍並不難，但是考慮所有可能的組合後，搜索的數量會十分龐大，因此參與搜索的候選參數個數以及候選參數的搜索範圍都不能太多。

Random search 則會先選候選的參數以及參數的數值範圍，接著用隨機的方式在指定範圍進行抽樣，建立參數組合，最後從組合中找最佳的參數。使用這個分法可以指定候選參數的數值分布，例如將候選參數的數值分布設定成均勻分布。這個方法即使在搜索的候選參數個數較多仍可以順利執行，因為不需要搜尋所有組合，但也有可能沒辦法找到理想的組合。

要執行上述方法，我們可以直接使用 scikit-learn 的 model_selection 套件的 GridSearchCV、RandomizedSearchCV 函式，當然，由於搜索參數並沒有很複雜，因此也可以自己撰寫。

以下程式碼示範如何以 Grid search (格點搜索)／Random search (隨機搜索) 方法來搜索超參數：

■ **ch06-01-host 以 Grid search／Random search 搜索參數**

```
# 參數 1 和參數 2 的候選
param1_list - [3, 5, 7, 9]
param2_list = [1, 2, 3, 4, 5]

# 使用 Grid search 搜索的參數組合
grid_search_params = []
for p1 in param1_list:
    for p2 in param2_list:
        grid_search_params.append((p1, p2))

print('grid_search_params:', grid_search_params)
```

→ 接下頁

```
# 使用 Random search 搜索的參數組合
random_search_params = []
trials = 15
for i in range(trials):
    p1 = np.random.choice(param1_list)
    p2 = np.random.choice(param2_list)
    random_search_params.append((p1, p2))

print('random_search_params:', random_search_params)
```

根據 Bergstra 和 Bengio 所說， Random search 的效率比 Grid search 來得高。這是因為，各個任務中重要的參數不盡相同，且在每個任務中重要的參數佔少數的情況下，相同的搜索次數中，Random search 比較可能找到合適的參數 (如圖 6.1)。

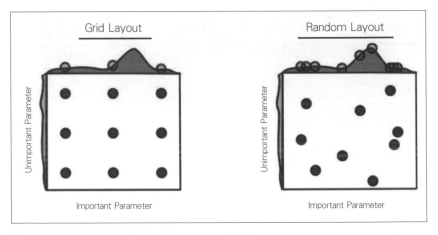

圖 6.1　Grid search 和 Random search (出處：Bergstra, James, and Yoshua Bengio. "Random search for hyper-parameter optimization." Journal of Machine Learning Research 13.Feb (2012): 281-305. [Figure1])

貝氏最佳化 (Bayesian Optimization)

　　貝氏最佳化是使用貝氏機率的架構以過去計算的參數紀錄為基礎，選擇下一步應該搜索的參數。使用 Random search 時，就算參數對準確度完全沒有幫助，下次還是會被搜索到。但貝氏最佳化會利用過去的搜索紀錄，更有效率地去找到更有可能對準確度有幫助的參數。

　　比較常使用的套件為 hyperopt，另外也可以使用在 2018 年底發佈的套件 optuna。其他還有像是 gpyopt、spearmint、scikit-optimize 等套件都可以使用。

AUTHOR'S OPINION

　　有許多高階 Kaggler 都是手動調整參數。不過，對於尚未熟悉資料分析的人來說，可先使用貝氏最佳化來進行有效率的搜索並觀察結果。

　　筆者在 Kaggle 數據分析競賽中調整參數的流程如下：

1. 首先，以基準 (baseline) 參數來訓練模型。

2. 接下來若想要簡單的進行調整，則使用 Grid search 方法，選 1 ~ 3 個參數，每一個參數選 2 ~ 5 個數值，從中找最佳組合。

3. 正式要進行參數調整時就執行貝氏最佳化 (在這個階段，使用貝氏最佳化會比 Grid search / Random search 更有效率)。

　　在這個流程中使用 Grid search 讓我們可以更好理解參數，使用貝氏最佳化來提升準確度。較不會使用到 Random search。（T）

6

6.1.2　調整超參數時的設定

　　調整參數時我們必須考慮以下幾點：

● 基準參數

● 欲搜索的參數及其範圍

● 要手動調整還是自動搜索

● 驗證、評價的方法 (像是交叉驗證中 fold 的劃分方法等)

首先，手動調整時必須要有基準參數才能開始，而雖然自動搜索只要有搜索範圍就能執行，但先以基準參數來掌握分數的話可以更容易做觀察。通常會用過去的經驗設定一組可能不錯的參數作為基準參數。

通常模型參數會有預設值，但有一些預設值可能不太適合用於數據分析競賽。例如 xgboost 的 eta (學習率) 預設值雖然是 0.3，但在數據分析競賽中 0.3 有點太大了。比較方便的方法是：事先從過去競賽的解決方案中蒐集一些參數作為基準參數使用。

接著，為了要設定欲搜索參數及其範圍，我們必須先了解哪些參數較重要以及這些參數可能的數值範圍為何。

了解後，若要進行手動調整，就必須考慮資料性質、訓練資料和驗證資料分數的趨勢，透過分數的趨勢來決定參數值調整的方向，並且從重要的參數開始調整。若為自動調整，則要設定欲搜索參數和其範圍，並使用貝氏最佳化等進行搜索。最後，關於驗證、評價的方法，若為手動調整，可以使用一般的交叉驗證，改變模型或特徵來進行評價。若為自動調整，參數過度調整的話，很容易過度配適而使得評價不公正。因此，調整參數時的模型以及實際用於預測測試資料的模型，其驗證流程都要不時改變劃分 fold 所使用的亂數種子 (請參考「5.4.5 驗證資料或 Public Leaderboard 的過度配適」)。

另外，為了要節省計算時間，還有一個方法是使用交叉驗證中的其中 1 個 fold 而非所有的 fold 來確認準確度。相反的，當每個 fold 之間有很大的差異時，可以改變劃分 fold 的方法，重覆幾次後取其平均。

6.1.3　調整超參數的要點

● 由於參數有分為重要及不那麼重要的，通常我們只要從重要的開始調整，不需要調整所有的參數。

● 有些參數的數值增加會加深模型的複雜度，有些則可以簡化模型。了解背後的原因將有助於解決訓練時遇到的瓶頸。

● 搜索參數的某個範圍時，若發現參數搜索範圍的最大值與最小值得到的分數差異不大時，可以將範圍擴大再進行搜索。

● 許多模型可以指定訓練時的亂數種子。使用者可以記下亂數種子的數值，即可再現訓練結果 [註1]。

● 改變模型的亂數種子或劃分 fold 的亂數種子時，我們可以從分數的變化來推測改變參數時的分數變化究竟是隨機性，還是真的是因為參數改變。

AUTHOR'S OPINION

　　特別是在模型為 GBDT 時，比起調整參數，加入好的特徵會更有助於改善準確度。雖然一些參數調整可以有效讓評價模型的流程更加順利，在一開始時最好不要投入太多力氣在調整參數上。(T)

6.1.4 使用貝氏最佳化來搜索超參數

hyperopt

　　這個小節將說明一個經常用於數據分析競賽的貝氏最佳化的套件 hyperopt，這個套件使用的演算法為 TPE (Tree-structured Parzen Estimator)。

　　以下為此套件的設定方法，透過這些設定，模型會自動搜索參數，並且依設定的評價指標輸出分數。

註1：在類神經網路中使用 GPU 時會比較難再現，因為 GPU 背後的函式庫可能會引入一些隨機源。

● **設定想要最小化的評價指標**

為了找到一組可以讓模型得到最佳準確度的參數,我們要設定一個評價指標,使其可以「以參數作為引數,使用該參數建立模型,並且透過評價指標來得知此模型的分數」。若使用的評價指標是數字越高代表模型越好 (如 accuracy) 時,則輸出結果之前需要加上負號。

● **定義搜索的超參數範圍**

用事前分布來設定候選參數的數值範圍。有很多機率分布可以作為事前分布,也可以直接使用均勻分布或是對數均勻分布。舉例來說,我們可以將決策樹的深度設定為均勻分布。在某些情況下,我們會希望可以使用像是 0.1、0.01、0.001……這樣以 n 倍為間隔單位來搜索與常規化的強度相關的參數,此時建議可以使用對數均勻分布。另外,若參數間有階層關係,我們也可以定義這些關係,譬如在類神經網路中,需要根據每個優化器 (optimizer) 的種類調整不同參數。

● **設定搜索次數**

根據不同的情況搜索的參數數量或範圍也都不同,有時候大概進行 25 次左右的搜索就可以找到參數。若要找到適合的參數,那麼差不多搜索 100 次左右就很足夠了 [註2]。另外還有一個方法,就是先進行一次 hyperopt,找到適當的參數範圍後,再重新縮小或擴大分布來搜索。

搜索的參數空間可以使用下列程式碼來設定 (參數空間 parameter space 是指可取得的參數組合的集合、所謂搜索參數空間指的是從可取得的參數中找到好的組合)。

註2:搜索次數的設定,可以參考 6-16 頁「6.1.5 GBDT 的參數及其調整」中「筆者 (T) 的操作方法」。

■ ch06/ch06-01-hopt.py 指定要進行搜索的參數空間

```
from hyperopt import hp

# 以 hp.choice 從多個選項選出一個
# 以 hp.uniform 從已設定上/下限的均勻分布中選出一個數字。引數為上/下限。
# 以 hp.quniform 從已設定上/下限的均勻分布中，以一定間隔為單位從中選出一個數字。引數
為下限/上限/間隔
# 以 hp.loguniform 從已設定上/下限的對數均勻分布中選出一個數字。引數為上/下限的對數。

space = {
    'activation': hp.choice('activation', ['prelu', 'relu']),
    'dropout': hp.uniform('dropout', 0, 0.2),
    'units': hp.quniform('units', 32, 256, 32),
    'learning_rate': hp.loguniform('learning_rate', np.log(0.00001),
np.log(0.01)),
}
```

■ 編註 ：可使用 pip install hyperopt 來安裝套件

使用 hyperopt 搜索參數的步驟如下：

1 建立函式 score 使其能以欲調整的參數為引數，並會傳回想要最小化的評價指標分數。也就是以作為引數的參數訓練模型，並使用模型預測驗證資料，最後計算評價指標的分數。

2 在 hyperopt 的 fmin 函式中設定上述建立的函式、搜索的參數空間、搜索次數並進行搜索。

■ ch06-01-hopt.py 使用 hyperopt 探索參數

```
from hyperopt import fmin, tpe, hp, STATUS_OK, Trials
from sklearn.metrics import log_loss


def score(params):
    # 設定賦予參數時最小化的評價指標
    # 具體回傳模型以指定參數進行訓練、實行預測後得到的分數
```
→ 接下頁

```
    # 修改 max_depth 的形式為整數
    params['max_depth'] = int(params['max_depth'])

    model = Model(params)              ← 建立 Model 物件
    model.fit(tr_x, tr_y, va_x, va_y)   ← Model 的 fit() 進行訓練
    va_pred = model.predict(va_x)       ← 以 predict() 輸出預測值的機率
    score = log_loss(va_y, va_pred)
    print(f'params: {params}, logloss: {score:.4f}')

    history.append((params, score))     ← 記錄資訊

    return {'loss': score, 'status': STATUS_OK}


# 設定搜索的參數空間
space = {
    'min_child_weight': hp.quniform('min_child_weight', 1, 5, 1),
    'max_depth': hp.quniform('max_depth', 3, 9, 1),
    'gamma': hp.quniform('gamma', 0, 0.4, 0.1),
}

# 以 hyperopt 執行搜索參數
max_evals = 10
trials = Trials()
history = []
fmin(score, space, algo=tpe.suggest, trials=trials, max_evals=max_
evals)

# 從記錄的情報中輸出參數與分數
# 雖然從 trials 也可以取得資訊，但要取得參數並不那麼容易
history = sorted(history, key=lambda tpl: tpl[1])
best = history[0]
print(f'best params:{best[0]}, score:{best[1]:.4f}')
```

AUTHOR'S OPINION

在進行貝氏最佳化時可能會遇到下列無法順利調整的問題(T)：

- **測試花費太多計算時間**

  在類神經網路中，想要降低學習率時，可能會因為搜索的過程太耗時，因此一直無法對測試資料作預測。這時我們可以採取的方法為：先調整學習率、epoch 數的上限不要過大，並且使用回呼函式 (callback) 讓訓練過程在一定時間內沒有結束或改善時中斷等。

- **超參數間具有依存性**

  參數對準確度的影響並不是各自獨立，而是具有一定程度的相關性。當一個參數的最佳值和其他的參數有強烈的關係時，我們可能會很難有效率的搜索到這個參數的最佳值。此時我們可以在參數空間中明確定義參數之間的關係，若難以搜索，則可以增加搜索的次數。

- **評價的隨機性造成的差異**

  當評價的波動較大時，也無法有效的進行搜索。這時我們不要以單一個 fold 進行評價，可改以交叉驗證得到的平均值來評價，也可以增加搜索的次數。

6

optuna

optuna 是發佈於 2018 年的一個軟體框架 (framework)。雖然使用的最佳化演算法和 hyperopt 一樣都是 TPE，但它做了以下幾點改善。這些改善使其 API 更易於使用，且可以更有效率的進行參數調整 [註3]、[註4]。

註3：https://optuna.readthedocs.io/en/latest/。

註4：標題參考了以下的資料，説明則是筆者的想法。「超參數自動最佳化工具「Optuna」的發佈 (Preferred Research)」

https://research.preferred.jp/2018/12/optuna-release/。

- **Define-by-Run類型的 API**

    Define-by-Run 類型的 API 不會另外定義超參數空間,而是在模型的敘述中就定義取得超參數的範圍,這類型 API 的機制就是會在計算時就決定超參數空間。

- **利用學習曲線進行測試的剪枝 (tree pruning)**

    這是一個十分有效率的方法,這個方法會在計算過程中經學習曲線判斷該參數是否會有顯著的影響,若沒有的話則中斷計算。

- **最佳化平行分散**

    使用非同步分散式平行運算來進行參數最佳化。

6.1.5 GBDT 的超參數及其調整

本節將說明 GBDT 套件 xgboost 的參數及其調整。而 lightgbm 的參數雖然名稱和 xgboost 不同,但兩者的觀念基本上是一樣的。xgboost 模型中主要調整的參數如表 6.1 所示。

▼ 表 6.1　xgboost 的主要超參數

超參數	說明
eta	學習率。建立決策樹並更新預測值時,不會直接使用葉片的權重,而是會乘上學習率來降低數值後才加入預測值中
num_round	建立的決策樹數量
max_depth	決策樹的深度。深度越深越能反映特徵之間交互作用的關係
min_child_weight	參與分支所需的最少資料筆數(正確來說應該不是資料筆數,而是使用於目標函數的二階微分值)註5。由於葉片的元素較少時就不會進行分支,當這個值增加時就很難發生分支

→ 接下頁

註5:關於二階微分可以參考第 4 章的「xgboost 演算法說明」。

超參數	說明
gamma	分支前後目標函數變化量的最小值。由於目標函數僅減少一點點時，就不做分支，因此當這個值增加時就很難發生分支
colsample_bytree	以決策樹為單位對特徵欄位進行抽樣的比例
subsample	對每棵決策樹進行訓練資料的抽樣比例
alpha	對決策樹葉片的權重進行 L1 常規化的強度（依權重絕對值的大小施予一定比例的處罰）
lambda	對決策樹葉片的權重進行 L2 常規化的強度（依權重平方的大小施予一定比例的處罰）

　　首先，必須先設定像是學習率或決策樹數量這些控制訓練流程的部分。我們可以根據以下幾點來思考。

● 雖然降低 eta 幾乎不會使模型的準確度下降，但計算可能會變得十分耗時。因此，剛開始可以先使用 0.1 這樣比較大的值，隨著競賽持續進行，開始進行更細微的準確度較勁時，再慢慢以 0.01～0.05 的程度來減少。

● num_round 建議可以設定為 1000 或 10000 等較大的值，搭配使用提前中止 (Early stopping) 讓模型自動決定停止訓練 (由於使用提前中止時多少都會參考驗證資料的標籤資訊，若想要避開這一點，另一個方法為將 num_round 作為調整對象的參數)。

● 觀察提前中止的 round 數 (early_stopping_rounds) 建議設定在 50 左右。若花費過多的計算時間則減少，若太過容易產生波動則增加。另外要特別注意，預測時若沒有設定最佳的決策樹數量 (best_ntree_limit)，可能會使用到過度訓練的模型。

　　我們可以思考以下性質，從控制模型複雜程度及隨機性的參數中，選擇重要的參數來進行調整。

- max_depth、min_child_weight、gamma

  藉由控制分支深度、影響是否決定要分支的參數來調整模型的複雜度

- alpha、lambda

  透過對決策樹的葉片權重進行常規化來調整模型的複雜程度

- subsample、colsample_bytree

  增加隨機性來抑制模型的過度配適

AUTHOR'S OPINION

多數人認為最重要的參數為 max_depth，其他像是 subsample、colsample_bytree、min_child_weight 也很重要。而對於 gamma、alpha、lambda 的優先程度則有不同的偏好與見解。(T)

○ 其他 xgboost 或 lightgbm 超參數調整的方法

有關 xgboost 或 lightgbm 的參數調整的說明我們可以參考以下資源。

- XGBoost Parameters (xgboost 套件)[6]、Notes on Parameter Tuning (xgboost 套件)[7]

  xgboost 官方套件中對於參數及調整參數的說明。

- Parameters (lightgbm 套件)[8]、Parameters Tuning (lightgbm 套件)[9]

  lightgbm 官方套件中對於參數及調整參數的說明。

→ 接下頁

註6：https://xgboost.readthedocs.io/en/latest/parameter.html

註7：https://xgboost.readthedocs.io/en/latest/tutorials/param_tuning.html

註8：https://lightgbm.readthedocs.io/en/latest/Parameters.html

註9：https://lightgbm.readthedocs.io/en/latest/Parameters-Tuning.html

- Complete Guide to Parameter Tuning in XGBoost (Analytics Vidhya) [註10]

  這篇文章是一篇調整參數的指南，從可取得參數的範圍到調整順序都有詳細的解說。

- PARAMETERS (Laurae＋＋) [註11]

  在 Laurae 的網頁中歸納了參數及其影響，並有詳細的說明。不論是 xgboost 或 lightgbm 都適用。

- CatBoost vs. Light GBM vs. XGBoost (Towards Data Science) [註12]

  這篇文章比較了 xgboost、lightgbm和catboost 這三個套件，並說明了三者各自的參數。

- Santander Product Recommendation 方法及 XGBoost 的小知識 [註13]

  這個投影片中在「XGBoost 的小知識」這個單元中 (編註：第 36 頁開始) 對 xgboost 的參數進行了詳細說明。

  若想要深入了解 xgboost 及 lightgbm 的參數，特別推薦 Laurae 的網頁。不過由於它不是以參數名 (例：gamma) 而是以一般名稱 (例：Loss Regularization) 來介紹，可能在參考時比較難對照，建議在網頁搜尋功能中輸入參數名稱來搜尋。網頁中的 Beliefs、Details 會詳細的描述作者的觀點跟作法，也是這個網頁最具看頭的部分。另外，在此也可以確認如何處理 xgboost 和 lightgbm 參數。

6

註10：https://www.analyticsvidhya.com/blog/2016/03/complete-guide-parameter-tuning-xgboost-with-codes-python/

註11：https://sites.google.com/view/lauraepp/parameters

註12：https://towardsdatascience.com/catboost-vs-light-gbm-vs-xgboost-5f93620723db

註13：https://speakerdeck.com/rsakata/santander-product-recommendationfalseapurotitoxgboostfalsexiao-neta

◉ xgboost 調整參數的具體方法

以下介紹幾個調整參數的具體方法。

筆者 (T) 的操作方法如下：

- 要正式進行調整時完全交給 hyperopt 進行。透過檢視 hyperopt 的結果來決定是否要調整搜索範圍。

- 建立數量充足的決策樹，並使用提前中止來控制數量。

- 在調整時先將學習率 eta 設定為 0.1，要建立用來提交的模型時再降低學習率即可。

- 為了縮短調整的時間，只使用交叉驗證中其中一個 fold，但實際建立模型、進行預測時，則使用不同的亂數種子來劃分 fold。

下表 (表 6.2) 為參數的基準值及搜索範圍，並使用下列程式碼執行 hyperopt (參考在 Kaggle「Home Depot Product Search Relevance」競賽中榮獲第三名的 ChenglongChen 提供的程式碼，其中稍微縮小的搜索範圍) [註14]。

▼ 表 6.2　hyperopt 的參數及搜索範圍

超參數	基準值	搜索範圍與其事前分布
eta	0.1	在搜索參數為固定的參數
num_round	-	使用提前中止來控制最佳的決策樹數量
max_depth	5	3～9，使用均勻分布，單位為 1
min_child_weight	1.0	0.1～10.0，使用對數均勻分布

→ 接下頁

註14：「Home Depot Product Search Relevance, Winners' Interview: 3rd Place, Team Turing Test | Igor, Kostia, & Chenglong」

https://laptrinhx.com/home-depot-product-search-relevance-winners-interview-3rd-place-team-turing-test-igor-kostia-chenglong-2647919310/

https://github.com/ChenglongChen/kaggle-HomeDepot

超參數	基準值	搜索範圍與其事前分布
gamma	0.0	1e-8 ～ 1.0，使用對數均勻分布
colsample_bytree	0.8	0.6 ～ 0.95，使用均勻分布，單位為 0.05
subsample	0.8	0.6 ～ 0.95，使用均勻分布，單位為 0.05
alpha	0.0	使用預設值，若有時間再進行調整
lambda	1.0	使用預設值，若有時間再進行調整

■ **ch06-02-hopt_xgb.py xgboost 參數空間**

```python
# 基準值
params = {
    'booster': 'gbtree',
    'objective': 'binary:logistic',
    'eta': 0.1,
    'gamma': 0.0,
    'alpha': 0.0,
    'lambda': 1.0,
    'min_child_weight': 1,
    'max_depth': 5,
    'subsample': 0.8,
    'colsample_bytree': 0.8,
    'random_state': 71,
}

# 參數的搜索範圍
param_space = {
    'min_child_weight': hp.loguniform('min_child_weight',
np.log(0.1), np.log(10)),
    'max_depth': hp.quniform('max_depth', 3, 9, 1),
    'subsample': hp.quniform('subsample', 0.6, 0.95, 0.05),
    'colsample_bytree': hp.quniform('subsample', 0.6, 0.95, 0.05),
    'gamma': hp.loguniform('gamma', np.log(1e-8), np.log(1.0)),
    # 如果程式執行速度夠快，且時間充裕，請調整 Alpha 和 Lambda
    # 'alpha' : hp.loguniform('alpha', np.log(1e-8), np.log(1.0)),
    # 'lambda' : hp.loguniform('lambda', np.log(1e-6), np.log(10.0)),
}
```

→ 接下頁

筆者 (J) 手動調整的執行流程如下：

1. 將下列參數設定為初始值
   - eta: 0.1 or 0.05 (依據資料量設定)
   - max_depth: 第一次調整時不設定
   - colsample_bytree: 1.0
   - colsample_bylevel: 0.3
   - subsample: 0.9
   - gamma: 0
   - lambda: 1
   - alpha: 0
   - min_child_weight: 1

2. 最佳化 depth
   - 先以 5～8 來測試。若再更淺或更深可以改善的話就擴大範圍

3. 最佳化 colsample_level
   - 在 0.5 ～ 0.1 的範圍以 0.1 為一單位逐步測試

4. 最佳化 min_child_weight
   - 以每 2 倍，如 1,2,4,8,16,32,... 來進行測試

5. 最佳化 lambda, alpha
   - 兩者各自有不同的平衡點，可以多方嘗試。(有時不會在剛開始就進行調整)

在設定 **1.** 的初始值時，筆者 (J) 偏好使用 colsample_bylevel 來代替 colsample_bytree。如此一來，特徵的取樣就不是以決策樹為單位進行抽樣，而是以分支的深度為單位進行抽樣。

另外，early_stopping_rounds 大致上為 10÷eta，因此當 eta 為 0.1 時，rounds 就為 100，eta 為 0.02 時則設定為 500。一般來説降低 eta 都會有拉長訓練過程的現象，為了要判定是否出現過度配適，通常會增加觀察的 round 數。

→ 接下頁

Analytics Vidhya 的文章「Complete Guide to Parameter Tuning in XGBoost」 註15
中介紹了下列調整的流程。詳細的觀點與注意事項可以參考原文。

1. 設定下列參數的初始值
   - eta: 0.1
   - max_depth: 5
   - min_child_weight: 1
   - colsample_bytree: 0.8
   - subsample: 0.8
   - gamma: 0
   - alpha: 0
   - lambda: 1

2. 最佳化 max_depth, min_child_weight
   - max_depth 為 3～9 以 2 為單位、min_child_weight 為 1～5 以 1 為單位測試

3. 最佳化 gamma
   - 測試從 0.0 到 0.4

4. 最佳化 subsample 和 colsample_bytree
   - 兩者個別在 0.6～1.0 的範圍內以 0.1 為單位作測試

5. 最佳化 alpha
   - 測試 1e-5, 1e-2, 0.1, 1, 100

6. 降低 eta (學習率)

註15：https://www.analyticsvidhya.com/blog/2016/03/complete-guide-parameter-tuning-xgboost-with-codes-python/

6.1.6 類神經網路的超參數及其調整

使用類神經網路，必須先考慮下列項目，才開始來調整網路結構、優化器等元件的參數。

● **網路結構**

基本上我們以輸入資料的維度和任務類型來決定輸入層跟輸出層，因此幾乎沒有調整空間。其餘各層的架構可以由以下參數來調整。

- 中間層的激活函數

  此函數基本上是 ReLU，PReLU 也經常被使用。其他也可以選擇 LeakyReLU。

- 隱藏層的層數

- 各層的 unit 數、Drop out 率

- 是否使用批次正規化 (Batch Normalization) 層

● **選擇優化器**

優化器中的演算法可以決定模型如何學習類神經網路的權重。建議可以嘗試較單純的隨機梯度下降法 (Stochastic Gradient Descent)，對應的引數為 SGD，另外也可以試試看 Adam 等具有自動、適應性調整學習率的演算法。學習率不論在哪種優化器中都是非常重要的參數。

● 其他

- 批次量大小 (小批量資料筆數)

- 另外也可以導入 Weight Decay 等正規化或是調整優化器學習率以外的參數

　　建議要先調整學習率，學習率過大會使目標函數 (也稱損失或損失函數) 發散；若學習率過低，則會使訓練遲遲無法結束。因此最好調整到可以順利進行訓練的程度之後再調整其他參數。圖 6.2 中顯示了學習率優劣和學習進行及分數變動的關係。

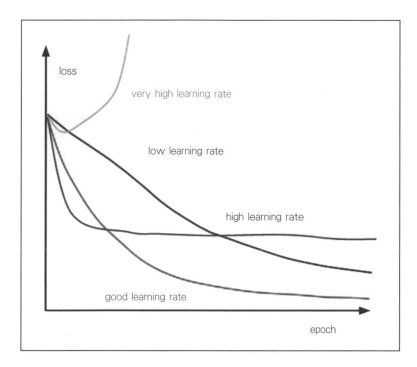

圖 6.2　類神經網路的學習率數值和學習進行及分數變動（來源：「Neural Networks Part 3: Learning and Evaluation (CS231n Convolutional Neural Networks for Visual Recognition)」http://cs231n.github.io/neural-networks-3/ [accuracies.jpeg]）

　　關於類神經網路的參數設定及調整可以參考「4.4.6 類神經網路的參考架構」中介紹的過去 Kaggle 的解決方案。

● **類神經網路超參數調整的具體方法**

　　這邊提供一些基準參數設定值、參數搜索的範圍、及網路各層的結構給讀者參考。ChenglongChen 在 Kaggle 上的競賽「Home Depot Product Search Relevance」獲得了第 3 名，和 xgboost 一樣，我們可以參考他的程式碼，並稍微縮小搜索範圍 註16。而這個例子中，搜索的參數中包含了學習率。

　　有關各層結構及其調整的參考資料較少，在此介紹一個大概的方向，更好的參數及各層結構仍有許多可能性與討論空間。

▼ 表 6.3　類神經網路的超參數調整案例

超參數	基準值	搜索範圍及其事前分配
輸入層的 Drop out	0.0	0.0～0.2，使用均勻分布，單位為 0.05
隱藏層的層數	3	2～4，使用均勻分布，單位為 1
隱藏層的 unit 數	96	32～256，使用均勻分布，單位為 32
激活函數	ReLU	ReLU 或 PReLU
隱藏層的 Drop out	0.2	0.0～0.3，使用均勻分布，單位為 0.05
批次正規層 (Batch Normalization 層)	在激活函數之前使用	在激活函數之前使用或者不使用
優化器	Adam	Adam 或 SGD。Adam、SGD 學習率皆為 0.00001～0.01、使用對數均勻分布
批次量大小	64	32～128，使用均勻分布，單位為 32
epoch數	-	在考慮程式執行時間的前提下以提前中止來設定足夠大小的值

註16：「Home Depot Product Search Relevance, Winners' Interview: 3rd Place, Team Turing Test Igor, Kostia, & Chenglong」

http://blog.kaggle.com/2016/06/01/home-depot-product-search-relevance-winners-interview-3rd-place-team-turing-test-igor-kostia-chenglong/

　　模型及參數範圍的定義如下。

■ ch06-03-hopt_nn.py 調整類神經網路參數的示範

```python
from hyperopt import hp
from keras.callbacks import EarlyStopping
from keras.layers.advanced_activations import ReLU, PReLU
from keras.layers.core import Dense, Dropout
from keras.layers.normalization import BatchNormalization
from keras.models import Sequential
from keras.optimizers import SGD, Adam
from sklearn.preprocessing import StandardScaler

# 參數的基準值
base_param = {
    'input_dropout': 0.0,
    'hidden_layers': 3,
    'hidden_units': 96,
    'hidden_activation': 'relu',
    'hidden_dropout': 0.2,
    'batch_norm': 'bcforc_act',
    'optimizer': {'type': 'adam', 'lr': 0.001},
    'batch_size': 64,
}

# 設定搜索的參數空間
param_space = {
    'input_dropout': hp.quniform('input_dropout', 0, 0.2, 0.05),
    'hidden_layers': hp.quniform('hidden_layers', 2, 4, 1),
    'hidden_units': hp.quniform('hidden_units', 32, 256, 32),
    'hidden_activation': hp.choice('hidden_activation', ['prelu', 'relu']),
    'hidden_dropout': hp.quniform('hidden_dropout', 0, 0.3, 0.05),
    'batch_norm': hp.choice('batch_norm', ['before_act', 'no']),
    'optimizer': hp.choice('optimizer',
                        [{'type': 'adam',
                          'lr': hp.loguniform('adam_lr',
np.log(0.00001), np.log(0.01))},
                         {'type': 'sgd',
                          'lr': hp.loguniform('sgd_lr',
np.log(0.00001), np.log(0.01))}]),
```

→ 接下頁

6

```
        'batch_size': hp.quniform('batch_size', 32, 128, 32),
}


class MLP:

    def __init__(self, params):
        self.params = params
        self.scaler = None
        self.model = None

    def fit(self, tr_x, tr_y, va_x, va_y):

        # 參數
        input_dropout = self.params['input_dropout']
        hidden_layers = int(self.params['hidden_layers'])
        hidden_units = int(self.params['hidden_units'])
        hidden_activation = self.params['hidden_activation']
        hidden_dropout = self.params['hidden_dropout']
        batch_norm = self.params['batch_norm']
        optimizer_type = self.params['optimizer']['type']
        optimizer_lr = self.params['optimizer']['lr']
        batch_size = int(self.params['batch_size'])

        # 標準化
        self.scaler = StandardScaler()
        tr_x = self.scaler.fit_transform(tr_x)
        va_x = self.scaler.transform(va_x)

        self.model = Sequential()

        # 輸入層
        self.model.add(Dropout(input_dropout, input_shape=(tr_x.shape[1],)))

        # 中間層 (隱藏層)
        for i in range(hidden_layers):
            self.model.add(Dense(hidden_units))
            if batch_norm == 'before_act':
                self.model.add(BatchNormalization())
```

→ 接下頁

```
        if hidden_activation == 'prelu':
            self.model.add(PReLU())
        elif hidden_activation == 'relu':
            self.model.add(ReLU())
        else:
            raise NotImplementedError
        self.model.add(Dropout(hidden_dropout))

    # 輸出層
    self.model.add(Dense(1, activation='sigmoid'))

    # 設定優化器
    if optimizer_type == 'sgd':
        optimizer = SGD(lr=optimizer_lr, decay=1e-6, 接下行
        momentum=0.9, nesterov=True)
    elif optimizer_type == 'adam':
        optimizer = Adam(lr=optimizer_lr, beta_1=0.9, 接下行
        beta_2=0.999, decay=0.)
    else:
        raise NotImplementedError

    # 設定目標函數、評價指標
    self.model.compile(loss='binary_crossentropy',
                       optimizer=optimizer, metrics=['accuracy'])

    # 設定 epoch 數、提前中止
    # epoch 大則學習率就小，必須注意這樣可能程式執行很久依舊無法結束
    nb_epoch = 200
    patience = 20
    early_stopping = EarlyStopping(patience=patience, 接下行
    restore_best_weights=True)

    # 執行訓練
    history = self.model.fit(tr_x, tr_y,
                             epochs=nb_epoch,
                             batch_size=batch_size, verbose=1,
                             validation_data=(va_x, va_y),
                             callbacks=[early_stopping])

def predict(self, x):                              → 接下頁
```

```
        # 預測
        x = self.scaler.transform(x)
        y_pred = self.model.predict(x)
        y_pred = y_pred.flatten()
        return y_pred
```

以 hyperopt 實施參數搜索的範例如下。

■ **ch06-03-hopt_nn.py 以 hyperopt 進行參數搜索**

```
from hyperopt import fmin, tpe, STATUS_OK, Trials
from sklearn.metrics import log_loss


def score(params):
    # 設定參數的同時設定最小化函數
    # 在進行模型的參數搜索中，設定模型參數並訓練模型、進行預測後得到的分數
    model = MLP(params)
    model.fit(tr_x, tr_y, va_x, va_y)
    va_pred = model.predict(va_x)
    score = log_loss(va_y, va_pred)
    print(f'params: {params}, logloss: {score:.4f}')

    # 記錄資訊
    history.append((params, score))

    return {'loss': score, 'status': STATUS_OK}


# 以 hyperopt 進行參數搜索
max_evals = 10
trials = Trials()
history = []
fmin(score, param_space, algo=tpe.suggest, trials=trials, max_
evals=max_evals)

# 從記錄中輸出參數及分數
# 雖然從 trials 也可以得到資訊，但較難取得參數
history = sorted(history, key=lambda tpl: tpl[1])
best = history[0]
print(f'best params:{best[0]}, score:{best[1]:.4f}')
```

6.1.7　線性模型的超參數及其調整

　　線性模型主要需調整的參數為常規化。由於線性模型需要調整的參數較少，且計算的速度較快，因此調整的單位可以以 10 倍為 1 單位 (0.1、0.01、0.001……等) 的範圍來進行搜索。

　　使用 scikit-learn 的 linear_model 套件的模型，我們可以參考以下來設定參數：

● **Lasso、Ridge**：alpha 為常規化強度的參數。Lasso 為 L1 常規化 (依係數的絕對值大小比例來懲罰)、Ridge 為 L2 常規化 (依係數的平方大小比例來懲罰)。

● **ElasticNet**：alpha 為常規化強度的參數。l1_ratio 為調整 L1 常規化及 L2 常規化比例的參數。

● **LogisticRegression**：C 表示常規化強度倒數的參數 (預設值為 L2 常規化)。特別注意此參數的值越小代表常規化強度越強參數，這點和 Lasso 等參數不同。

6.2　選擇特徵與特徵的重要性

　　資料原始的特徵以及我們 (編註：經過運算、統計、後製) 提取的特徵中，有些對模型的準確度並不會有貢獻。這類的特徵一旦增加，就會形成干擾，進而降低模型的準確度。再者，特徵數量過多，也可能產生因記憶體不足而無法訓練模型、或是程式執行時間過長等問題。因此我們必須透過選擇特徵來留下有效的特徵，藉此減少特徵數量。

我們將以下列項目來分別介紹選擇特徵的方法。

● **使用單變量統計方法**

相關係數或卡方檢定 (Chi-Squared Test) 等計算統計量的方法。

● **使用特徵重要性**

主要用在 GBDT 或隨機森林等決策樹模型中，是一種使用模型輸出特徵的重要性來計算的方法。

● **反覆搜索**

這個方法會不斷改變特徵組合來訓練模型，並依其準確度來搜索。

另外還有一種非理論性的方法，也就是以自己的想法或直覺為基礎，不斷進行測試，從中選擇有效部分的特徵。舉例來說，思考資料和任務的性質，把覺得無效的特徵去除，或是，加入部分特徵來表示變數之間交互作用的關係來進行測試等方法。

AUTHOR'S OPINION

在數據分析競賽中，每個特徵多多少少都含有一些有用的資訊。而 **GBDT 模型的準確度不太會受到無效特徵的影響**，因此只要透過集成來控制過度配適，即使不選擇特徵也不會有太大的影響。也就是説，在 GBDT 模型中，有一種分析方式是：採用所有原始的特徵，而我們自己提取的特徵則根據分數來做取捨。不過如果是透過人工觀察或是機器獲取大量的特徵，可能會因為太多特徵導致程式執行太久，這時就必須選擇特徵。

選擇特徵時比較常用的方法是在「6.2.2 使用特徵重要性的方法」中提及，以 GBDT 的特徵重要性為基礎的方法。其中我們可以直接使用計算出來的特徵重要性，也可以比較特徵重要性在驗證過程中的變化程度，譬如可以觀察在交叉驗證中每個 fold 所計算出來的特徵重要性，計算其變異係數，再將變異係數從最小開始排列並進行選擇。(T)

6.2.1 使用單變量統計方法

使用各特徵或標籤來計算某種統計量，並根據這個統計量的順序來選擇特徵。單變量統計只能觀察特徵和標籤之間 1 對 1 的關係，因此並**不考慮特徵之間交互作用的關係**，是一種只考慮單純的相關性來選擇特徵的方法。

相關係數

計算各特徵和標籤之間的相關係數並選擇相關係數絕對值較大的特徵。此相關係數又稱為皮爾森積差相關係數 (Pearson's product-moment correlation coefficient) 是十分單純的統計量，**不過要注意它無法取得非線性的相關性**。

當資料中含有元素 x 和 y，相關係數的計算公式如下 (資料為 (x_1, y_1)，(x_2, y_2)，$\cdots$，(x_n, y_n)，x_μ 為 x 的平均，y_μ 為 y 的平均)。

$$\rho = \frac{\sum_i (x_i - x_\mu)(y_i - y_\mu)}{\sqrt{\sum_i (x_i - x_\mu)^2 \sum_i (y_i - y_\mu)^2}}$$

有時候我們只關心特徵和標籤之間的大小關係，這時我們就可以使用**斯皮爾曼等級相關係數**。斯皮爾曼等級相關係數可以將原本的值轉換為次序，再依此次序計算相關係數。相關係數可以使用 numpy 的 corrcoef 函式來計算，而斯皮爾曼等級相關係數則可以使用 scipy.stats 套件的 spearmanr 函式來計算。另外，使用 pandas 的 corr 函式也很便利。

在選擇特徵上我們可以使用 scikit-learn 中 feature_selection 套件的 SelectKBest 函式，也可以使用 numpy 的 argsort 函式加上自定的篩選條件來達到更彈性的特徵選擇。

○ 使用 numpy 的 argsort 來幫助特徵選擇

通過使用 numpy 的 argsort 函式，可以讓索引按升冪或降冪排序。這樣一來，搜索所有比給定值更大或更小的元素就變得十分容易。

■ **ch06-04-filter.py numpy 的 argsort 函式**

```
# 透過使用 argsort，在 index 中排列值的大小順序
ary = np.array([10, 20, 30, 0])
idx = ary.argsort()
print(idx)    ← 降冪的索引-[3 0 1 2]
print(idx[::-1])    ← 升冪的索引-[2 1 0 3]

print(ary[idx[::-1][:3]])    ← 由大到小的前三個輸出 [30, 20, 10]
```

計算相關係數的程式碼如下：

■ **ch06-04-filter.py 計算相關係數**

```
import scipy.stats as st

# 相關係數
corrs = []
for c in train_x.columns:
    corr = np.corrcoef(train_x[c], train_y)[0, 1]
    corrs.append(corr)
corrs = np.array(corrs)

# 斯皮爾曼等級相關係數
corrs_sp = []
for c in train_x.columns:
    corr_sp = st.spearmanr(train_x[c], train_y).correlation
    corrs_sp.append(corr_sp)
corrs_sp = np.array(corrs_sp)

# 輸出重要性高的前 5 順位
# 使用 np.argsort 來取得依數值大小排序的索引
idx = np.argsort(np.abs(corrs))[::-1]
```

→ 接下頁

```
top_cols, top_importances = train_x.columns.values[idx][:5], 接下行
corrs[idx][:5]
print(top_cols, top_importances)

idx2 = np.argsort(np.abs(corrs_sp))[::-1]
top_cols2, top_importances2 = train_x.columns.values[idx][:5], 接下行
corrs_sp[idx][:5]
print(top_cols2, top_importances2)
```

卡方統計量

計算卡方檢定的統計量並選擇統計量較大的特徵。使用這個方法時，**特徵不得為負值且必須是分類任務**。另外，特徵值的縮放會影響統計量（譬如將特徵的值增加 10 倍時，統計量也會隨之變化）。因此我們可以先使用 MinMaxScaler 等函式來縮放特徵。

要計算卡方統計量可以使用 scikit-learn 中 feature_selection 套件的 chi2 函式。

● 計算卡方統計量的基本步驟

以下為使用 scikit-learn 中 feature_selection 套件的 chi2 函式的步驟。

關於各個特徵：

1. 先將所有資料依照標籤內容（所屬的類別）來分群，接著每一群中依照特徵內容來分組後，再將每一群中每一組的資料筆數加總，建立一個觀察值矩陣。依所有資料中所屬類別的比例以及特徵內容的比例建立期望值矩陣。

2. 用觀察值矩陣以及期望值矩陣，計算出卡方統計量，判斷特徵和標籤的關係是否為隨機。

若特徵的值並非二元分類值或頻率時，很難從理論上解釋計算結果。但仍可以看出特徵與標籤的關係。

以下為計算卡方檢定量的程式碼：

■ **ch06-04-filter.py 計算卡方統計量**

```python
from sklearn.feature_selection import chi2
from sklearn.preprocessing import MinMaxScaler

# 卡方統計量
x = MinMaxScaler().fit_transform(train_x)
c2, _ = chi2(x, train_y)

# 輸出前 5 重要 (性) 的特徵
idx = np.argsort(c2)[::-1]
top_cols, top_importances = train_x.columns.values[idx][:5], corrs[idx]
[:5]
print(top_cols, top_importances)
```

相互資訊

這個方法是去計算每個特徵和標籤的相互資訊量，並選擇其中資訊量較大的特徵。隨機變數 X 和 Y 的相互資訊量可以由以下公式來表示：

$$I(X;Y) = \int_Y \int_X p(x,y) \log \frac{p(x,y)}{p(x)\,p(y)} \; dx\,dy$$

當知道其中一方的資訊就可以推測另一方的時候，計算出來的相互資訊量就會較大。而一旦 X 和 Y 具有完全從屬的性質時，則兩個變數所含的資訊量會相等 (編註：代表刪去一個變數也不會有資訊遺漏)；兩個變數為獨立時相互資訊量為 0。

當標籤為連續數值 (比如迴歸任務) 時，可以使用 scikit-learn 中 feature_selection 套件的 mutual_info_regression 函式；當標籤為離散數值 (比如分類任務) 時則可以使用同一個套件中的 mutual_info_classif 函式。計算相互資訊量的程式碼如下：

■ **ch06-04-filter.py 計算相互資訊量**

```python
from sklearn.feature_selection import mutual_info_classif

# 相互資訊量
mi = mutual_info_classif(train_x, train_y)

# 輸出前 5 重要(性) 的特徵
idx = np.argsort(mi)[::-1]
top_cols, top_importances = train_x.columns.values[idx][:5], corrs[idx]
[:5]
print(top_cols, top_importances)
```

AUTHOR'S OPINION

當我們要使用所有的訓練資料來選擇特徵必須特別注意以下所說明的事項。

Kaggle 競賽「Mercedes-Benz Greener Manufacturing」中的資料中含有 300 筆以上的二元類別變數，但其中有許多對預測並沒有幫助。在這樣的案例中，我們會直接想要使用統計檢定等方法來選擇和標籤關連性較強的特徵。

然而，若我們以所有的訓練資料來計算統計量並選擇特徵的話，有些被我們認為很有可能有效的特徵，其實只是碰巧和訓練資料比較接近，事實上和標籤毫無關連。若我們選擇了這樣的特徵，在之後進行驗證時將無法發現這種偶然的狀況。更具體一點，這樣的情況會導致我們雖然在驗證時得到好的分數，但訓練好的模型卻仍不足對測試資料作出好的預測。從所有訓練資料中去觀察特徵與標籤的關連，以此作為選擇特徵的依據，並根據這些特徵來訓練模型，這樣的作法可以說是一種資料外洩。

因此，筆者認為以 out-of-fold 來進行驗證並選擇特徵會是比較理想的方法。我們可以使用部分的訓練資料來選擇特徵，其他部分的資料則用來確認準確度是否提升。當然，大部分的情況下其實是不需要再進行驗證。不過若能記住上述的案例，對於未來如果再次發生類似的狀況，或許可以幫助分析、釐清問題。(J)

6.2.2 使用特徵重要性的方法

這個小節中我們將介紹如何使用模型輸出特徵的重要性來選擇特徵。一開始,我們先解釋隨機森林和 GBDT 特徵的重要性。

隨機森林特徵的重要性

隨機森林可以輸出特徵的重要性。在 scikit-learn 的 RandomForest_Regressor 或 RandomForestClassifier 中,重要性是透過在建立分支時目標函數減少的量來計算 (迴歸時為平方誤差、分類時則為基尼不純度) [註17]。

我們可以使用以下程式碼來選擇重要性較高的特徵:

■ **ch06-05-embedded.py** 隨機森林特徵的重要性

```
train = pd.read_csv('../input/sample-data/train_preprocessed_onehot.
csv')
train_x = train.drop(['target'], axis=1)
train_y = train['target']
# -------------------------------
from sklearn.ensemble import RandomForestClassifier

# 隨機森林
clf = RandomForestClassifier(n_estimators=10, random_state=71)
clf.fit(train_x, train_y)
fi = clf.feature_importances_

# 輸出重要性最高的特徵
idx = np.argsort(fi)[::-1]
top_cols, top_importances = train_x.columns.values[idx][:5], fi[idx] 接下行
[:5]
print('random forest importance')
print(top_cols, top_importances)
```

註17:「 How are feature_importances in RandomForestClassifier determined? 」
https://stackoverflow.com/questions/15810339/how-are-feature-importances-in-randomforestclassifier-determined

GBDT 特徵的重要性

我們舉 xgboost 的例子來說明。xgboost 可以依照以下三種計算方式來輸出特徵的重要性。

● **gain**：依照該特徵作分支時目標函數減少的量

● **cover**：依照該特徵分支出來的資料數量 (即是使用目標函數的二階微分值)

● **頻率**：該特徵在分支中出現的次數

雖然這裡的 (Python 的) 預設值為頻率，但由於 gain 可以更清楚的表示特徵是否重要，因此建議輸出 gain 會更好。

AUTHOR'S OPINION

在 Python 中使用 xgboost 時，我們可以使用 get_score 函式來輸出特徵的重要性。在引數 importance_type 的預設值為 'weight'，代表輸出頻率。當我們想要輸出 gain 時，就必須設定 'total_gain'。另外，由於 'gain'、'cover' 是 gain 和 cover 除以頻率的值。因此，想要得到原始的 gain 和 cover，必須設定 'total_gain' 或 'total_cover' [註18]。

選擇重要性較高的特徵的程式碼如下：

■ **ch06-05-embedded.py**

```python
import xgboost as xgb

# xgboost
dtrain = xgb.DMatrix(train_x, label=train_y)
```

→ 接下頁

註18：「Python API Reference (xgboost 套件)」
https://xgboost.readthedocs.io/en/latest/python/python_api.html#xgboost.Booster.get_score

```
params = {'objective': 'binary:logistic', 'silent': 1, 'random_state': 71}
num_round = 50
model = xgb.train(params, dtrain, num_round)

# 輸出重要性較高的特徵
fscore = model.get_score(importance_type='total_gain')
fscore = sorted([(k, v) for k, v in fscore.items()], key=lambda tpl:
tpl[1], reverse=True)
print('xgboost importance')
print(fscore[:5])
# 輸出較高的重要性
```

　　我們會使用由訓練資料建立的決策樹分支資訊來計算特徵的重要性。連續數值的標籤或類別數多的分類標籤，由於分支的候選較多，讓這類的任務比較容易出現重要性很高的特徵；作者曾經試過用亂數隨便建立一個連續數值的特徵，而這個特徵竟也得到了很高的重要性。因此，為了讓特徵重要性的計算結果更可靠，我們可以考慮重要性計算結果的變異係數或是跟一個隨機產生的特徵比較重要性的計算結果。比如，我們可以計算交叉驗證中每個 fold 計算出來的特徵重要性的變異係數 (＝標準差/平均)，並選擇變異係數較小的特徵。

　　接下來，我們會介紹計算特徵重要性的其他方法、使用重要性來選擇特徵的應用技巧以及輸出特徵重要性的套件。

permutation importance

　　permutation importance 這個方法適用於各類模型，首先用一般的方法訓練模型，之後使用驗證資料進行驗證得到分數。接著將特徵打亂，使用一樣的驗證資料得到另一個驗證分數。最後我們可以透過比較這兩個分數，去觀察打亂後的準確度分數下降了多少，藉此得知特徵的重要性。

使用 eli5 [註19] 這個套件可以簡單的進行此計算。Kaggle 中 Notebooks 上的講座有對這個方法進行說明 [註20]。

另外，隨機森林是以平行的方式建立決策樹，且每棵決策樹都會抽樣部分的資料來訓練，可以接著使用沒抽中的資料來計算 permutation importance。我們可以使用 rfpimp 套件或 R 的 randomForest 套件來進行此計算。網站 explained.ai [註21] 中，觀察了幾個隨機森林的特徵重要性，其中都包含了 permutation importance。

null importance

我們先將訓練資料中的標籤順序打亂，求得作為基準的特徵重要性，也就是 null importance，接著不打亂標籤求得真實的特徵重要性，也就是 actual importance。最後計算這兩個數值的差異後得到最終的重要性 [註22]。

每次打亂次序後 null importance 就會隨之改變，因此要重覆好幾次相同步驟後計算出統計量。計算重要性分數的方法有很多種，其中可以參考以下幾種方法：

● null importance 的第 75 個百分位數除 actual importance 後取對數。

● actual importance 是 null importance 的第幾個百分位數。

若特徵有足夠的預測能力，actual importance 應該要比 null importance 的百分位數 (最大值) 還要來得大。

註19：「Permutation Importance (ELI5 套件)」
　　　 https://eli5.readthedocs.io/en/latest/blackbox/permutation_importance.html

註20：「Permutation Importance」https://www.kaggle.com/dansbecker/permutation-importance

註21：「Beware Default Random Forest Importances」https://explained.ai/rf-importance/index.html

註22：Altmann, Andr, et al. "Permutation importance: a corrected feature importance measure." Bioinformatics 26.10 (2010): 1340-1347

另外還有一個方法是在 Kaggle 競賽「Home Credit Default Risk」獲得第 1 名的團員 olivier 提出的解決方案，現已公開於 Notebooks [註23]。

Boruta

Boruta 也是一種執行選擇特徵的方法，但它不同於 permutation importance 或 null importance。首先我們要先透過打亂原始特徵，來建立新的特徵，我們稱之為 shadow feature。接著將 shadow feature 以新增欄的方式與原始特徵合併，並使用隨機森林模型進行訓練並計算特徵的重要性。此時，我們必須判斷每個原始特徵的重要性是否比 shadow feature 還高。重覆這些步驟，剔除比 shadow feature 不重要的原始特徵，最後再使用留下來的原始特徵進行訓練，來達到選擇重要特徵的效果。

我們可以使用 BorutaPy 這個公開套件來執行以上的流程 [註24]、[註25]。此外，Kaggle 的 Notebooks [註26] 上也有使用方法的解說。

從大量建立的特徵中選擇特徵

在數據分析競賽中，有一個方法是透過組合不同的特徵或是使用自動化的方式，產生大量的特徵，接著再從中選擇部分特徵來訓練模型。

註23：「Feature Selection with Null Importances 」
　　　 https://www.kaggle.com/ogrellier/feature-selection-with-null-importances

註24： https://github.com/scikit-learn-contrib/boruta_py

註25：「BorutaPy - an all relevant feature selection method」
　　　 https://danielhomola.com/feature%20selection/phd/borutapy-an-all-relevant-feature-selection-method/

註26：「Boruta feature elimination」 https://www.kaggle.com/tilii7/boruta-feature-elimination

AUTHOR'S OPINION

　　使用 GBDT 模型，即使特徵中含有一些雜訊，對模型的準確度影響也不會太大。因此，使用 GBDT 模型的時候不一定需要有接近完美的特徵。然而如果可以找到合適的特徵，模型可以訓練的更好。

　　Kaggle 競賽「Home Credit Default Risk」中獲得第 2 名的隊伍有部分成員使用下列方法先建立大量的特徵再從中選擇特徵。

1 從原始特徵中大量抽選一部份，併入原始特徵作為訓練資料。

2 使用 lightgbm 來進行訓練，採用重要性較高的特徵。

3 使用步驟 **2** 特徵的一部份，並重覆進行數次步驟 **1** ~ **2**。

◆★◆ 小編補充 參賽隊伍有提供流程圖

https://speakerdeck.com/hoxomaxwell/home-credit-default-risk-2nd-place-solutions

xgbfir

　　xgbfir 套件主要是用來從 xgboost 的模型萃取分支資訊並輸出特徵重要性 [註27]，包含 2 個特徵或 3 個特徵交互作用後的重要性，以及每個分支所使用的特徵，使用者也可以將計算後的數值輸出成 histogram。我們可以透過以上資訊來觀察特徵的性質以及特徵之間交互作用的關係。

　　在多種特徵重要性的計算方式中，建議選擇 Gain 做為基本的觀察對象。

註27：https://github.com/limexp/xgbfir

⊙ **Imformation**

以下為 xgbfir 中重要性的定義：

- **Gain**：與 total_gain 相同

- **FScore**：頻率，與 weight 相同

- **wFScore**：與 total_cover 相似，會使用所有資料的 cover 來除以每棵決策樹

- **Average wFScore**：wFScore 除以 Fscore 得到的值

- **Average Gain**：Gain 除以 Fscore 得到的值

- **Expected Gain**：為 Gain 乘上形成各分支的機率（由於計算時使用的資料早已經是 Gain 了，因此筆者認為此計算意義不大）

6.2.3 不斷搜索的方法

不斷改變特徵組合來訓練模型，並使用其準確度來搜索特徵。使用此方法必須先設定模型以及評價指標。不過，一般都會使用競賽常見的模型及評價指標。

Greedy Forward Selection

下列為 Greedy Forward Selection 這個方法的使用過程：

1 初始化一個空集合 (以 M 代表此集合)。

2 計算每個候選特徵加上 M 後得到的分數。

3 將分數改善最多的候選特徵加入 M。

4 使用尚未加入 M 的候選特徵，持續進行步驟 **2** - **3** 直到分數改善為止。

這個方法的問題點在於計算量較大，而且計算量和候選特徵的數量平方成正比。若想要進一步減少計算量，可以試試看使用下列方法來簡化。這個方法中計算量只和候選特徵的數量成正比。

1 初始化一個空集合 (以 M 代表此集合)。

2 將特徵依照可能的重要性排列或是隨機排列。

3 依特徵的排序，計算每個特徵加入 M 後得到的分數，若分數有改進則將此特徵加入 M，反之分數沒有改進則不加入 M。

4 使用步驟 **3** 來從所有特徵中選擇可以改善分數的特徵。

下列為 Greedy Forward Selection 的程式碼範例：

■ **ch06-06-wrapper.py Greedy Forward Selection**

```python
best_score = 9999.0
selected = set([])

print('start greedy forward selection')

while True:

    if len(selected) == len(train_x.columns):
        # 所有特徵都被選取後結束
        break

    scores = []
    for feature in train_x.columns:
        if feature not in selected:
            # 使用評價特徵清單準確度的 evaluate 函式
            fs = list(selected) + [feature]
            score = evaluate(fs)
            scores.append((feature, score))

    # 設定為分數越低越好
    b_feature, b_score = sorted(scores, key=lambda tpl: tpl[1])[0]
    if b_score < best_score:
```

→ 接下頁

```
            selected.add(b_feature)
            best_score = b_score
            print(f'selected:{b_feature}')
            print(f'score:{b_score}')
        else:
            # 由於不論增加什麼特徵分數都不會提升，所以可以在此時結束
            break

print(f'selected features: {selected}')
```

以下是簡化 Greedy Forward Selection 方法的範例：

■ **ch06-06-wrapper.py 簡化 Greedy Forward Selection**

```
import numpy as np

best_score = 9999.0
candidates = np.random.RandomState(71).permutation(train_x.columns)
selected = set([])

print('start simple selection')
for feature in candidates:
    # 使用評價特徵清單準確度的 evaluate 函式
    fs = list(selected) + [feature]
    score = evaluate(fs)

    # 設定為分數越低越好
    if score < best_score:
        selected.add(feature)
        best_score = score
        print(f'selected:{feature}')
        print(f'score:{score}')

print(f'selected features: {selected}')
```

6.3　不平衡分類的處理

當二元分類幾乎沒有正例而只有負例時，就表示分類任務的標籤分布不平衡。當我們遇到這種情形時，可以參考以下介紹的技巧：

欠採樣 (Undersampling)

在負例較多時可以使用這個方法：以部分負例來訓練模型。另外可以使用不同的負例來訓練多個模型，最後再取這些模型的平均 (裝袋法 Bagging)。

● 由於數據分析競賽中的資料都很多，訓練起來相當費時，而這個方法的一大優勢就是它十分有效率。

● 若使用欠採樣訓練模型，建議可以使用所有的資料來提取特徵。

● 建議先確認使用所有資料來訓練模型所得到的準確度是多少，再比較使用欠採樣後得到的準確度是否反而下降。

以 Kaggle 競賽「Talking Data AdTracking Fraud Detection Challenge」為例，此競賽所提供的訓練資料非常多，有到 1 億筆以上，但這些資料卻十分不平衡，只有 0.2% 以下的資料為正例。獲得第 1 名的解決方案中使用了「欠採樣」把大部分的負例資料都捨去，藉此進行有效的建模 [28]。為了使欠採樣不會讓模型的準確度下降，透過重覆抽樣來使用不同的樣本建立模型，並將預測值平均，這樣一來就可以得到一定水準的準確度。另外，優勝者在建立特徵時並未進行欠採樣而是使用所有的資料。

註28：「talkingdata-adtracking-fraud-detection」https://github.com/flowlight0/talkingdata-adtracking-fraud-detection

不進行特別處理

我們也可以在建立分類任務模型時不進行特別的處理。有時這個方法也可以得到不錯的準確度。即使資料不平衡，GBDT 等模型所輸出的預測機率仍有一定的準確度。

不過，判斷資料為正例或負例之閾值的設定，可能會出現所有資料都預測為正例或都是負例的現象。因此我們必須根據評價指標或標籤來調整閾值。

加權

我們可以根據模型為每筆資料設定權重 [註29]，而此方法就是設定權重來讓正例和負例的總計 (編註：資料筆數乘以權重的總和) 可以相等。在 xgboost 中，我們可以在資料轉換成 Dmatrix 的 xgboost 資料結構時設定權重。另外，我們也可以使用參數 scale_pos_weight。若使用的是 Keras，則可以在進行訓練的 fit 方法中，透過引數設定權重。

過採樣 (Oversampling)

當負例較多時，我們可以透過增加正例來訓練模型。除了直接進行多次抽樣來增加資料。我們可以可使用 SMOTE (Synthetic Minority Oversampling Technique) 等人工的方法來產生正例。

預測機率所需的幾個注意事項

若分析任務所使用的評價指標是依據預測值大小關係來評價，像是 AUC 等評價指標時比較不需校正預測值。但若使用的是像 logloss 這種必須準確預測機率的評價指標時，就必須特別注意，若我們改變了正例和負例的比率就必須校正機率。除此之外，當訓練後的模型不能準確預測低機率和高機率的部分時，校正機率也是有效的 (請參見「2.5.4 針對預測機率的調整」)。

註29：在此權重是指對資料影響的強度。當我們設定某筆資料的權重為 2，則表示模型在訓練時會將該筆資料視為 2 筆。

> **AUTHOR'S OPINION**
>
> 　　數據分析競賽中比較常見的手法為欠採樣或是不進行特別的處理。相反的，過採樣則較少見。即使有像是 imbalanced-learn 套件、或是 SMOTE 這種可以處理不平衡資料的套件，在 Kaggle 中似乎不太受歡迎 (T)。

● 貝氏最佳化及 TPE 的演算法

　　以下將說明貝氏最佳化 (Bayesian Optimization) 的理論以及演算法 [註30]。

a.貝氏最佳化理論

　　貝氏最佳化是使用已計算的參數結果為基礎，根據貝氏統計來選擇接下來應該要搜索的參數。我們也可以將貝氏最佳化想成是涵蓋了SMBO (Sequential Model-based Global Optimization) 且更為廣泛的最佳化框架。

1. SMBO：Sequential Model-based Global Optimization

　　對最佳化問題來說，尋找最佳的目標函數十分耗時，而 SMBO 這個框架可以有效率地進行最佳化。這個方法使用一個模型 (編註：後面會說明如何使用貝氏統計建立模型) 來近似目標函數，接著使用 Surrogate function (編註：後面會說明這個 function 的公式) 來評估下一個搜索位置，藉此來找到高質量的搜索點。大致的過程如下：

1. 初始化一個 Model。

2. 使用 Model 來求得可以讓 Surrogate function 最大化的搜索點。

3. 使用求得的搜索點來評價原本的目標函數。

→ 接下頁

註30：Bergstra, James S., et al. "Algorithms for hyper-parameter optimization." Advances in neural information processing systems. 2011.

4. 將搜索點和目標函數值加入歷史紀錄中。

5. 使用 Model 來擬合歷史紀錄，結束後回到 **2** 繼續優化。

　　Model 的輸出除了有下一個要搜尋的參數，還有預期此參數可以獲得多少分數，以及其他資訊。舉例來說，某個參數附近的梯度近似值或是某個參數能獲得分數的機率等。而 Surrogate function 是用來決定下一個搜尋的參數，其輸入是候選的參數，輸出是每個候選參數可能的分數以及其他資訊。

2. 貝氏最佳化

　　我們可以將貝氏最佳化視為 SMBO 的一種：Model 是用貝氏統計為主的事後機率分布。首先，由前 n 次的搜索中求得參數，並以此參數及其分數的集合 $D_n = \{(x_i, y_i), i = 1, ..., n\}$ 來求得分數的事後條件機率分布 $P(y \mid x, D_n)$，最後將此事後條件機率分布作為 Model 使用。

　　此方法必須先假設一個機率模型，並使用 D_n 的資料來擬合機率模型才能求得 $P(y \mid x, D_n)$。機率模型的假設方法則有兩種可以選擇，一種是假設 Gaussian Process，另一種則是假設 TPE (Tree-structured Parzen Estimator)。Hyperopt 和 optuna 等套件使用的是 TPE。

　　Surrogate function 則使用了由事後機率來計算統計量。目前我們知道的算法除了 Expected Improvement，還有 Probability of Improvement and Expected Improvement 及 minimizing the Conditional Entropy of the Minimizer 等方法，但以直覺性、可理解性及廣泛性這些條件作為指標來看 Expected Improvement 仍為主流 (在 TPE 原論文中也有提及)。

3. Expected Improvement

　　當我們要知道一個參數可能得到的分數時，以過去搜索歷史紀錄來推測分數改善量的期望值，就是所謂的 Expected Improvement (編註：當然最準確的方式即是用此參數來建立模型，對測試資料作出預測，然後使用評價指標得到分數，但這樣太耗時了，所以才有本節討論如何有效率地搜索好參數的方法)。我們使用由最近 n 次搜索所得到的參數以及其分數的集合 $D_n = \{(x_i, y_i), i = 1, ..., n\}$ 來計算事後條件機率，並使用事後條件機率 $P(y \mid x, D_n)$ 來計算 Expected Improvement，公式如下：

→ 接下頁

$$\mathbf{EI}_{D_n}(x) = \int_{-\infty}^{\infty} \max(y^* - y, 0) P(y \mid x, D_n)\, dy$$

在這個公式中 y^* 為事先設定好的閾值，它使用了 D_n 中高分的 γ 百分位的數值。分數（編註：公式中的 y）越小代表模型的準確度越好，且 $\max(y^* - y, 0)$ 是分數改善量，那麼 Expected Improvement 越大則參數越好。

4. Tree-Structured Parzen Estimator (TPE)

TPE 是計算 Expected Improvement 所需的一個方法。在 TPE 中，我們使用貝氏定理來取代 $P(y \mid x, D_n)$。貝氏定理的公式如下：

$$P(y \mid x, D_n) = \frac{P(x \mid y, D_n) P(y, D_n)}{P(x \mid D_n)}$$

$P(x \mid y, D_n)$ 的定義如下：

$$P(x \mid y, D_n) = \begin{cases} l(x \mid D_n), & \text{if } y < y^* \\ g(x \mid D_n), & \text{if } y \geq y^* \end{cases}$$

在這個公式中，$l(x \mid D_n), \text{if } y < y^*$ 是由分數未達 y^* 的參數（＝分數好的參數，分數越小代表模型的準確度越好）來推測的分布、$g(x \mid D_n), \text{if } y \geq y^*$ 是由分數在 y^* 以上的參數（＝分數差的參數）來推測的分布。y^* 則是 D_n 的 $\{y_i, 1, ..., n\}$ 的 γ 分位數。也就是說，$P(y < y^* \mid D_n) = \gamma$。

$l(x \mid D_n)$、$g(x \mid D_n)$ 則是使用 Parzen Estimator 所推測而來。Parzen Estimator 又可以稱為核密度估計（Kernel density estimation），關於這個方法我們會在後面的篇幅中說明。

→ 接下頁

計算最大 Expected Improvement 的參數

　　$P(x \mid D_n)$ 可以藉由將 $P(x, y \mid D_n) = P(x \mid y, D_n)P(y \mid D_n)$ 對 y 邊緣化 (Marginal) 後求得，公式如下：

$$P(x \mid D_n) = \int_{-\infty}^{\infty} p(x \mid y, D_n)p(y \mid D_n)dy = \gamma l(x \mid D_n) + (1 - \gamma)g(x \mid D_n)$$

　　綜合以上，在 TPE 中我們可以使用下列的機率模型來表示 $P(y \mid x, D_n)$：

$$P(y \mid x, D_n) = \begin{cases} \dfrac{l(x \mid D_n)P(y \mid D_n)}{\gamma l(x \mid D_n) + (1 - \gamma)g(x \mid D_n)}, & if \ y < y^* \\[4mm] \dfrac{g(x \mid D_n)P(y \mid D_n)}{\gamma l(x \mid D_n) + (1 - \gamma)g(x \mid D_n)}, & if \ y \geq y^* \end{cases}$$

　　那麼，使用 TPE 來計算 Expected Improvement 的公式 [註31] 就可以寫作：

$$\mathbf{EI}_{D_n}(x) = (\gamma + \frac{g(x \mid D_n)}{l(x \mid D_n)}(1 - \gamma))^{-1}(r y^* - \int_{-\infty}^{y^*} yP(y \mid D_n)dy)$$

　　由此公式我們可以知道，讓 Expected Improvement 最大化的，其實是找一個可以將 $g(x \mid D_n)/l(x \mid D_n)$ 最小化的 x。以直覺來解釋，我們可以説找一個 x 讓分數好的分布 $l(x \mid D_n)$ 的密度較高，而分數差的分布 $g(x \mid D_n)$ 的密度較低。

5. Parzen Estimator (核密度估計, Kernel density estimation)

　　Parzen Estimato (核密度估計, Kernel density estimation) 這個方法是藉由某個未知的母體中抽樣出資料點的集合，推測母體的機率密度分布 (圖 6.3)。當資料點的集合為 $\{x_i, i = 1, ..., n\}$ 時，先依據每個資料點分別計算一個密度函數，再將這些密度函數疊加後就可以表現出母體的機率分布。

→ 接下頁

註31：公式的推導可以參考「Hyperopt 與其邊緣化」
　　　　https://www.slideshare.net/hskksk/hyperopt

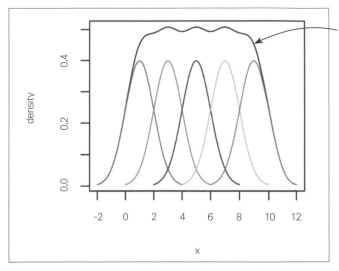

使用 Parzen Estimator 逼近母體的結果

圖 6.3　核密度估計 (Kernel density estimation) 的疊加

公式如下：

$$P(x) = \frac{1}{nh} \sum_{i=1}^{n} K(\frac{x - x_i}{h})$$

我們稱 h 為頻寬 (Bandwidth)，它可以控制每個資料點的密度函數的寬度，分布的圓滑程度也是經由 h 來決定。決定資料點密度函數的 K 又稱為 Kernel。大多數的 Kernel 會使用標準高斯函數 (Gaussian function)，

$$K(x) = \frac{1}{\sqrt{2\pi}} e^{-x^2/2}$$

b. 使用 TPE 進行貝氏最佳化的演算法詳解

接著我們詳細來看使用 TPE 的貝氏最佳化演算法的 Python 模擬程式碼。

→ 接下頁

我們使用 hyperopt，在程式碼中定義參數的搜索空間 space。以下為支援向量機 (support vector machine，SVM) 的 Kernel 種類 (線性 Kernel、RBF Kernel) 及 Kernel 參數的調整範例。

■ **ch06-06-wrapper.py 參數搜索空間的 Python 模擬程式碼**

```python
from hyperopt import hp
space = {'_kernel': hp.choice('_kernel', [
    {'kernel': 'linear'},
    {'kernel': 'rbf', 'gamma': hp.uniform('gamma', 1e-3, 1e3)}]),
    'C': hp.uniform('C', 1e-3, 1e3)}
```

此外，如同 hyperopt，以下的說明都是使用 Define-and-Run 形式：事先定義超參數空間。如果使用 Define-by-Run (如 optuna 套件)，參數空間是在程式執行搜索的時後才決定，下列的演算法概念也適用。

1. 演算法

首先，在這個小節中會彙整使用 TPE 的貝氏最佳化的演算法。

• **第一階段：初期搜索**

1. 在事前分布中抽樣參數。

2. 使用取樣的參數來評價分數。

3. 在搜索歷史紀錄中加入參數和分數組合。

4. 執行到預設的次數後，就可以繼續進行第二階段，若未完成則回到第一階段的第一步驟。

• **第二階段：正式探索**

1. 使用核密度估計 (Kernel density estimation) 從搜索歷史紀錄中求得分數好的分布 $l(x \mid D_n)$ 及分數差的分布 $g(x \mid D_n)$。

2. 求得 $g(x \mid D_n)/l(x \mid D_n)$ 為最小的參數 (＝最大化 Expected Improvement 的參數)。

→ 接下頁

3. 使用在 **2.** 中求得的參數來進行分數評價。

4. 在搜索歷史紀錄中增加參數和分數的組合。

5. 執行到預設的次數後即可結束，並且會回傳搜索歷史紀錄中獲得最好分數
的參數。若未完成則回到第二階段的第一步驟。

2.整體流程

下列程式碼為演算法的整體流程：

■ **ch06-06-wrapper.py TPE 演算法整體的 Python 模擬程式碼**

```python
def tpe_optimize(objective, max_evals, n_init):
# max_evals: int
# n_init: int
# objective: Callable[[dict], float]
# objective 為取得參數的引數並回傳分數的函數
    history = []
    for i in range(max_evals):
        # 初始的 n_init 次為初期搜索
        if i < n_init:
            suggestion = sampling_from_prior()
        else:
            # n_init+1 次以後為正式搜索
            suggestion = next_suggestion(history)
        # 模型分數的評價
        loss = objective(suggestion)
        # 增加至搜索履歷
        history.append((loss, suggestion))
        # 取得最小的 loss
    best = min(history, key=lambda x: x[0])
    # 回傳最好的參數
    return best[1]
```

初期搜索使用的 sampling_from_prior 函式和正式搜索使用的 next_suggestion
函式，可以參考以下範例。

→ 接下頁

3. 初期探索

在最初 n_{init} 次搜索中還沒有足夠的歷史紀錄，必須從參數空間的事前分布中抽取樣本點來做為搜索點。從參數空間中取樣的程式碼如下：

■ **ch06-06-wrapper.py 初期搜索的Python模擬程式碼**

```python
def sampling_from_prior():
    parameter = {}
    # 抽樣 Kernel 的種類
    kernel = np.random.choice(['linear', 'rbf'])
    parameter['kernel'] = kernel
    if kernel == 'linear':
    # 線性 Kernel 沒有其他參數
        pass
    else: # kernel == 'rbf':
    # RBF Kermel 則有 gamma 參數
        parameter['gamma'] = np.random.uniform(1e-3, 1e3)
    # 抽樣 C
    parameter['C'] = np.random.uniform(1e-3, 1e3)
    # 回傳參數
    return parameter
```

也就是說，只要沿著程式的判斷條件，到達 np.choice 或 np.uniform 就可以對該參數進行抽樣。

4. 正式搜索

在正式搜索時，會將最大化 Expected Improvement 的參數作為下次的搜索點。使用下列程式碼的演算法來決定搜索點：

■ **ch06-06-wrapper.py 正式搜索的 Python 模擬程式碼**

```python
def next_suggestion(history):
# history: List[Tuple[float,dict]]

    parameter = {}
    # 以最大化 Expected Improvement 來求得 Kernel 種類
    kernel = argmax_expected_improvement('kernel', history)
    parameter['kernel'] = kernel
```

→ 接下頁

```
if kernel == 'linear':
        # 線性 Kernel 沒有其他的參數
        pass
    else: # kernel == 'rbf'
        # RBF Kernel 的其他參數為 gamma 參數
        # 使用最大化 Expected Improvement 求得 gamma
        gamma = argmax_expected_improvement('gamma', history)
        parameter['gamma'] = gamma
    # 使用最大化 Expected Improvement 求得 C
    parameter['C'] = argmax_expected_improvement('C', history)
    # 傳回參數
    return parameter
```

換句話說，只要沿著程式的判斷條件，到達 argmax_expected_improvement，就可以找到參數中 Expected Improvement 為最大的點，我們就將這個點作為下次的搜索點。

就像我們從上述的程式碼，決定下個搜索點有考慮參數空間的階層關係，但必須特別注意，若參數沒有階層關係，其搜索都要獨立進行。舉例來說，Kernel 的種類和參數 gamma 有階層關係，而 kernel 的搜索和 C 的搜索都是獨立進行的。

5. 使用 Parzen Estimator 推定密度

為了要找到在 TPE 中最大化 Expected Improvement 的參數，必須要有分數好的分布 $l(x \mid D_n)$ 及分數差的分布 $g(x \mid D_n)$。在這個小節中，我們會講解處理 $l(x \mid D_n)$、$g(x \mid D_n)$ 的過程。

在過去的搜索歷史中，我們稱前 γ % 分數好的參數集合為 params_below，而後 $(100 - \gamma)$ 位的參數集合則為 params_above（圖 6.4）。

→ 接下頁

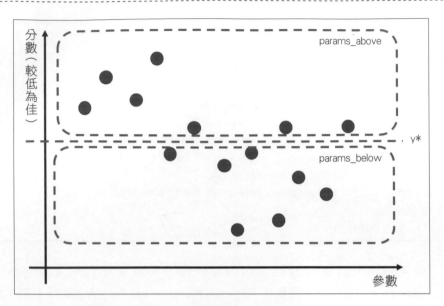

圖 6.4　計算 param_above 和 params_below 的方法

　　我們可以對 params_below 使用 Parzen Estimato。也就是説，我們可以用 params_below 裡面的元素來計算分數好的分布，同樣的用 params_above 裡面的元素來計算分數差的分布。(圖 6.5)

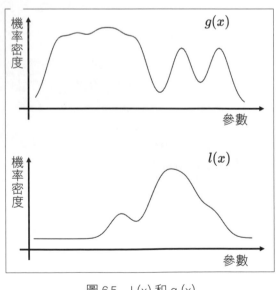

圖 6.5　l (x) 和 g (x)

→ 接下頁

■ ch06-06-wrapper.py 推定 l(x) 和 g(x) 的處理 Python 模擬程式碼

```python
import sklearn.neighbors as neighbors

def estimate_below_and_above_density(param_name, history):

    # param_name: str
    # history: List[Tuple[float,dict]]
    # 取得分位點的 loss 值
    gamma_quantile = 0.15    ← 可根據搜索歷史的個數變化
    loss_history = [loss for loss, _ in history]
    loss_split = np.quantile(loss_history, q=gamma_quantile)

    # 根據 loss 值劃分為 2 個參數
    params_below = np.array([params[param_name] for loss, 接下行
    params in history if loss < loss_split]).reshape((-1, 1))
    params_above = np.array([params[param_name] for loss, 接下行
    params in history if loss >= loss_split]).reshape((-1, 1))

    # 分別將各自的密度分布以 Parzen Estimator 做逼近
    dist_below = neighbors.KernelDensity().fit(params_below)
    dist_above = neighbors.KernelDensity().fit(params_above)

    # 傳回頂部/底部密度分佈
    return dist_below, dist_above
```

6. 搜索最大化 Expected Improvement 的參數

以下解説搜索最大化 Expected Improvement 的方法。

首先從分數好的分布 $l(x|D_n)$ 中隨機抽樣一定數量的候選參數值 x_i^*。在 TPE 中，當候選參數的 $g(x|D_n)/l(x|D_n)$ 為最小則代表 Expected Improvement 為最大，因此我們計算每個候選參數 x_i^* 的 $g(x|D_n)/l(x|D_n)$，並將結果為最小的 x_i^* 作為下次的搜索點 (圖 6.6)。

→ 接下頁

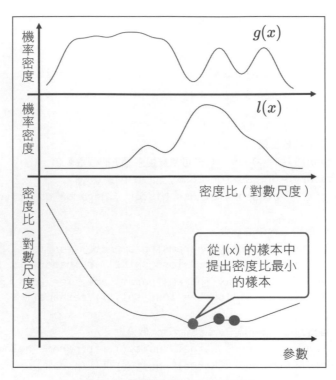

圖 6.6　密度比及下次應搜索點

■ **ch06-06-wrapper.py** 搜索最大化 Expected Improvement 參數的模擬 Python 程式碼

```
def argmax_expected_improvement(param_name, history):
    # param_name: str
    # history: List(Tuple(float,dict))
    # 推測分數好的參數及分數差的參數
    dist_below, dist_above = estimate_below_and_above_  接下行
density(param_name, history)
    # 從 dist_below 中僅抽取 n_sample 個樣本
    n_sample = 25
    candidates = dist_below.sample(n_sample)
    # 計算 log(g(x)) - log(l(x))
    log_density_ratio = (dist_above.score_samples(candidates)-  接下行
dist_below.score_samples(candidates))
    # 回傳 log(g(x)) - log(l(x)) 為最小的樣本值
    best_index = np.argmin(log_density_ratio)
    return candidates[best_index, 0]
```

→ 接下頁

c. TPE 搜索參數的獨立性及其對策

　　如前面所提，我們以參數空間的階層關係為基礎並考慮其依存性來決定搜索點。但對於階層關係中沒有定義依存性的參數來說搜索是獨立進行的。因此，當參數間有強烈依存性時，很可能會發生無效的搜索。

　　以上述的參數空間為例，對線性 Kernel 來說，Kernel 的維度 C 在 1 附近時分數比較好，而對 RBF Kernel 來說，C 則是在 10 附近，分數會較好。

　　由於決定 C 搜索點時的搜索忽略了 Kernel 的依存性 (也就是邊緣化了 Kernel 的維度 C)，對 C 來說 $g(x \mid D_n)/l(x \mid D_n)$ 在 1 附近和在 10 附近形成了兩個谷。因此，會出現在線性 Kernel 中 C 值卻在 10 的附近。(圖 6.7)。

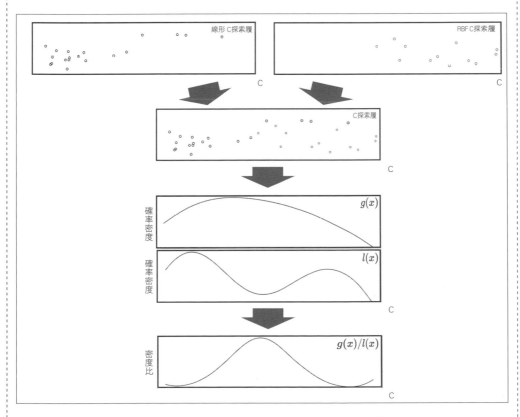

圖 6.7　當超參數間具有依存性時 g(x)/l(x) 的狀態

→ 接下頁

若已明確知道參數間具有依存性，建議參考下列程式碼，在定義參數空間時，將其依存性考慮進去。

■ ch06-06-wrapper.py 定義參數間依存性空間的 Python 模擬程式碼

```
space = {'_kernel': hp.choice('_kernel',
    [{  'kernel': 'linear',
        'C_linear': hp.uniform('C_linear', 1e-3, 1e3)},
       {'kernel': 'rbf',
        'C_rbf': hp.uniform('C_rbf', 1e-3, 1e3),
        'gamma': hp.uniform('gamma', 1e-3, 1e3)}])
    }
```

chapter

模型集成

本 章 重 點

7.1 什麼是集成？

所謂集成就是組合多個模型來進行預測。許多數據分析競賽的參賽者所提交的預測值都是由多個模型集成後得到的結果，有些獲獎的解決方案甚至是由幾百個模型組合而成的。

在實務上可能不太能接受僅為了提升一點點準確度就去建立多個模型，但在數據分析競賽中，我們不僅僅要提升單個模型的準確度，還要透過集成追求更高的整體準確度。而且在組隊參賽的情況下，集成可以有助於綜合每個團員的分析成果。

接下來，我們就要介紹簡單取平均的集成方法，以及可有效混合模型的堆疊 (stacking)。

7.2 簡單的集成方法

7.2.1 平均、加權平均

處理迴歸任務時首先會浮現在腦海的方法就是單純取多個模型的預測值並進行平均。有時候這種單純的動作也可以有相當好的效果。

我們可以在訓練模型時，使用不同亂數種子將超參數和特徵打亂來訓練模型，最後再取平均。這個方法對某些任務或模型可以有效的提升準確度，特別是對每次訓練的準確度都容易產生偏差的類神經網路。

另外，多次建立模型時，每個模型的準確度可能也會有所落差，因此會希望可以增加高準確度模型的重要性，也就是使用加權平均並增加其權重。取加權平均時，最大的問題就是要怎麼決定每個模型的權重，針對這個問題，我們可以使用下列方法來解決。

● **觀察模型的準確度來決定適合的權重**

我們可以觀察模型的驗證分數或 Public Leaderboard 來決定是否要對準確度較高的模型給予比其他模型多 3 倍或是其他適當的權重。

● **進行最佳化將分數提升至最高分**

這個方法是對權重進行最佳化，使分數可以提升到最高。我們可以使用 scipy.optimize 套件來進行最佳化。

我們在「2.5.3 是否該使用 out-of-fold 來最佳化閾值？」中提到過，當我們使用所有已知標籤的訓練資料來進行最佳化評價指標，必須注意在已知標籤的情況下進行最佳化，很有可能會出現高估的評價。為了避免高估的評價，我們可以使用交叉驗證，並以 out-of-fold 來進行評價。類似的概念在接下來介紹第 2 層堆疊會再次使用。

7.2.2　多數決、加權多數決

在處理分類任務時，使用預測值結果多數決是最簡單的方法。另外也有根據模型進行不同加權的多數決方法。

不過，在分類任務中，通常會以預測機率為基準來決定資料的分類，因此我們也可以使用預測機率來做模型集成，像是預測機率的平均或加權平均再進行分類的方法。

7.2.3 注意事項及其他技巧

評價指標最佳化

我們在「2.5 評價指標的最佳化」這個章節中有談到，根據評價指標的不同，有時候我們不會直接提交模型輸出的預測值，而是會配合評價指標來進行最佳化。集成之前要不要個別對模型的預測值進行最佳化會因情況而定，但在集成之後，大多都還是需要再進行一次最佳化。

沒有理由的調整

觀察以往數據分析競賽的解決方案會發現，有些解決方案會在最後以不明比例對模型的組合等進行調整。這些調整大多是沒有理由的，應該是參賽者在經過多次測試並考慮到驗證或 Public Leaderboard 的分數後，認為這個調整可以讓模型稍微更吻合測試資料。

取名次的平均

對於 AUC 這類只對預測值大小關係有影響的評價指標，我們可以考慮不要直接對預測機率取平均，而是將預測機率依大小排名，再求排名的平均值，這樣一來，就可以避免在集成的過程中被少數預測機率偏差較大的模型影響結果。

使用幾何平均或調和平均

除了算術平均之外，我們還有以下選擇：

- **幾何平均**：當有 n 個值時，將這些值相乘並取 n 次方根。

- **調和平均**：取倒數並求其算術平均數後，再將此算術平均數取倒數。

- **n 次方平均**：計算其 n 次方後取平均，並取其 n 次方根。

如圖 7.1 所示，不同取平均的方法其輸出值也會不同。舉例來說，和算術平均相比，幾何平均的結果傾向於在**所有值都有高機率時**才輸出高機率。我們可以透過這種不同的傾向稍微提升模型的準確度。

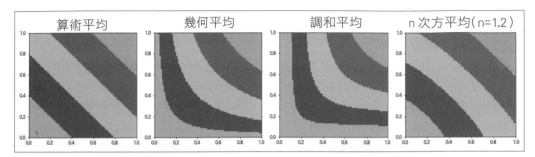

圖 7.1　各種平均的輸出值（x 軸、y 軸各自為不同模型的預測機率，等高線為各種方法所得到的平均，分別為 0.2、0.4、0.6、0.8 的點）

傾向過度擬合模型的集成

有些人認為要選擇比較複雜且可能會有一點過度配適的模型來進行集成 [1]。這種說法還有待商榷，以下對此進行簡單的說明。

● 通常越複雜的模型其平均後的預測值和實際值的偏差 (bias) 會較小，但預測值的不穩定性 (variance) 會較大。相反的，越單純的模型偏差 (bias) 會越大，不穩定性 (variance) 會越小 [2]。

● 由於集成具有降低整體偏差 (bias) 的作用 [3]，因此有些人會認為對較複雜的模型進行集成比較能夠抑制其偏差。當然，複雜的模型較容易過度配適造成預測值的準確度大幅降低，可能反而沒有達到抑制偏差的效果。但若能夠善用這樣的想法，運用在合適的情況下，就能夠徹底發揮集成的作用。

註1：「Santander Product Recommendation 方法及 XGBoost 的小知識」
　　　https://speakerdeck.com/rsakata/santander-product-recommendationfalseapurotitoxgboostfal
　　　sexiao-neta
註2：「偏差 (bias)-變異 (variance) (Tokinomori Wiki (朱鷺杜 Wiki))」
　　　http://ibisforest.org/index.php?-バリアンス
註3：「集成訓練 (Tokinomori Wiki (朱鷺杜 Wiki))」
　　　http://ibisforest.org/index.php?アンサンブル 学習

7.3 堆疊 (stacking)

7.3.1 堆疊概要

堆疊是一種快速且有效組合兩個以上模型來進行預測的方法，可以依下列步驟 **1** ~ **5** 來進行。

1 將訓練資料劃分為交叉驗證的 fold (假設有 fold 1 到 4)。

2 以 out-of-fold 來訓練模型，並輸出驗證資料的預測值 (圖 7.2 上圖)。

也就是使用 fold2、fold3、fold4 來訓練模型，並利用此模型來輸出 fold1 的預測值。反覆輪替不同的 fold 後，將 4 個 fold 的預測值排好，這樣就可以建立訓練資料的預測值，並將預測值視為新的特徵。

3 使用經過各個 fold 訓練過後的模型來預測測試資料，並取平均 (或其他方式) 後成為測試資料的預測值，同樣也將預測值視為新的特徵 (圖 7.2 下圖)。

4 重覆步驟 **2** 跟步驟 **3**，次數為想要進行堆疊的模型數量 (圖 7.3)。這些模型我們稱之為第 1 層模型。

5 使用步驟 **2** 到步驟 **4** 產生的特徵以及原本訓練資料中的標籤，來訓練模型並進行預測 (圖 7.4)。這個模型我們稱之為第 2 層模型。

堆疊中使用原本訓練資料的特徵進行訓練的模型我們稱為第 1 層模型，使用「第 1 層模型的預測值」作為特徵來訓練模型，這個模型我們稱為第 2 層模型。在簡單的堆疊中會以第 2 層模型所輸出的預測值作為最終結果。之後會在「7.3.4 堆疊的要點」中談到，使用第 2 層模型預測值來進行訓練的就是第 3 層模型，使用第 3 層模型的預測值進行訓練的就是第 4 層模型，可以這樣層層堆疊上去。

　　一般在進行堆疊時，每個模型交叉驗證的 fold 分法要一致，不過也有人認為不需要一致 註4 。

將交叉驗證後的預測值視為新的特徵

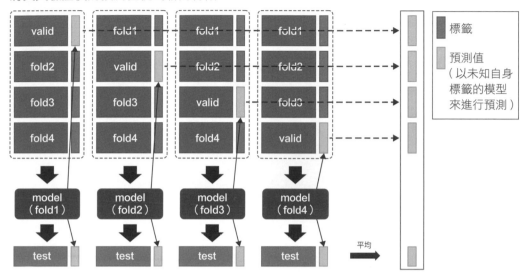

圖 7.2　堆疊 使用 out-of-fold 的模型預測值

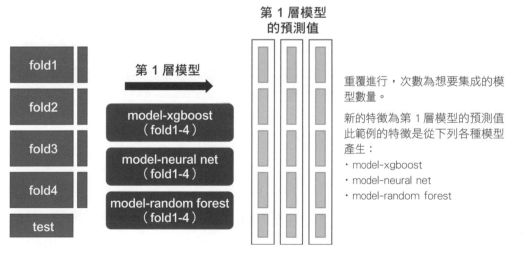

圖 7.3　建立堆疊第 1 層模型的特徵

註4：「3 place solution（Avito Demand Prediction Challenge）」https://www.kaggle.com/c/avito-demand-prediction/discussion/59885#349713

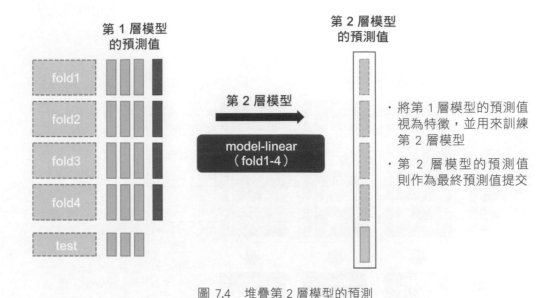

圖 7.4　堆疊第 2 層模型的預測

　　在使用上述方法建立特徵時有一個重點，就是被用來訓練下一層模型的特徵，必須來自上一層模型在未知標籤的情況下所作出的預測。以下為非此情況下進行堆疊的錯誤示範：

1 沒有將訓練資料劃分成交叉驗證的 fold，也就是使用所有的資料作為訓練資料來訓練模型，並直接預測訓練資料 (編註：模型在已知標籤的情況下作預測)。

2 使用 **1** 的模型來預測測試資料。

3 重覆 **1** ～ **2**，次數為想要堆疊模型的數量。

4 第 2 層模型使用由步驟 **1** 跟步驟 **2** 產生的預測值作為特徵來訓練模型並進行預測。

　　在這個方法中，第 2 層模型的訓練資料是第 1 層模型在已知標籤的情況下產生的預測值，而測試資料卻是第 1 層模型在未知標籤的情況下產生的預測值。因此，訓練資料和測試資料就變成了意義不同的兩種特徵。如此一來，在使用第 2 層模型來預測測試資料時，準確度就會變差 (圖 7.5)。

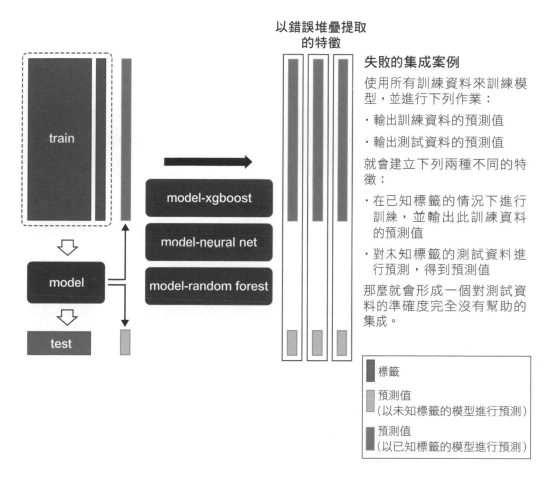

圖 7.5　無法進行堆疊的案例

7.3.2　作為建立特徵方法的堆疊

堆疊除了是一種集成的方法，也是一種提取特徵的方法。經過堆疊後提取 (輸出) 的值為「某個模型的預測值」，而這個值可以作為特徵來使用，我們稱之為 meta **特徵**。

若以要作為特徵的角度去思考，重點就會放在其「同質性」。在堆疊時，不論是對訓練資料或是對測試資料，我們必須注意「某個模型的預測值」這個特徵是具有相同意義的特徵，這邊以同質性一詞來表示。在上述失敗案例的圖中 (圖 7.5)，對訓練資料來說，特徵是「已知標籤」的預測值，但對測試資料則是「未知標籤」的預測值。將這些特徵用來進行第 2 層模型的訓練、預測，會產生很不好的結果。這是因為，訓練資料和測試資料中使用的「某個模型的預測值」其特徵意義完全不同。

即使沒有發生前文所說的明顯錯誤，但我們仍可能會因為使用錯誤的 target encoding 或是過度調整超參數，而使堆疊中部分模型所建立的預測值中含有「已知的少數標籤」。此時，使用已知少數標籤的特徵來訓練的 2 層模型，對預測值的影響可能會大於其他特徵，並且得到超出實際的高評價。對於測試資料，若給予預測值過高的評價，就無法得到好的最終準確度。

使用堆疊來提取特徵的應用非常廣。建立模型時，可能是用來預測缺失值的模型，或者這個模型是將迴歸問題轉換成二元分類問題並輸出 0 或 1 (編註：預測是否會大於某一個閾值)，這些預測值都可以作為特徵使用。另外，我們也可以同時使用模型輸出的預測值、原本資料的特徵、以及由 t-SNE 等非監督式學習建立的特徵。

7.3.3 執行堆疊

堆疊的執行方式如下：

■ ch07-01-stacking.py 執行堆疊

```python
from sklearn.metrics import log_loss
from sklearn.model_selection import KFold

# 在 models.py 中已定義 Model1Xgb, Model1NN, Model2Linear 模型
# 各模型以 fit 進行訓練、以 predict 輸出預測值機率
from models import Model1Xgb, Model1NN, Model2Linear


# 產生訓練資料跟測試資料預測值的函式 (在未知標籤的情況下產生訓練資料的預測值)
def predict_cv(model, train_x, train_y, test_x):
    preds = []
    preds_test = []
    va_idxes = []

    kf = KFold(n_splits=4, shuffle=True, random_state=71)

    # 在交叉驗證中進行訓練/預測，並保存預測值及索引
    for i, (tr_idx, va_idx) in enumerate(kf.split(train_x)):
        tr_x, va_x = train_x.iloc[tr_idx], train_x.iloc[va_idx]
        tr_y, va_y = train_y.iloc[tr_idx], train_y.iloc[va_idx]
        model.fit(tr_x, tr_y, va_x, va_y)
        pred = model.predict(va_x)
        preds.append(pred)
        pred_test = model.predict(test_x)
        preds_test.append(pred_test)
        va_idxes.append(va_idx)

    # 將驗證資料的預測值整合起來，並依序排列
    va_idxes = np.concatenate(va_idxes)
    preds = np.concatenate(preds, axis=0)
    order = np.argsort(va_idxes)
    pred_train = preds[order]
```

→ 接下頁

```
    # 取測試資料的預測值平均
    preds_test = np.mean(preds_test, axis=0)

    return pred_train, preds_test


# 第 1 層的模型
# pred_train_1a, pred_train_1b 為訓練資料在交叉驗證時得到的預測值
# pred_test_1a 和 pred_test_1b 是測試資料的預測值
model_1a = Model1Xgb()
pred_train_1a, pred_test_1a = predict_cv(model_1a, train_x, train_y,
test_x)


model_1b = Model1NN()
pred_train_1b, pred_test_1b = predict_cv(model_1b, train_x_nn, train_y,
test_x_nn)


# 對第 1 層模型的評價
print(f'logloss: {log_loss(train_y, pred_train_1a, eps=1e-7):.4f}')
print(f'logloss: {log_loss(train_y, pred_train_1b, eps=1e-7):.4f}')


# 將預測值作為特徵並建立 dataframe
train_x_2 = pd.DataFrame({'pred_1a': pred_train_1a, 'pred_1b': pred_
train_1b})
test_x_2 = pd.DataFrame({'pred_1a': pred_test_1a, 'pred_1b': pred_
test_1b})


# 第 2 層模型
# pred_train_2 為第 2 層模型的訓練資料預測值，由交叉驗證後獲得
# pred_test_2 為第 2 層模型的測試資料預測值
model_2 = Model2Linear()
pred_train_2, pred_test_2 = predict_cv(model_2, train_x_2, train_y,
test_x_2)
print(f'logloss: {log_loss(train_y, pred_train_2, eps=1e-7):.4f}')
```

7.3.4 堆疊的要點

堆疊有效、無效的情形

堆疊可能會因為競賽的性質而產生不同的效果。由於堆疊的目的是要盡可能使用訓練資料,所以在訓練資料和測試資料為相同分布的情況下,資料量越多的競賽,堆疊就越有效。相反的,時間序列資料等訓練資料和測試資料的分布不同時,堆疊可能就會有過度配適的情況。此時大部分會使用模型的加權平均來進行集成而非堆疊。

若很難使用提取特徵來比較出模型的好壞,則此競賽很可能就會變成追求細微的準確度差異的競賽,相對來說堆疊就會比較有效。

堆疊效果也會因為評價指標而不同,由於比起 accuracy,logloss 會因為更細微的調整預測值而提升分數,因此堆疊效果也較好。特別是使用於多分類的 multi-class logloss 評價指標,用 GBDT 和類神經網路進行堆疊可以大幅度的提升分數 (比如 Kaggle 中「Otto Group Product Classification Challenge」、「 Walmart Recruiting: Trip Type Classification」等競賽)。

測試資料的特徵提取方法

在使用堆疊來提取測試資料的特徵時,必須對測試資料進行預測。預測的方法在前面的篇幅中有說明。如圖 7.6 所示,測試資料的預測值可以來自各 fold 預測結果的平均。另外一種方法如圖 7.7 所示,也就是使用重新訓練的模型來對測試資料進行預測。

在「4.1.2 建立模型的步驟」也曾說明進行交叉驗證後該如何對測試資料進行預測,因此上述的概念並非只有在進行堆疊時才使用。

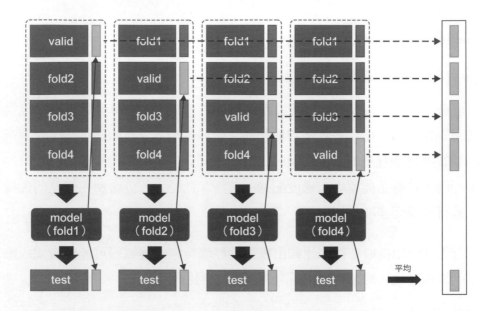

圖 7.6 　堆疊 out-of-fold 的模型預測值 - 各 fold 預測結果的平均

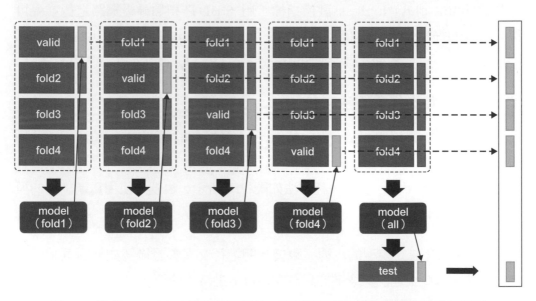

圖 7.7 　堆疊 out-of-fold 模型的預測值 - 重新訓練模型來對測試資料進行預測

要將原本的特徵加到第 2 層模型嗎？

　　在訓練第 2 層模型時，我們有兩種選擇，一種是只使用第 1 層模型的預測值作為特徵，另一種則是再加上第 1 層模型原本的特徵 (圖 7.8)。前者的訓練時間較短，也比較不會有過度配適的情形。後者則可以使用到原本特徵和模型預測值之間的關係。此外，我們也可以將 t-SNE、UMAP 或分群等由非監督式學習得來的特徵加到第 2 層模型。

只用第 1 層模型的預測值
做為第 2 層模型的特徵

將第 1 層模型使用的特徵，
與第 1 層模型的預測值合併，
做為第 2 層模型的特徵

圖 7.8　要在第 2 層模型中加入原本的特徵嗎？

多層堆疊

　　堆疊是將第 1 層模型的預測值作為特徵，再使用此特徵來訓練第 2 層模型。接著，我們可以繼續使用第 2 層模型的預測值作為第 3 層模型的特徵，並進行訓練，以此類推。我們可以不只堆疊 2 層，可以考慮進行 3 層、4 層的堆疊。模型的準確度增加幅度會隨著堆疊的增加而逐漸減弱，但仍會有些許效果。由於有上述幾種堆疊的方法可以選擇，不知道該如何選擇時，可以在第 2 層選擇其中一個方法，並在第 3 層選另一個方法。

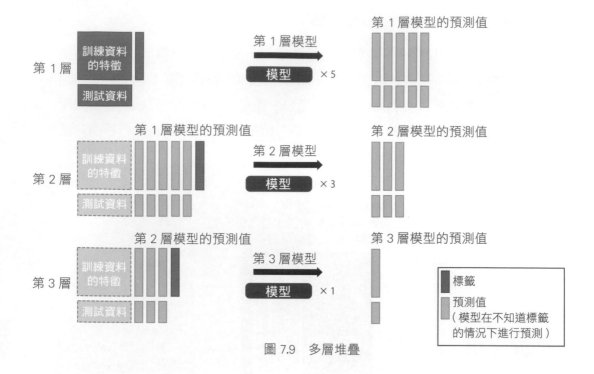

圖 7.9　多層堆疊

超參數調整和提前中止的注意事項

　　一旦過度調整超參數，預測值很可能就會過度配適驗證資料。而使用提前中止來建立模型，可以在訓練模型時根據驗證資料的分數停止在最佳的時間點。

　　在進行堆疊時，我們會使用預測值當作特徵。這時，模型對於驗證資料和測試資料有可能產生同質性不一致的特徵，模型對驗證資料會生成「已知標籤」的預測值，但對測試資料則會生成「未知標籤」的預測值。在「5.4.5 驗證資料或 Public Leaderboard 的過度配適」中提及，我們要適度的調整超參數或使用提前中止來建立合適的模型 (比如適當的決策樹數量)，並且改變劃分 fold 的方法來訓練模型並進行預測。不過，有些人也認為不需要考慮這麼細節的問題。

不一定要是最終輸出的預測值

第一層模型輸出的值只要能對模型的預測有幫助就好，不一定要作為最終輸出的預測值。舉例來說，當我們處理的是迴歸問題，需使用二元分類模型判斷某個值是在閾值以上或以下，或是當有較多缺失值時，會建立模型，用預測值來填補缺失值，我們可以將這些預測值交給第 2 層模型繼續處理。

由模型預測值製作的 meta 特徵

當我們在使用第 1 層模型輸出的預測值作為第 2 層模型的特徵時，不一定要直接使用模型的輸出值，也可以使用第 1 層模型預測值和其他模型預測值之間的差或是取第 1 層中多個模型輸出的預測值的平均或標準差，來建立第二層模型的特徵。

使用於分析

在進行堆疊的過程中，可將模型預測值與標籤組合起來，就可以得知每筆資料預測的正確程度，我們可以從這樣的角度來進行分析。譬如我們可以建立混淆矩陣 (分類任務中，實際值分類和預測值分類的矩陣)，藉此觀察其準確度，找出較難預測的資料。

7.3.5 使用 hold-out 資料的預測值來集成

這個小節我們將介紹在 Kaggle Ensemble Guide 中的 Blending 的技巧 [註5]。本書將 Blending 技巧稱為「使用 hold-out 資料的預測值來集成」，避免與 Kaggle 的 Discussion 中常見的 Blending（以預測值加權平均進行的集成）混淆。

註5：Hendrik Jacob van Veen, Le Nguyen The Dat, Armando Segnini. 2015. Kaggle Ensembling Guide. (accessed 2018 Feb 6) https://mlwave.com/kaggle-ensembling-guide/

這個技巧和一般堆疊一樣，都會使用預測值來作為下一層的特徵。而不同點在於，在一般堆疊中，交叉驗證的過程中每一筆資料都會被使用來訓練某一個 fold 的模型；但在這個技巧中，我們會以 hold-out 的資料來訓練第 2 層模型，並以此模型來預測測試資料，hold-out 的資料並不會參與第 1 層模型的訓練。

1 將訓練資料劃分為 train 資料和 hold-out 資料。

2 使用 train 資料來訓練模型，並以此模型來輸出 hold-out 資料/測試資料的預測值 (圖 7.10)。

3 重覆步驟 **2**，次數為欲集成模型的數量。

4 使用 **2** ～ **3** 建立的特徵來訓練第 2 層模型並進行預測 (圖 7.11)。

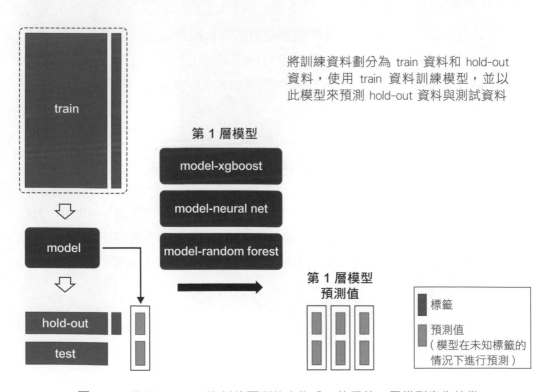

將訓練資料劃分為 train 資料和 hold-out 資料，使用 train 資料訓練模型，並以此模型來預測 hold-out 資料與測試資料

圖 7.10　使用 hold-out 資料的預測值來集成 - 使用第 1 層模型產生特徵

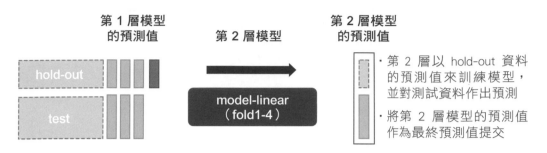

圖 7.11 使用 hold-out 資料的預測值來集成 - 使用第 2 層模型進行預測

使用這個方法的優點在於，由於這個方法在第 1 層模型中不會進行交叉驗證，因此運算的時間較少，且訓練第 1 層模型時完全不會看到 hold-out 資料的標籤，也減少了資料外洩的風險。不過，因為會造成可使用的資料筆數減少，以這一點來說上述的方法不一定較好，因此也比較少人使用。不過，當分析的資料量較多而較難進行交叉驗證時，則可以考慮使用這個方法。

以下為此技巧的參考程式：

■ **ch07-02-blending.py 執行使用 hold-out 資料的預測值來集成**

```
# --------------------------------
# hold-out 資料
# --------------------------------
from sklearn.metrics import log_loss
from sklearn.model_selection import KFold

kf = KFold(n_splits=4, shuffle=True, random_state=71)
tr_idx, va_index = list(kf.split(train_x))[0]
tr_x, va_x = train_x.iloc[tr_idx], train_x.iloc[va_index]
tr_y, va_y = train_y.iloc[tr_idx], train_y.iloc[va_index]
tr_x_nn, va_x_nn = train_x_nn.iloc[tr_idx], train_x_nn.iloc[va_index]

# 假設 models.py 已經定義好參與集成的模型
# 訓練好每個模型之後，輸出預測機率
from models import Model1Xgb, Model1NN, Model2Linear

# 第 1 層模型
# 用訓練資料來訓練模型，接著對 hold-out 資料以及測試資料做預測
model_1a = Model1Xgb()
```
→ 接下頁

```
model_1a.fit(tr_x, tr_y, va_x, va_y)
va_pred_1a = model_1a.predict(va_x)
test_pred_1a = model_1a.predict(test_x)

model_1b = Model1NN()
model_1b.fit(tr_x_nn, tr_y, va_x_nn, va_y)
va_pred_1b = model_1b.predict(va_x_nn)
test_pred_1b = model_1b.predict(test_x_nn)

# 評價 hold-out 資料的預測精準度
print(f'logloss: {log_loss(va_y, va_pred_1a, eps=1e-7):.4f}')
print(f'logloss: {log_loss(va_y, va_pred_1b, eps=1e-7):.4f}')

# 將 hold-out 資料以及測試資料的預測值視為第 2 層模型的訓練資料
va_x_2 = pd.DataFrame({'pred_1a': va_pred_1a, 'pred_1b': va_pred_1b})
test_x_2 = pd.DataFrame({'pred_1a': test_pred_1a, 'pred_1b': test_
pred_1b})

# 第 2 層模型
# 我們把所有 hold-out 資料的預測值都視為第 2 層模型的訓練資料
# 因此沒有驗證資料可以用來評價模型
# 讀者可以考慮對 hold-out 資料做交叉驗證，便可以評價模型
model2 = Model2Linear()
model2.fit(va_x_2, va_y, None, None)
pred_test_2 = model2.predict(test_x_2)
```

7.4 什麼模型適合集成？

通常我們會認為若想要得到比較好的集成效果，參與集成的模型最好具有多樣性。

　　若模型傳回的預測值幾乎相同，集成後應該也不會有什麼變化。相反的，其中一個模型的精準預測了晴天時銷售量，另一個模型則精準預測了雨天的銷售量，若能夠將這兩個模型集成，應該就可以得到一個準確度高的模型。其他像是可以取得線性關係的模型，以及可以反映變數之間交互作用的模型，將這兩種模型集成後，也可能得到一個好的模型。像這樣，將具有不同優勢的模型集成起來，就可以達到提升準確度的效果。

　　另外，即使模型的準確度較低，我們也可以透過將性質不同的模型集成起來，藉此改善最終的準確度。對集成來說，模型的多樣性比準確度更為重要，因此，捨棄準確度低的個別模型並不一定是最好的選擇。

　　想要建立多樣性豐富的模型，可以參考下列方法：

7.4.1　多使用不同類型的模型

　　每一種模型，譬如 GBDT 等的決策樹模型、類神經網路、線性模型、K-近鄰演算法都會有其適用範圍，也許我們可以透過集成來截長補短。我們特別可以嘗試集成準確度較高的 GBDT 及類神經網路。

　　集成中經常使用的模型如下：

- GBDT

- 類神經網路

- 線性模型

- K-近鄰演算法

- Extremely Randomized Trees (ERT) 或是隨機森林

- Regularized Greedy Forest (RGF)

- Field-aware Factorization Machines (FFM)

○ **參與堆疊模型選擇**

　　根據 KazAnoval (Kaggle Grandmaster) 的建議，好的堆疊解決方案中，經常由下列模型組合所構成 [註6]：

- 2～3 個 GBDT (以深度來説，有淺的、中間的及深的決策樹)

- 1～2 個隨機森林 (以深度來説，有淺的、及深的決策樹)

- 1～2 個類神經網路 (其中 1 個層數較多、另 1 個則較少)

- 1 個線性模型

7.4.2　改變超參數

　　相同的模型只要改變超參數就可以增加模型的多樣性。改變的方法如下：

● 改變模型反映變數之間交互作用的程度 (譬如改變決策樹的深度等)。

● 改變模型常規化的強度。

● 改變模型的架構 (譬如改變類神經網路的層數或 unit 數)。

7.4.3　改變特徵

　　我們也可以改變使用的特徵或其組合，改變方法如下：

● 使用/不使用特定的特徵組。

● 縮放/不縮放特徵。

註6：「Stacking Made Easy: An Introduction to StackNet by Competitions Grandmaster Marios Michailidis（KazAnova）」https://analyticsweek.com/content/stacking-made-easy-an-introduction-to-stacknet-by-competitions-grandmaster-marios-michailidis-kazanova/

- 是否進行大量的特徵選擇。

- 排除/不排除極端值。

- 改變資料預處理或轉換的方法。

> **編註**：本書中有些參考網址可能會因時間關係或資源轉移而失效，若發生時，建議可以試試透過網址中的一些關鍵字進行搜尋喔！

7.4.4　改變看待問題的方法

我們可以改變看待問題的方法，使模型能預測出可以解決問題的輸出，並將預測結果作為特徵。請參考下列幾個方法：

- 針對迴歸任務建立一個判斷預測值會在某個閾值以上或以下的二元分類模型。比如：對預測值為 0 以上 (比如營業額) 的迴歸任務，建立可以預測是否有販售的二元分類模型 (營業額為 0 或非 0)。

- 在多分類中建立只能預測一部份分類的模型，我們可以針對這幾個分類作最佳化。

- 當特徵十分重要但含有相當多的缺失值時，建立一個預測缺失值的模型。

- 對模型的預測值殘差 (標籤減去預測值) 建立新的模型。

7.4.5　選擇含有堆疊的模型

以下介紹幾個方法來選擇加入堆疊的模型，不過這些方法並非定論。

最簡單的方法就是反覆對每個模型都進行堆疊，準確度好的話就留下來，不好的話就排除。以自動化的方法來說，有在「6.2.3 不斷搜索的方法」中提到的 Greedy Forward Selection 以及將其簡化的方法。不過有時會因為計算量過大而無法使用這些方法。

我們可以考慮模型的相關係數在 0.95 以下、**柯爾莫哥洛夫-斯米爾諾夫檢驗 (kolmogorov-smirnov test, K-S test)** 結果在 0.05 以上、以及準確度的高低，來決定要選哪些模型參與集成。柯爾莫哥洛夫 – 斯米爾諾夫檢驗是判斷兩個群體的機率分布是否不同 [註7]、[註8]、[註9]、[註10]。這種方法是考慮若只選擇高準確度模型，可能會喪失多樣性的角度來做選擇。

以下分析將有助於模型的選擇：

● 以記錄檔的形式輸出驗證結果，藉此掌握每個模型的分數。

● 為了評價模型的多樣性，可以計算模型預測值的相關係數或是繪製模型預測值的散佈圖。

● 將驗證模型時獲得的分數以及單獨提交該模型預測值時的 Public Leaderboard 分數繪製成散佈圖，這樣一來就可以掌握模型為什麼在驗證評價時得到好的分數，在 Public Leaderboard 的分數卻不好。

註7：「朝世界第一個資料科學家邁進～Kaggle 參賽報告 3～（Kysmo's Tech Blog）」
　　　http://kysmo.hatenablog.jp/entry/2018/05/10/094208

註8：「The Good, the Bad and the Blended (Toxic Comment Classification Challenge)」
　　　https://www.kaggle.com/c/jigsaw-toxic-comment-classification-challenge/discussion/51058

註9：「An easy way to calculate model correlations (Toxic Comment Classification Challenge)」
　　　https://www.kaggle.com/c/jigsaw-toxic-comment-classification-challenge/discussion/50827

註10：Kolmogorov-Smirnov 檢驗統計量僅觀察值的分布而非值的順序，因此我們必須注意只要值的分布相同，即使預測值的順序，也就是資料的預測值大小關係不同，統計量也會很小。為了彌補這一點，可以考慮使用斯皮爾曼等級相關係數。

AUTHOR'S OPINION

　　關於集成對解決方案的意義有許多的討論。最常見的是討論將好幾百個模型集成後建立模型，即使稍微提升了模型的準確度，但究竟意義何在？對此，筆者 (T) 有下列幾個想法：

- 堆疊是一種簡單又有效混和多個模型的方法。

- 實務上，有案例證明，任務中只要稍微提升準確度就可以帶來很大的效益。

- 我們可以藉此比較集成達到的準確度以及使用簡單方法達到的準確度。

　　從數據分析競賽的價值及趣味性的角度來看，參賽者應該要能解釋問題、提取有效特徵並進行分析，才能在競賽中獲得優勝，筆者還是希望競賽可以保有這樣的形式。對筆者來說，其實不太喜歡那些只要集成多個模型就能獲得優勝的競賽。

7

7.5 數據分析競賽中的集成案例

　　在此節將介紹一些競賽的案例，在這些案例中使用集成來進行分析是比較有效的。

AUTHOR'S OPINION

　　雖然有一部份的解決方案都是以建立的模型數量獲得壓倒性的勝利，但我們仍然不能忘記透過找到有效特徵來提升個別模型的準確度的重要性。(T)

7.5.1 Kaggle「Otto Group Product Classification Challenge」

本小節介紹的案例是在 2015 年舉辦的 Kaggle 競賽「Otto Group Product Classification Challenge」。這個競賽是一個多分類任務,參賽者必須透過匿名商品的特徵來對 9 種商品進行分類。評價指標為 multi-class logloss。

獲得第 1 名的參賽者將其解決方案公開於討論區,裡面只描述第 1 層的模型及特徵 [註11]。參賽者集成了多個模型,如 GBDT、類神經網路、K-近鄰演算法等模型。如下所述:

```
Models and features used for 2nd level training:
X = Train and test sets

-Model 1: RandomForest(R). Dataset: X
-Model 2: Logistic Regression(scikit). Dataset: Log(X+1)
-Model 3: Extra Trees Classifier(scikit). Dataset: Log(X+1) (but could
be raw)
-Model 4: KNeighborsClassifier(scikit). Dataset: Scale( Log(X+1) )
-Model 5: libfm. Dataset: Sparse(X). Each feature value is a unique
level.
-Model 6: H2O NN. Bag of 10 runs. Dataset: sqrt( X + 3/8)
-Model 7: Multinomial Naive Bayes(scikit). Dataset: Log(X+1)
-Model 8: Lasagne NN(CPU). Bag of 2 NN runs. First with Dataset Scale(
Log(X+1) ) and second with Dataset Scale( X )
-Model 9: Lasagne NN(CPU). Bag of 6 runs. Dataset: Scale( Log(X+1) )
-Model 10: T-sne. Dimension reduction to 3 dimensions. Also stacked 2
kmeans features using the T-sne 3 dimensions. Dataset: Log(X+1)
-Model 11: Sofia(R). Dataset: one against all with learner_
type="logreg-pegasos" and loop_type="balanced-stochastic". Dataset:
Scale(X)
                                                              → 接下頁
```

註11:「1st PLACE - WINNER SOLUTION - Gilberto Titericz & Stanislav Semenov」(Otto Group Product Classification Challenge)

https://www.kaggle.com/c/otto-group-product-classification-challenge/discussion/14335

-Model 12: Sofia(R). Trainned one against all with learner_
type="logreg-pegasos" and loop_type="balanced-stochastic". Dataset:
Scale(X, T-sne Dimension, some 3 level interactions between 13 most
important features based in randomForest importance)
-Model 13: Sofia(R). Trainned one against all with learner_
type="logreg-pegasos" and loop_type="combined-roc". Dataset: Log(1+X,
T-sne Dimension, some 3 level interactions between 13 most important
features based in randomForest importance)
-Model 14: Xgboost(R). Trainned one against all. Dataset: (X, feature
sum(zeros) by row). Replaced zeros with NA.
-Model 15: Xgboost(R). Trainned Multiclass Soft-Prob. Dataset: (X,
7 Kmeans features with different number of clusters, rowSums(X==0),
rowSums(Scale(X)>0.5), rowSums(Scale(X)< -0.5))
-Model 16: Xgboost(R). Trainned Multiclass Soft-Prob. Dataset: (X, T-sne
features, Some Kmeans clusters of X)
-Model 17: Xgboost(R): Trainned Multiclass Soft-Prob. Dataset: (X, T-sne
features, Some Kmeans clusters of log(1+X))
-Model 18: Xgboost(R): Trainned Multiclass Soft-Prob. Dataset: (X, T-sne
features, Some Kmeans clusters of Scale(X))
-Model 19: Lasagne NN(GPU). 2-Layer. Bag of 120 NN runs with different
number of epochs.
-Model 20: Lasagne NN(GPU). 3-Layer. Bag of 120 NN runs with different
number of epochs.
-Model 21: XGboost. Trained on raw features. Extremely bagged (30 times
averaged).
-Model 22: KNN on features X + int(X == 0)
-Model 23: KNN on features X + int(X == 0) + log(X + 1)
-Model 24: KNN on raw with 2 neighbours
-Model 25: KNN on raw with 4 neighbours
-Model 26: KNN on raw with 8 neighbours
-Model 27: KNN on raw with 16 neighbours
-Model 28: KNN on raw with 32 neighbours
-Model 29: KNN on raw with 64 neighbours
-Model 30: KNN on raw with 128 neighbours
-Model 31: KNN on raw with 256 neighbours
-Model 32: KNN on raw with 512 neighbours
-Model 33: KNN on raw with 1024 neighbours
-Feature 1: Distances to nearest neighbours of each classes
-Feature 2: Sum of distances of 2 nearest neighbours of each classes
-Feature 3: Sum of distances of 4 nearest neighbours of each classes
-Feature 4: Distances to nearest neighbours of each classes in TFIDF
space
-Feature 5: Distances to nearest neighbours of each classed in T-SNE
space (3 dimensions)
-Feature 6: Clustering features of original dataset
-Feature 7: Number of non-zeros elements in each row
-Feature 8: X (That feature was used only in NN 2nd level training)

○ **小提醒**

由於公開的程式碼並非原始碼，因此我們無法了解某些模型的正確意義。且有些模型雖然包含在最終解決方案中，但我們無法得知這些究竟是不是有效的模型。因此，看到這種解決方案時不需要試圖深入理解。

第 2 名的解決方案中也使用了堆疊，如圖 7.12。根據獲獎者的說法，這個解決方案的重點是要在第 2 層組合 GBDT 和類神經網路模型，而 K-近鄰演算法則有助於建立用來堆疊的特徵。另外，此方法同時使用競賽提供的資料，以及經過 TF-IDF 處理過的資料。

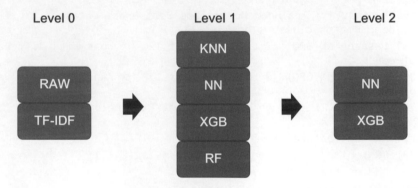

圖 7.12　Otto Group Product Classification Challenge 中獲得第 2 名的模型 註 12

註 12：出處：「OTTO PRODUCT CLASSIFICATION WINNER'S INTERVIEW: 2ND PLACE, ALEXANDER GUSCHIN ¯_(ツ)_/¯」
https://medium.com/kaggle-blog/otto-product-classification-winners-interview-2nd-place-alexander-guschin-%E3%83%84-e9248c318f30

7.5.2　Kaggle「Home Depot Product Search Relevance」

接著我們要介紹在 2016 年在 Kaggle 上舉辦的「Home Depot Product Search Relevance」競賽。這個競賽中參賽者必須預測 Home Depot 網站上被搜尋的語句和商品的關連性 (資料當中已經有標上正確的關聯性)。評價指標為 RMSE (均方誤差)。任務中搜尋的語句、商品標題及說明都是以文字呈現，所以是一個需要自然語言處理技術的任務。

在第 3 名的解決方案中，參賽者對文字進行預處理並提取了各式各樣的特徵，之後便堆疊了 GBDT、類神經網路、線性模型等模型 (圖 7.13)。

這位獲獎者接受了訪問，並在報導中詳細記載了這個方案的程式碼，並公開了套件。有興趣的讀者可以參考這篇報導 [註13、註14]。

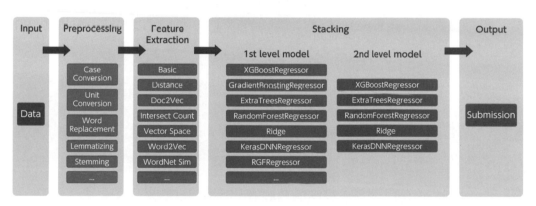

圖 7.13　Home Depot Product Search Relevance 第 3 名的模型 [註 15]

編註：也可以參考獲得第 2 名的 interview：https://medium.com/kaggle-blog/home-depot-product-search-relevance-winners-interview-2nd-place-thomas-sean-qingchen-nima-68068f9f9ffd

註13：「Home Depot Product Search Relevance, Winners' Interview: 3rd Place, Team Turing Test | Igor, Kostia, & Chenglong」
https://laptrinhx.com/home-depot-product-search-relevance-winners-interview-3rd-place-team-turing-test-igor-kostia-chenglong-2647919310/

註14：「Kaggle_HomeDepot」https://github.com/ChenglongChen/Kaggle_HomeDepot

註15：出處：「HOME DEPOT PRODUCT SEARCH RELEVANCE, WINNERS' INTERVIEW: 3RD PLACE, TEAM TURING TEST　IGOR, KOSTIA, &CHENGLONG」

7.5.3　Kaggle「Home Credit Default Risk」

本節將介紹 2018 年在 Kaggle 舉辦的「Home Credit Default Risk」競賽。此競賽的主辦單位為消費金融公司捷信 (Home Credit)，任務是要預測顧客的呆帳 (bad debts) 率。

評價指標為 AUC，訓練資料和測試資料主要是以時序及計畫 (服務開始的地區或商品性等) 劃分。由於這種劃分訓練資料和測試資料的方式，使得參賽者難以使用交叉驗證來取得訓練資料的評價及 Public Leaderboard 分數的關聯性，進行堆疊時也比較可能產生過度配適的現象。

第二名使用的方法，筆者 (M) 稱為 adversarial stochastic blending。這個方法就是我們在「5.4.3 當訓練資料和測試資料的分布不同」提到的 adversarial validation 技巧。這個解決方案雖然也使用了加權平均來進行集成，但權重的調整是根據測試資料而非訓練資料，因此可以取樣到和測試資料接近的訓練資料。

步驟如下：

1　對訓練資料和測試資料進行 adversarial validation，建立一個預測「哪些訓練資料很像測試資料」的模型，並對每一筆訓練資料輸出預測值。

2　使用 out-of-fold 求得各模型的預測值，並進行堆疊。

3　使用步驟 1 求得的結果為基準，從訓練資料中抽樣一定比率 (50% 左右) 的資料 (編註：越像測試資料的訓練資料，越容易被抽中)。

4　用抽樣資料進行最佳化加權平均權重值。

5　重覆步驟 3 跟步驟 4，直到加權平均收斂為止。

上述步驟的程式碼如下：

■ ch07-03-adversarial.py adversarial stochastic blending

```python
# 使用 adversarial validation 求得模型預測值的加權平均權重
# train_x: 各模型預測機率的預測值 (實際上因為評價指標是 AUC，可以使用機率大小的排序結果)
# train_y: 標籤
# adv_train: 表示訓練資料與測試資料的相似程度的機率值

from scipy.optimize import minimize
from sklearn.metrics import roc_auc_score

n_sampling = 50      ← 抽樣次數
frac_sampling = 0.5  ← 抽樣中從訓練資料取出的比例

def score(x, data_x, data_y):
    # 評價指標為 AUC
    y_prob = data_x['model1'] * x + data_x['model2'] * (1 - x)
    return -roc_auc_score(data_y, y_prob)

# 重覆在抽樣中求得加權平均的權重
results = []
for i in range(n_sampling):
    # 進行抽樣
    seed = i
    idx = pd.Series(np.arange(len(train_y))).sample(frac=frac_sampling,
                                                    replace=False,
                                                    random_state=seed,
                                                    weights=adv_train)

    x_sample = train_x.iloc[idx]
    y_sample = train_y.iloc[idx]

    # 計算抽樣資料的最佳化加權平均權重值
    # 為了使其具有制約式，選擇使用 COBYLA 演算法
    init_x = np.array(0.5)
    constraints = (
        {'type': 'ineq', 'fun': lambda x: x},
        {'type': 'ineq', 'fun': lambda x: 1.0 - x},
    )
    result = minimize(score, x0=init_x,
                      args=(x_sample, y_sample),
                      constraints=constraints,
                      method='COBYLA')
    results.append((result.x, 1.0 - result.x))
```

→ 接下頁

```
# model1, model2 加權平均的權重
results = np.array(results)
w_model1, w_model2 = results.mean(axis=0)
print(f"results: {results}")
print(f"w_model1: {w_model1}")
print(f"w_model2: {w_model2}")
```

　　只有在訓練資料與測試資料的性質有很大差異時使用這個方法才能發揮效用 (此案例中 adversarial validation 的 AUC 在 0.9 以上)。此外，使用這個方法來所提升的分數並沒有改善特徵來得大，因此建議是在競賽最終盤，想要在最後關頭提升一點分數時使用。

　　在這個案例中並沒有成功以上述的方法找到適合線性模型的權重。另外，此案例也嘗試了觀察 Public Leaderboard 的分數來調整抽取訓練資料的比例。

★ 小編補充

讀者可以參考 Kaggle 討論區中，第二名團體的解說，其中也包含了團員 Maxwell 對於 adversarial stochastic blending 的説明。

https://www.kaggle.com/c/home-credit-default-risk/discussion/64722#379799

AUTHOR'S OPINION

　　在業界的真實個案中，新客戶可能不同於訓練資料中以往所累積的分布/屬性。在這類的案例中，這種方法或許可以有所貢獻。(M)

　　最後，由於此方法是由一個人數眾多的團隊提出的解決方案，圖 7.14 為這個團隊的解決方案架構圖，可以說是相當複雜。

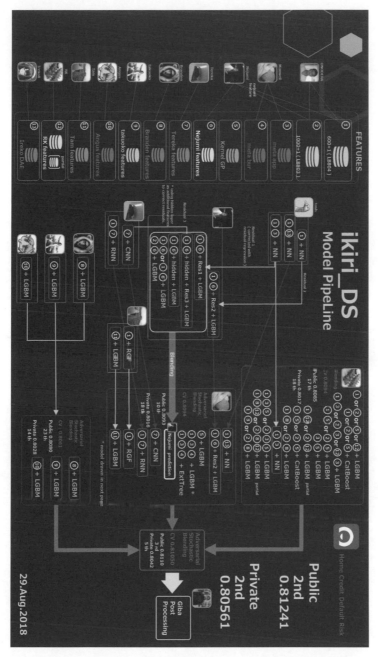

圖 7.14　Home Credit Default Risk 第 2 名的解決方案 ^{註 16}

註16：來源：「2nd place solution(team ikiri_DS) (Home Credit Default Risk)」
https://www.kaggle.com/c/home-credit-default-risk/discussion/64722

MEMO

appendix

附錄

A.1 數據分析競賽的參考資料

這裡會介紹剛開始參加 Kaggle 等數據分析競賽時可作為參考的一些網站及資料。

數據分析競賽平台

在此重新介紹第 1 章已提過的一些數據分析競賽平台。對於初學者來說,建議可以先瀏覽這些數據分析平台。而最有名的數據分析競賽為 Kaggle (https://www.kaggle.com/),我們可以從此平台上的 Notebooks 以及 Discussion 學習到很多技術以及相關的學習資源。

各種報導等資訊

- No Free Hunch (Kaggle 的官方部落格)
  http://blog.kaggle.com/
  在 Winner's Interview 中刊載了許多關於過去獲獎者的採訪報導,也介紹了一些獲獎隊伍的解決方案以及重要發現。

- How to Win a Data Science Competition: Learn from Top Kagglers
  https://www.coursera.org/learn/competitive-data-science
  Coursera是一個線上課程網站。這個網站有舉辦一些關於數據分析競賽的特別課程。講師陣容由 Kaggle 的 Grandmaster 組成,課程中會介紹一些其他地方學不到的數據分析競賽觀念以及技巧。

- Profiling Top Kagglers: Bestfitting, Currently #1 in the World
  https://datasciencevault.com/post/profiling-top-kagglers-bestfitting-currently-1-in-the-world/

這篇報導是採訪 2018 年在 Kaggle 獲得排行榜第 1 名的 Bestfitting 後所撰寫的文章。Bestfitting 以壓倒性的分析能力和絢麗的解決手法衝擊了當時的 Kaggler。藉由這篇報導我們可以了解他嚴謹的解題技巧。

● Winning Data Science Competitions

https://www.slideshare.net/OwenZhang2/tips-for-data-science-competitions

Owen 是曾經蟬聯 Kaggle 排行榜第 1 名的資料分析科學家。這個網頁是由 Owen 所製作的投影片。雖然是 2015 年的資料，但內容完整歸納了數據分析競賽的概要以及參賽必須注意的重點。

很多競賽資訊是使用英文，像是競賽簡介或是技術討論。不過以下網頁有一些日文的討論區可供熟習日文的讀者參考。

● Kaggler-ja Slack

https://kaggler-ja.herokuapp.com/
為日本數據分析競賽的 Slack 社群，資訊交流十分熱絡。這個社群有兩個主頻道，一個是讓初學者發問，另一個則是實況轉播競賽結束後的名次排序 (只要不是廣告、宣傳，大家都可以登錄此網站)。

● Kaggle-ja Wiki

https://kaggler-ja-wiki.herokuapp.com/
由於 Slack 的資訊流動過於快速，因此社群管理者就將一些資訊，整理過後保留在這個類似 Wiki 的網站上。網站上除了初學者指南、常見問題、還有一些與 Kaggle 相關的網站連結。

● Kaggle Tokyo Meetup 的資料
Kaggle Tokyo Meetup 舉辦好幾次的聚會，當中會有獲勝隊伍的技術分享，並公開在網路上。

● 數據分析競賽獲勝隊伍的技術分享
https://speakerdeck.com/smly/detafen-xi-kontesutofalse-sheng-zhe-jie-da-karaxue-bu

● 數據分析競賽的技術發展

https://speakerdeck.com/smly/detafen-xi-kontesutofalseji-shu-tozui-jin-falsejin-zhan

Kaggle Grandmaster 的 Kohei 所製作的投影片，內容統整了最近的數據分析競賽狀況，可以作為競賽策略的參考。

◆★小編補充 下面列出一些有在討論 Kaggle 競賽的台灣社群。

· Taiwan Kaggle Group

  https://www.facebook.com/groups/kaggletw/

· PyData Taipei Meetup Group

  https://www.meetup.com/PyData-Taipei-Meetup-Group/

A.2 參考文獻

第 2 章

● Competitions (How to use Kaggle)

  https://www.kaggle.com/docs/competitions

● Week3 Metrics Optimization (Coursera - How to Win a Data Science Competition: Learn from Top Kagglers)

  https://www.coursera.org/learn/competitive-data-science/

● 3.3. Model evaluation: quantifying the quality of predictions (scikit-learn v0.21.2 documentation)

  https://scikit-learn.org/stable/modules/model_evaluation.html

- 1.16. Probability calibration (scikit-learn v0.21.2 documentation)
  http://scikit-learn.org/stable/modules/calibration.html
- 模型最佳化指標、選擇評價指標的方法 (DATAROBOT 部落格)
- https://blog.datarobot.com/jp/モデル 最適化指標-評価指標の選び方

第 3 章

提取特徵

- Week1 Feature Preprocessing and Generation with Respect to Models、Week3 Advanced Feature Engineering I、Week4 Advanced feature engineering II (Coursera - How to Win a Data Science Competition: Learn from Top Kagglers)
  https://www.coursera.org/learn/competitive-data-science/
- Alice Zheng、Amanda Casari,「機器學習:特徵工程 (Feature Engineering for Machine Learning: Principles and Techniques for Data Scientists)」,楊新章譯,歐萊禮,2020 年
- Wes McKinney,「Python 資料分析 第二版 (Python for Data Analysis, 2nd Edition)」、張靜雯譯,歐萊禮,2018 年
- 本橋智光,「前処理大全 [データ分析のためのSQL / R / Python実践テクニック]」,技術評論社,2018 年
- 原田達也,「画像認識 (機械学習プロフェッショナルシリーズ)」,講談社,2017 年
- 坪井祐太等人,「深層学習による自然言語処理 (機械学習プロフェッショナルシリーズ)」,講談社,2017 年
- 岩田具治,「トピックモデル (機械学習プロフェッショナルシリーズ)」,講談社,2015 年

A

- 齊藤康毅，「Deep Learning 2｜用 Python 進行自然語言處理的基礎理論實作」，吳嘉芳譯，歐萊禮，2018 年

自然語言處理

- 5.2.3.1. The Bag of Words representation (scikit-learn v0.21.2 documentation)
  https://scikit-learn.org/stable/modules/feature_extraction.html#the-bag-ofwords-representation

- Approaching (Almost) Any NLP Problem on Kaggle
  https://www.kaggle.com/abhishek/approaching-almost-any-nlp-problem-on-kaggle

- An Introduction to Deep Learning for Tabular Data (fast.ai)
  https://www.fast.ai/2018/04/29/categorical-embeddings/

- AllenNLP
  https://allennlp.org/

第 4 章

套件與相關論文

- xgboost
  - 套件，https://xgboost.readthedocs.io/en/latest/
  - Github，https://github.com/dmlc/xgboost/
  - Chen, Tianqi, and Carlos Guestrin. "Xgboost: A scalable tree boosting system." Proceedings of the 22nd acm sigkdd international conference on knowledge discovery and data mining. ACM, 2016.

- lightgbm
  - 套件，https://lightgbm.readthedocs.io/en/latest/

- Github，https://github.com/microsoft/LightGBM/
- Ke, Guolin, et al. "Lightgbm: A highly efficient gradient boosting decision tree." Advances in Neural Information Processing Systems. 2017.

● catboost
  - 套件，https://catboost.ai/docs/
  - Github，https://github.com/catboost/catboost
  - Prokhorenkova, Liudmila, et al. "CatBoost: unbiased boosting with categorical features." Advances in Neural Information Processing Systems.2018.
  - Dorogush, Anna Veronika, Vasily Ershov, and Andrey Gulin. "CatBoost: gradient boosting with categorical features support." arXiv preprint arXiv:1810.11363 (2018).

● Keras
  - 套件，https://keras.io/
  - Github，https://github.com/keras-team/keras

★ 小編補充 讀者也可以參考旗標出版的「Deep Learning 深度學習必讀 – Keras 大神帶你用 Python 實作」。

● PyTorch
  - 套件，https://pytorch.org/
  - Github，https://github.com/pytorch/pytorch
● Chainer
  - 套件，https://docs.chainer.org/en/stable/
  - Github，https://github.com/chainer/chainer

A

- Tensorflow
  - 套件，https://www.tensorflow.org/
  - Github，https://github.com/tensorflow/tensorflow

- scikit-learn
  - 線性模型，1.1. Generalized Linear Models

    https://scikit-learn.org/stable/modules/linear_model.html
  - K-近鄰演算法，1.6. Nearest Neighbors

    http://scikit-learn.org/stable/modules/neighbors.html
  - 隨機森林、ERT，1.11. Ensemble methods

    http://scikit-learn.org/stable/modules/ensemble.html

- Vowpal Wabbit
  - Github，https://github.com/VowpalWabbit/vowpal_wabbit

- RGF
  - Github，https://github.com/RGF-team/rgf
  - Johnson, Rie, and Tong Zhang. "Learning nonlinear functions using regularized greedy forest." IEEE transactions on pattern analysis and machine intelligence 36.5 (2013): 942-954.

- FFM
  - Github，https://github.com/ycjuan/libffm
  - Juan, Yuchin, et al. "Field-aware factorization machines for CTR prediction." Proceedings of the 10th ACM Conference on Recommender Systems. ACM, 2016.

- xLearn
  - Github，https://github.com/aksnzhy/xlearn

書籍/報導等

- 平井有三，「はじめてのパターン認識」，森北出版，2012 年

- 岡谷貴之，「深層学習 (機械学習プロフェッショナルシリーズ)」，講談社，2015 年

- 齊藤康毅，「Deep Learning 2｜用Python進行自然語言處理的基礎理論實作」，吳嘉芳譯，歐萊禮，2018 年

- A Kaggle Master Explains Gradient Boosting

  http://blog.kaggle.com/2017/01/23/a-kaggle-master-explains-gradientboosting/

- NIPS2017 讀書會 LightGBM: A Highly Efficient Gradient Boosting Decision Tree

  https://www.slideshare.net/tkm2261/nips2017-lightgbm-a-highly-efficient-gradient-boosting-decision-tree

- An Introductory Guide to Regularized Greedy Forests (RGF) with a case study in Python (Analytics Vidhya)

  https://www.analyticsvidhya.com/blog/2018/02/introductory-guide-regularized-greedy-forests-rgf-python/

- 第一步Matrix Factorization、第二步 Factorization Machines、第三步 Field-aware 1 Factorization Machines…『分解、三段突破！！』（F@N Ad-Tech Blog）

  https://tech-blog.fancs.com/entry/factorization-machines

第 5 章

- Week2 Validation (Coursera - How to Win a Data Science Competition: Learn from Top Kagglers)

  https://www.coursera.org/learn/competitive-data-science/

- Winning Data Science Competitions

  https://www.slideshare.net/OwenZhang2/tips-for-data-science-competitions

第 6 章

超參數調整 - 套件和相關論文

- hyperopt
  - 套件，https://github.com/hyperopt/hyperopt/wiki
  - Github，https://github.com/hyperopt/hyperopt
  - Bergstra, James, Daniel Yamins, and David Daniel Cox. "Making a science of model search: Hyperparameter optimization in hundreds of dimensions for vision architectures." (2013).
  - Bergstra, James S., et al. "Algorithms for hyper-parameter optimization." Advances in neural information processing systems. 2011.

- optuna
  - 套件，https://optuna.readthedocs.io/en/latest/
  - Github，https://github.com/pfnet/optuna

- 官方套件
  - XGBoost Parameters (xgboost 套件)

    https://xgboost.readthedocs.io/en/latest/parameter.html
  - Notes on Parameter Tuning (xgboost 套件)

    https://xgboost.readthedocs.io/en/latest/tutorials/param_tuning.html
  - Parameters (lightgbm 套件)

    https://lightgbm.readthedocs.io/en/latest/Parameters.html

- Parameters Tuning (lightgbm 套件)

  https://lightgbm.readthedocs.io/en/latest/Parameters-Tuning.html

- Python package training parameters (catboost 套件)

  https://catboost.ai/docs/concepts/python-reference_parameters-list.html

- Parameter tuning (catboost 套件)

  https://catboost.ai/docs/concepts/parameter-tuning.html

參數調整 - 報導/書籍/論文等

- Bergstra, James, and Yoshua Bengio. "Random search for hyper-parameter optimization." Journal of Machine Learning Research 13.Feb (2012): 281-305.

- Week4 Hyperparameter Optimization (Coursera - How to Win a Data Science Competition: Learn from Top Kagglers)

  https://www.coursera.org/learn/competitive-data-science/

- PARAMETERS (Laurae++)

  https://sites.google.com/view/lauraepp/parameters

- Complete Guide to Parameter Tuning in XGBoost (Analytics Vidhya)

  https://www.analyticsvidhya.com/blog/2016/03/complete-guide-parameter-tuning-xgboost-with-codes-python/

- Kaggle Home Depot Product Search Relevance - Turing Test's 3rd Place Solution

  - PDF

    https://github.com/ChenglongChen/Kaggle_HomeDepot/blob/master/Doc/Kaggle_HomeDepot_Turing_Test.pdf

  - Github

    https://github.com/ChenglongChen/Kaggle_HomeDepot

- 參數空間

  https://github.com/ChenglongChen/Kaggle_HomeDepot/blob/
  master/Code/Chenglong/model_param_space.py

- Hyperopt 及其周邊
  https://www.slideshare.net/hskksk/hyperopt

- Neural Networks Part 3: Learning and Evaluation (CS231n:
  Convolutional Neural Networks for Visual Recognition)
  http://cs231n.github.io/neural-networks-3/

- Optimizing hyperparams with hyperopt (FastML)
  http://fastml.com/optimizing-hyperparams-with-hyperopt/

特徵選擇

- 1.13. Feature selection (scikit-learn v0.21.2 documentation)
  https://scikit-learn.org/stable/modules/feature_selection.html

- xgbfir (Github)
  https://github.com/limexp/xgbfir

- Approaching (Almost) Any Machine Learning Problem | Abhishek
  Thakur
  http://blog.kaggle.com/2016/07/21/approaching-almost-any-
  machinelearning-problem-abhishek-thakur/

- Introduction to Feature Selection methods with an example (or how to
  select the right variables?) (Analytics Vidhya)
  https://www.analyticsvidhya.com/blog/2016/12/introduction-to-
  feature-selection-methods-with-an-example-or-how-to-select-the-
  right-variables/

- Andreas C. Muller、Sarah Guido，「Introduction to Machine Learning
  with Python: A Guide for Data Scientists」，O'Reilly，2016 年

- Feature selection (Wikipedia)

  https://en.wikipedia.org/wiki/Feature_selection

- 特徵選擇 (Tokinomori Wiki (朱鷺杜 Wiki))

  http://ibisforest.org/index.php

> ★ 小編補充 需要以日文搜尋才能找到資料，可以直接輸入以下短網址：
>
> https://ppt.cc/f56Gyx

不平衡資料

- imbalanced-learn 套件

  https://imbalanced-learn.org/stable/

第 7 章

- Hendrik Jacob van Veen, Le Nguyen The Dat, Armando Segnini. 2015. Kaggle Ensembling Guide. [accessed 2018 Feb 6].

  https://mlwave.com/kaggle-ensembling-guide/

- Week4 Ensembling Tips and Tricks (Coursera - How to Win a Data Science Competition: Learn from Top Kagglers)

  https://www.coursera.org/learn/competitive-data-science/

- Stacking Made Easy: An Introduction to StackNet by Competitions Grandmaster Marios Michailidis (KazAnova)

  http://blog.kaggle.com/2017/06/15/stacking-made-easy-an-introduction-tostacknet-by-competitions-grandmaster-marios-michailidis-kazanova/

- A Kaggler's Guide to Model Stacking in Practice

  http://blog.kaggle.com/2016/12/27/a-kagglers-guide-to-model-stacking-inpractice/

A.3 本書參考的數據分析競賽

Kaggle 數據分析競賽

- Titanic: Machine Learning from Disaster
  https://www.kaggle.com/c/titanic

- House Prices: Advanced Regression Techniques
  https://www.kaggle.com/c/house-prices-advanced-regression-techniques

- Heritage Health Prize
  https://www.kaggle.com/c/hhp

- Display Advertising Challenge
  https://www.kaggle.com/c/criteo-display-ad-challenge

- Microsoft Malware Classification Challenge (BIG 2015)
  https://www.kaggle.com/c/malware-classification

- Otto Group Product Classification Challenge
  https://www.kaggle.com/c/otto-group-product-classification-challenge

- Walmart Recruiting II: Sales in Stormy Weather
  https://www.kaggle.com/c/walmart-recruiting-sales-in-stormy-weather

- Facebook Recruiting IV: Human or Robot?
  https://www.kaggle.com/c/facebook-recruiting-iv-human-or-bot

- Crowdflower Search Results Relevance
  https://www.kaggle.com/c/crowdflower-search-relevance

- Caterpillar Tube Pricing

  https://www.kaggle.com/c/caterpillar-tube-pricing

> ★ 小編補充 　Kaggle 官網已經移除這個競賽，讀者可以到 Github 找相關資訊。

- Coupon Purchase Prediction

  https://www.kaggle.com/c/coupon-purchase-prediction

- Rossmann Store Sales

  https://www.kaggle.com/c/rossmann-store-sales

- Walmart Recruiting: Trip Type Classification

  https://www.kaggle.com/c/walmart-recruiting-trip-type-classification

- Airbnb New User Bookings

  https://www.kaggle.com/c/airbnb-recruiting-new-user-bookings

- Prudential Life Insurance Assessment

  https://www.kaggle.com/c/prudential-life-insurance-assessment

- BNP Paribas Cardif Claims Management

  https://www.kaggle.com/c/bnp-paribas-cardif-claims-management

- Home Depot Product Search Relevance

  https://www.kaggle.com/c/home-depot-product-search-relevance

- Santander Customer Satisfaction

  https://www.kaggle.com/c/santander-customer-satisfaction

- Bosch Production Line Performance

  https://www.kaggle.com/c/bosch-production-line-performance

- Allstate Claims Severity

  https://www.kaggle.com/c/allstate-claims-severity

- Santander Product Recommendation

  https://www.kaggle.com/c/santander-product-recommendation

A

- Two Sigma Financial Modeling Challenge
  https://www.kaggle.com/c/two-sigma-financial-modeling

- Data Science Bowl 2017
  https://www.kaggle.com/c/data-science-bowl-2017

- Two Sigma Connect: Rental Listing Inquiries
  https://www.kaggle.com/c/two-sigma-connect-rental-listing-inquiries

- Quora Question Pairs
  https://www.kaggle.com/c/quora-question-pairs

- Mercedes-Benz Greener Manufacturing
  https://www.kaggle.com/c/mercedes-benz-greener-manufacturing

- Instacart Market Basket Analysis
  https://www.kaggle.com/c/instacart-market-basket-analysis

- Web Traffic Time Series Forecasting
  https://www.kaggle.com/c/web-traffic-time-series-forecasting

- Text Normalization Challenge - English Language
  https://www.kaggle.com/c/text-normalization-challenge-english-language

- Porto Seguro's Safe Driver Prediction
  https://www.kaggle.com/c/porto-seguro-safe-driver-prediction

- Passenger Screening Algorithm Challenge
  https://www.kaggle.com/c/passenger-screening-algorithm-challenge

- Zillow Prize: Zillow's Home Value Prediction (Zestimate)
  https://www.kaggle.com/c/zillow-prize-1

- Corporación Favorita Grocery Sales Forecasting
  https://www.kaggle.com/c/favorita-grocery-sales-forecasting

- TensorFlow Speech Recognition Challenge
  https://www.kaggle.com/c/tensorflow-speech-recognition-challenge

- Recruit Restaurant Visitor Forecasting

  https://www.kaggle.com/c/recruit-restaurant-visitor-forecasting

- Mercari Price Suggestion Challenge

  https://www.kaggle.com/c/mercari-price-suggestion-challenge

- Google Cloud & NCAA® ML Competition 2018-Men's

  https://www.kaggle.com/c/mens-machine-learning-competition-2018

- TalkingData AdTracking Fraud Detection Challenge

  https://www.kaggle.com/c/talkingdata-adtracking-fraud-detection

- Avito Demand Prediction Challenge

  https://www.kaggle.com/c/avito-demand-prediction

- Home Credit Default Risk

  https://www.kaggle.com/c/home-credit-default-risk

- Google AI Open Images - Object Detection Track

  https://www.kaggle.com/c/google-ai-open-images-object-detection-track

- TGS Salt Identification Challenge

  https://www.kaggle.com/c/tgs-salt-identification-challenge

- PLAsTiCC Astronomical Classification

  https://www.kaggle.com/c/PLAsTiCC-2018

- Human Protein Atlas Image Classification

  https://www.kaggle.com/c/human-protein-atlas-image-classification

- Quora Insincere Questions Classification

  https://www.kaggle.com/c/quora-insincere-questions-classification

- Google Analytics Customer Revenue Prediction

  https://www.kaggle.com/c/ga-customer-revenue-prediction

- Elo Merchant Category Recommendation

  https://www.kaggle.com/c/elo-merchant-category-recommendation

A

- Santander Customer Transaction Prediction
  https://www.kaggle.com/c/santander-customer-transaction-prediction

- Data Science for Good: City of Los Angeles
  https://www.kaggle.com/c/data-science-for-good-city-of-los-angeles

Kaggle 以外的數據分析競賽

- SIGNATE 「第 1 回 FR FRONTIER：ファッション画像における洋服の『色』分類」
  https://signate.jp/competitions/36
  (2019 年 7 月開始暫停公開)

- SIGNATE「(Jリーグの観 客動員数予測」
  https://signate.jp/competitions/137

- TEPCO CUUSOO2 東京電力需求預測競賽
  https://cuusoo.com/projects/50136

◆★ 小編補充 該競賽相關資訊可以參考：
https://www.tepco.co.jp/press/news/2017/1440911_8963.html

作者、審稿者簡介

作者簡介

門脇大輔 (Kadowaki Daisuke)

京都大學綜合人間學部畢業後，進入人壽保險公司擔任精算師約 10 年，主要負責商品開發及風險管理等工作。與 Kaggle 邂逅之後，決定放下過往的工作，開始以 Kaggle 或是程式競賽為生。

Kaggle Competitions Master (Walmart Recruiting II: Sales in Stormy Weather 優勝、Coupon Purchase Prediction 第 3 名)、日本精算師協會正式會員。

Kaggle: https://www.kaggle.com/threecourse

Twitter: https://twitter.com/threecourse

撰寫本書第 4、6、7 章及第 1、2、3、5 章部分內容。

阪田隆司 (Sakata Ryuuji)

2012 年於京都大學修畢研究所課程，進入日本國內電子業，從事資料科學家及研究員的工作。由於工作關係對資料科學及機器學習產生興趣，2014 年開始參加 Kaggle 上的競賽，2019 年成為 Kaggle Competitions Grandmaster。

Kaggle: https://www.kaggle.com/rsakata

Twitter: https://twitter.com/sakata_ryuji

撰寫本書的第 3、5 章。

保坂桂佑 (Hosaka Keisuke)

畢業於東京大學綜合文化研究所廣域科學組，主要研究天體模擬。於資料分析顧問公司將近 10 年，並幫助企業進行資料分析業務。隨後進入網路服務企業，從事提升資料利用率的工作。目前工作主要為培養機器學習工程師及資料管理科學家。擁有 Kaggle Competitions Expert 的頭銜。

Kaggle: https://www.kaggle.com/hskksk

Twitter: https://twitter.com/free_skier

撰寫本書的第 1 章及第 6 章部分內容。

平松雄司 (Hiramatsu Yuji)

東京大學理學院物理系、理學院物理所畢業後，進入日本國內電子業知名企業，之後轉職至金融業，在金融公司擔任定量分析師，從事國內大型損保集團的風險精算業務。目前為 AXA 人壽保險公司高級資料分析科學家，並推動公司內資料分析業務。同時也是日本精算師協會準會員，以及東京大學醫學資料分析的研究員。2016 年左右開始參與 Kaggle 競賽，並於 2018 年成為 Kaggle Competitions Master。非常喜歡小熊玩偶。

Kaggle: https://www.kaggle.com/maxwell110

Twitter: https://twitter.com/Maxwell_110

撰寫本書第 2 章及第 7 章部分內容。

審稿者簡介

山本祐也 (Yamamoto Yuya)

材料化學博士畢業後，擔任日本國內兩家製造業的研究開發人員。之後因為 Kaggle 的關係進入 DataRobot Japan，成為一名資料分析師，並推廣機器學習應用於製造業。目前為 Kaggle Competitions Master。

Kaggle: https://www.kaggle.com/nejumi

Twitter: https://twitter.com/nejumi_dqx

本橋智光 (Motohashi Tomomitsu)

曾任系統開發公司的研究員，以及網路公司的資料科學家。目前為數位醫療新創公司 SUSMED 的首席技術員，同時任職於 HOKUSOEM 出版社，個人也從事量子退火 (Quantum Annealing) 驗證工作。曾在 KDD CUP 2015 獲得第 2 名。

Kaggle: https://www.kaggle.com/tomomotofactory

Twitter: https://twitter.com/tomomoto_LV3

山本大輝 (Yamamoto Hiroki)

影像處理領域的碩士畢業後，擔任 Acroquest Technology 公司的資料科學家，負責機器學習、資料分析的開發研究以及應用。學生時期就開始參加 Kaggle 競賽，並獲得 Kaggle Competitions Master 的頭銜。

Kaggle: https://www.kaggle.com/tereka

Twitter: https://twitter.com/tereka114

MEMO